Kate Kitagawa
Timothy Revell

A vida secreta dos números

Uma história global da matemática e de seus pioneiros desconhecidos

Tradução
Rafael Rocca dos Santos

Revisão técnica
Cleber Haubrichs

CRÍTICA

Publicado originalmente como THE SECRET LIVES OF NUMBERS em 2023 pelo Viking, um selo da Penguin General, parte do grupo Penguin Random House.

Título original: *The Secret Lives of Numbers: A Hidden History of Math's Unsung Trailblazers*

Coordenação editorial: Sandra Espilotro
Preparação: Caroline Silva
Revisão: Ana Maria Fiorini e Ligia Alves
Diagramação: Negrito Produção Editorial
Capa: Laura Lotufo

Dados Internacionais de Catalogação na Publicação (CIP)
Angélica Ilacqua CRB-8/7057

Kitagawa, Kate
A vida secreta dos números / Kate Kitagawa, Timothy Revell ; tradução de Rafael Rocca dos Santos ; revisão técnica Cleber Haubrichs. -- São Paulo : Planeta do Brasil, 2025.
304 p.

Bibliografia
ISBN 978-85-422-3188-5
Título original: The Secret Lives of Numbers

1. Matemática – História I. Título II. Revell, Timothy III. Santos, Rafael Rocca dos IV. Haubrichs, Cleber

25-0486 CDD 510.9

Índice para catálogo sistemático:
1. Matemática – História

2025
Todos os direitos desta edição reservados à
EDITORA PLANETA DO BRASIL LTDA.
Rua Bela Cintra 986, 4º andar – Consolação
São Paulo – SP CEP 01415-002
www.planetadelivros.com.br
faleconosco@editoraplaneta.com.br

Acreditamos nos livros

Este livro foi composto em Minion Pro e impresso pela Lis Gráfica para a Editora Planeta do Brasil em fevereiro de 2025.

SUMÁRIO

LISTA DE ILUSTRAÇÕES

O autor e a editora agradecem a permissão concedida para a reprodução neste livro de material protegido por direitos autorais. Todos os esforços foram feitos para localizar os detentores dos direitos autorais e obter as devidas permissões. A editora pede desculpas por quaisquer erros ou omissões e, se notificada de quaisquer correções, dará o devido crédito em futuras reimpressões ou edições deste livro.

PRELÚDIO

Em uma cena do drama político norte-americano *The West Wing: Nos bastidores do poder*, dois altos assessores do governo olham espantados para um *slide* de uma apresentação. Um grupo de cartógrafos está tentando explicar que o mapa-múndi, o mapa que eles conhecem e no qual confiaram durante toda a vida, é apenas um entre muitos. E que tem problemas. "Está dizendo que o mapa está errado?", pergunta um assistente, incrédulo.

Nenhum mapa do planeta é preciso: não é matematicamente possível. A superfície de uma esfera não pode ser transformada em um desenho bidimensional sem que haja distorções. Porém, como os cartógrafos explicam, o mapa que eles estão vendo fornece uma visão eurocêntrica do mundo. A Europa parece ser maior do que a América do Sul, porém a América do Sul é, na verdade, duas vezes maior. A Alemanha está localizada no centro do mapa, quando na verdade está no quadrante mais ao norte da Terra. Durante todo esse tempo, nossa visão do mundo esteve distorcida.

O mapa foi desenhado pelo cartógrafo flamengo Gerardus Mercator no século XVI. Foi planejado originalmente para os marinheiros cruzarem oceanos, e não para fascinados em geopolítica. Foi transmitido de geração em geração, firmando seu lugar como o mapa dominante, dando às pessoas em todo o planeta a impressão de que essa é a aparência do mundo, e não apenas uma perspectiva.

A história da matemática é similar. Apesar da reputação da matemática como o estudo das verdades fundamentais, cálculos frios e provas

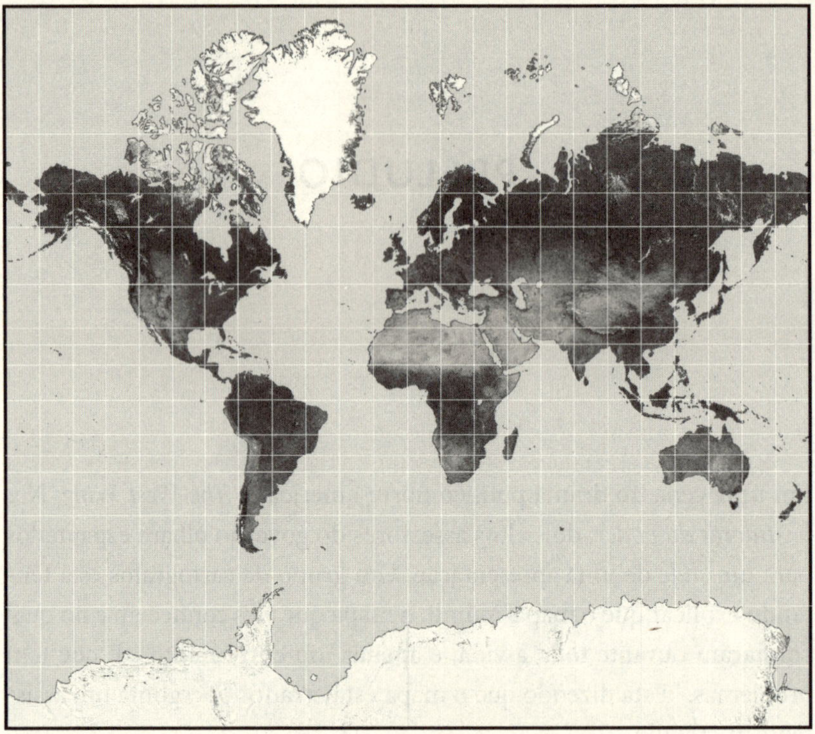

A projeção de Mercator.

irrefutáveis, ela não escapou aos indivíduos e estruturas poderosos que moldaram a verdade e o conhecimento. Longe disso: na verdade, a história da matemática acumulou preconceitos ao longo de milhares de anos – desde a forma como certas matemáticas e certos matemáticos são reverenciados até as histórias que contamos sobre as suas origens. É hora de reexaminar esse padrão e recontar sua história.

Quando nós, Kate e Timothy, nos encontramos pela primeira vez para discutir um projeto de livro em conjunto, não havíamos previsto até onde ele nos levaria. Tomando chá em uma livraria em Charing Cross, em Londres, conversamos sobre nossa paixão comum pela matemática e concordamos que deveríamos escrever uma história compreensível sobre ela. Com base na experiência de Kate como historiadora da matemática e nas credenciais matemáticas e jornalísticas de Timothy, pensamos que seria tranquilo.

Estávamos errados. Quanto mais nos aprofundávamos na história da matemática, mais descobríamos como ela foi distorcida. E mais compelidos nos sentíamos a fazer algo a respeito.

As origens da matemática são maravilhosamente variadas. Em vez de ideias surgindo em um lugar, muitas vezes houve variações ao longo da história, demonstrando quão poderosa é a inclinação humana à razão. As ideias ignoram fronteiras; por isso, muitas vezes a matemática se espalhou de um lugar para outro junto com o comércio e o intercâmbio cultural. No entanto, o progresso da matemática não é linear. Avançou e retrocedeu, saltou pelo planeta, saiu por tangentes e em aventuras e às vezes deu em becos sem saída. E por isso ela é tão rica. Apesar da reputação de ser uma progressão lógica, a matemática é um assunto muito mais caótico.

No entanto, não é assim que a história da matemática costuma ser contada. Os gregos antigos são colocados em um pedestal, sendo, de alguma forma, os criadores da matemática moderna. No entanto, muito do que agora está incorporado em nosso conhecimento geral também vem de vários outros lugares, incluindo a China Antiga, a Índia e a Península Arábica. A suposição de que o jeito europeu de fazer as coisas é superior não se originou na matemática - vem de séculos de imperialismo ocidental -, mas se infiltrou nela. A matemática que vem de fora da Grécia Antiga frequentemente é posta de lado como uma "etnomatemática", como se fosse um assunto completamente separado, uma história paralela à história real.

Enquanto transitávamos por milhares de anos da matemática, quase tudo o que pensávamos que sabíamos era posto à prova de uma maneira ou de outra. Algumas histórias bem conhecidas acabaram se mostrando deturpações, e outras eram invenções completas. Muitos matemáticos e matemáticas foram erroneamente excluídos da história. Nas páginas seguintes, revelaremos algumas das maneiras pelas quais a história da matemática foi distorcida. Sua história real fala de um esforço verdadeiramente global. A matemática trata de ideias e de inventar maneiras de pensá-las até chegar a conclusões. Na matemática, a diversidade de pensamento não é apenas importante; é fundamental.

Tome o cálculo como exemplo. Essa teoria matemática para descrever e determinar como as coisas mudam ao longo do tempo é um dos avanços mais importantes e úteis da história humana. É crucial para a engenharia – sem ela, não poderíamos construir pontes ou foguetes com precisão – e é usada em quase todas as disciplinas científicas para nos ajudar a entender melhor o mundo. Muitos aspectos de nossa vida hoje não seriam possíveis sem o cálculo.

Então, quem leva o crédito? A história mais comum é a de que Isaac Newton, um matemático inglês, e Gottfried Wilhelm Leibniz, um alemão, desenvolveram independentemente suas próprias versões do cálculo mais ou menos na mesma época, no século XVII. Isso é verdade, mas saber só isso é a mesma coisa que olhar para o mapa de Mercator: é uma visão distorcida. Há uma reivindicação muito anterior às ideias por trás do cálculo.

No século XIV, uma escola em Kerala, na Índia, era um caldeirão de matemáticos. Seu fundador, Mādhava de Sangamagrama, foi um brilhante matemático e entre suas realizações está a descrição de uma teoria do cálculo. Ele explorou as ideias-chave que tornam o cálculo possível e que foram aperfeiçoadas por diversos matemáticos na escola de Kerala. Essa teoria não era completa nem perfeita, mas isso sempre acontece com o que é novo. Muitas das primeiras lâmpadas queimavam muito rapidamente e o vidro escurecia devido a falhas de projeto, porém Thomas Edison ainda é reconhecido por seu papel nessa invenção do século XIX. É hora de também reconhecermos Mādhava.

Ideias estão na vanguarda de qualquer história da matemática, mas elas não podem ser apartadas das pessoas que as tiveram. Para representar verdadeiramente as origens da matemática, devemos olhar também para as origens dos matemáticos. Alguns dos apresentados neste livro não foram apenas matemáticos impressionantes, mas também derrubaram barreiras para ajudar a tornar a matemática um assunto mais inclusivo e global. Neste livro, damos maior destaque a esses matemáticos esquecidos e explicamos como eles se encaixam na história tradicional, além de corrigir inverdades e deturpações sobre eles. Essas pessoas importantes que não se encaixavam na ideia aceita de matemático não foram oprimidas apenas durante seu tempo de vida; desde então elas enfrentam ataques contínuos de historiadores e comentaristas.

Veja Sophie Kowalevski,* que nasceu em Moscou em 1850, pouco antes da Guerra da Crimeia. Durante sua vida, ela foi constantemente desencorajada e proibida de estudar matemática. Seu pai a impediu de ter acesso a uma educação adequada, acreditando que ter uma filha erudita lhe traria vergonha. Visões como essa eram comuns naquela época. Apesar disso, ela estudou matemática e produziu trabalhos que eram bons o bastante para fazer um doutorado. No entanto, por causa de seu gênero, muitas universidades não a deixaram fazer a defesa para obtê-lo.

Com imensa determinação, Kowalevski finalmente conseguiu um cargo na Universidade de Estocolmo, tornando-se a primeira professora universitária de matemática do mundo. Mesmo assim, seu cargo não era remunerado; ela tinha de coletar dinheiro de seus alunos para sobreviver. Algumas pessoas ficaram descontentes só pelo fato de ela ter alcançado tal posição. O famoso dramaturgo August Strindberg descreveu o conceito de uma professora universitária como um "fenômeno pernicioso e desagradável".[1]

Após a sua morte, o legado de Kowalevski foi distorcido por alguns biógrafos, que com frequência se basearam em estereótipos de gênero para contar a sua história, e não nos fatos da sua vida. Ela era uma matemática extraordinária, mas foi apresentada como uma espécie de *femme fatale* que usava sua aparência e seu charme para subir na carreira, apesar de haver poucas evidências disso. É hora de acabar com as manchas em histórias como a de Kowalevski.

Cremos que essa reconstituição da história da matemática seja importante, mas esperamos que seja mais que isso. Há milênios a matemática vem sendo preenchida por personagens fascinantes. É uma área de busca da verdade, de formas de pensar que abrem os olhos e de teoremas que impressionam. Não é uma busca desapaixonada, mas sim criativa. Como Kowalevski disse uma vez, "é uma ciência que exige muita imaginação".[2] A história da matemática é uma saga imperdível do mais alto calibre.

Nenhum livro é capaz de corrigir todos os erros ou contar uma história realmente completa, mas, assim como um novo mapa pode mudar

* O nome de Kowalevski é escrito de várias maneiras diferentes. Ela costumava usar "Sophie Kowalevski" em suas publicações acadêmicas, então optamos por usar essa forma também.

a forma como vemos o mundo, uma nova história pode fazer a mesma coisa. No nosso livro, contamos a história da matemática como ela realmente é: lindamente caótica e colaborativa. A matemática hoje é um amálgama inspirador de conceitos de todo o mundo que teve início em um grupo de destruidores de fronteiras matemáticas, pessoas que ignoraram as limitações que a sociedade lhes impunha por causa de sua raça, gênero e nacionalidade. A matemática é uma disciplina com uma história rica e diversificada. É hora de contá-la.

1

NO INÍCIO

Nossa espécie, o *Homo sapiens*, existe há 300 mil anos, mas, até onde sabemos, a matemática é uma invenção relativamente recente. Muitos artefatos se perderam ou simplesmente não sobreviveram, então, temos apenas um quadro parcial. Os primeiros vestígios da atividade matemática humana datam de cerca de 20 mil anos, na forma de marcas de contagem riscadas em ossos de animais.

Um dos mais antigos e famosos deles é o osso de Ishango, encontrado ao longo da fronteira entre a atual Uganda e a República Democrática do Congo, e data de 20000 a 18000 a.e.c.* Esse osso é provavelmente a fíbula de um babuíno, embora possa ser de um lobo ou de um animal de tamanho parecido. Tem um pedaço de quartzo preso no topo, sugerindo que pode ter sido usado como ferramenta. Ao longo de seu comprimento, há três colunas preenchidas com marcas de contagem. Os tais arranhões podem estar ali simplesmente para que se segure a ferramenta, mas também podem significar mais que isso.

Há 48 marcas na primeira coluna, e as marcas da segunda e terceira colunas somam sessenta. Cada uma das colunas é dividida em segmentos diferentes, sendo a divisão da terceira coluna a mais interessante. Os sessenta entalhes estão divididos em grupos de 11, 13, 17 e 19. São

* "a.e.c." é a sigla para Antes da Era Comum, que busca fazer referência ao mesmo período comumente denominado por a.C., mas sem a referência religiosa. Da mesma forma, e.c. faz referência ao período que corresponde a d.C. [N.E.]

Ossos de Ishango (*anverso* e *reverso*).

números primos – números que só podem ser divididos por 1 e por eles mesmos. Os números primos são, sem dúvida, alguns dos números mais importantes da matemática. Como matemáticos posteriores descobrirão, eles são os elementos básicos de todos os outros números. Vê-los aqui, num entalhe de mais de vinte milênios atrás, é como receber uma mensagem de um alienígena. É emocionante e surpreendente, mas também é difícil saber exatamente o que significa.

Os padrões matemáticos podem ser apenas uma coincidência, mas também podem mostrar a sofisticação numérica de nossos ancestrais. Os números 48 e 60 são 4 × 12 e 5 × 12, respectivamente, sugerindo que as pessoas que fizeram os riscos possuíam um sistema numérico construído em torno do número 12 (em vez de 10, como usamos hoje). Esse sistema está longe de ser implausível, já que um dos primeiros sistemas numéricos que conhecemos foi pensado em torno do número 60. Outra opção é que o osso era um calendário lunar de seis meses e os entalhes representavam as fases da Lua. Outra alternativa, apresentada pela matemática Claudia Zaslavsky no século XX, era a de que o osso pode ter sido usado por uma mulher para acompanhar seu ciclo menstrual. Medir o vaivém das estações para o plantio ou para prever quando os rios transbordariam também parece ser uma possibilidade razoável. Ossos semelhantes foram descobertos em outras partes da África e fora dela. Parece que contar é parte integrante do ser humano há dezenas de milhares de anos.

Os primeiros sinais que sobreviveram da matemática são muito parecidos com os ossos de Ishango. Essas relíquias podem significar um salto conceitual gigantesco para a nossa espécie, um momento em que começamos a pensar no abstrato matemático – ou podem ser simplesmente arranhões. Restos de monumentos e de cerâmicas antigos geralmente apresentam desenhos geométricos elaborados, mas será que isso significa que os fabricantes entendiam a matemática por trás das imagens ou apenas gostavam dos padrões?

A matemática mais antiga que nossa espécie desenvolveu pode não ter sido escrita ou pode não ter deixado nenhum traço físico. Evidências mais atuais mostram que uma compreensão profunda da matemática pode ser desenvolvida apenas por meio da fala. O povo Akan, da África Ocidental, por exemplo, tinha um sofisticado conjunto de ferramentas matemáticas para lidar com pesos e medidas e que era transmitido boca a boca. A natureza oral de seu sistema matemático o tornou perfeito para fazer negócios com comerciantes árabes e europeus entre os séculos XV e XIX. No entanto, também significou sua destruição, devido às centenas de anos do tráfico atlântico de escravos. Depois que pesquisadores conseguiram, em 2019, reconstruir seu funcionamento usando os poucos artefatos remanescentes mantidos em museus, eles sugeriram que o sistema deveria receber o *status* de Patrimônio Mundial da UNESCO, porque era espetacular.

Nesse caso, o sistema estava em uso até recentemente e alguns artefatos ainda existem, mas provavelmente houve muitos outros sistemas matemáticos orais que já se perderam no tempo. A contagem, e suas consequências, provavelmente foi parte integrante de muitas comunidades e civilizações que nunca tiveram a necessidade de escrever nada dessa natureza. Ou, se o fizeram, qualquer vestígio disso já se perdeu. Esses primeiros momentos da matemática são incertos e assim permanecerão para sempre. No entanto, com o advento da linguagem escrita e a ascensão de algumas das maiores civilizações do mundo, a imagem fica um pouco mais clara.

Pelos rios da Babilônia

Entre os rios Tigre e Eufrates existe um trecho de terra fértil que abrigou várias grandes civilizações antigas. Os rios têm nascentes separadas no que hoje é a Turquia, e serpenteiam pelos atuais Iraque, Síria e Irã, antes de desaguar no Golfo Pérsico. Juntos, formam uma fronteira natural na área que já foi conhecida como Mesopotâmia.

Por volta de 3000 a.e.c., a civilização suméria prosperava ali. Os sumérios construíram cidades complexas com vastos sistemas de irrigação. Também fizeram um dos primeiros sistemas legais completos, com tribunais, prisões e registros governamentais. Eles desenvolveram o sistema de escrita mais antigo que se conhece, o cuneiforme – necessário para os registros –, e, além disso, um sistema de contagem. Até criaram um serviço postal.

Nos mil anos seguintes, os acadianos se tornaram a força dominante na região. Trouxeram consigo a própria tecnologia, inclusive o ábaco, uma ferramenta que inventaram (ele funcionava de modo ligeiramente diferente das versões posteriores, como a chinesa). No fim, seu império cairia, deixando para trás dois grupos distintos de língua acadiana: os assírios, no Norte, e os babilônios, no Sul. Cada um produziu uma vasta civilização, mas foi no Sul que a matemática realmente decolou.

A cidade da Babilônia, cerca de cem quilômetros ao sul da atual Bagdá, era a capital do Império da Babilônia. Sob a direção do rei Hamurabi, que governou por volta de 1792 a 1750 a.e.c., a Babilônia se tornou uma força considerável. Controlava várias cidades-estados na região, o que a tornava extremamente rica e poderosa. Havia, portanto, estabilidade e os recursos necessários para uma comunidade matemática se desenvolver e prosperar.

Uma extensa coleção de tabuletas de argila que ainda hoje sobrevivem registra muitos detalhes sobre a Babilônia daquela época. Os escribas riscavam o que queriam gravar na argila molhada com uma vara afiada e depois a deixavam secando ao sol. Essas tabuletas, para os babilônios, eram o que o papel e as planilhas são hoje para nós: ferramentas cruciais para a preservação de registros. Elas registravam o sistema jurídico de Hamurabi, conhecido como Código de Hamurabi, que consistia em 282 leis escritas e contém um dos primeiros exemplos da ideia

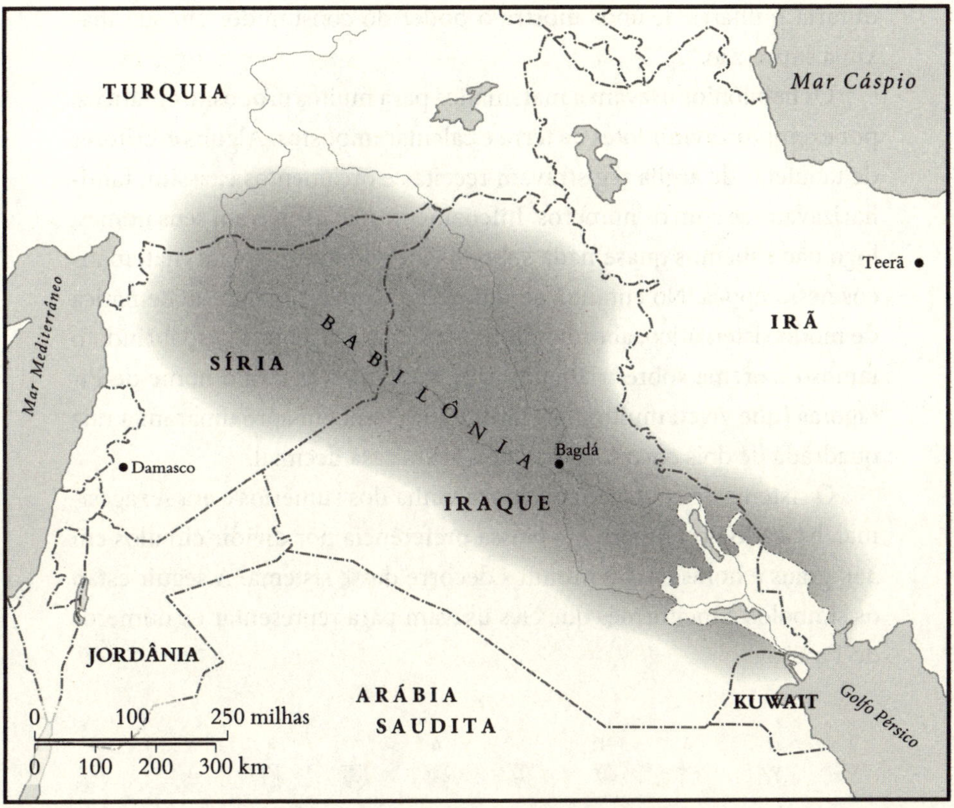

A Mesopotâmia abrangia partes dos atuais Iraque e Síria.
A Babilônia era um Estado de língua acadiana localizado na parte centro-sul da Mesopotâmia, e sua principal cidade era a homônima Babilônia.

de inocência até que se prove o contrário – embora a culpa dependesse de você ser uma pessoa com propriedades e de ser livre ou escravo. Elas também registravam transações e contavam histórias, incluindo mitos sobre a criação, e transmitiam notícias.

Uma tabuleta que sobreviveu contém essencialmente uma crítica negativa. Escrita por volta de 1750 a.e.c., vem de um cliente insatisfeito chamado Nanni, que concordou em comprar lingotes de cobre de um comerciante chamado Eanasir. Porém, quando os lingotes chegaram, não agradaram a Nanni. Em sua reclamação, ele escreveu que estava insatisfeito com o cobre e que o vendedor havia sido grosseiro com seu criado ao concluir a transação. Raspar e assar uma crítica em um suporte que duraria milhares de anos mostra o poder do consumidor em sua máxima expressão.*

Os babilônios usavam a matemática para muitos propósitos práticos, por exemplo, dividir lotes de terra e calcular impostos. Alguns escritores de tabuletas de argila registravam receitas e orçamentos e, assim, familiarizavam-se com os números. Infelizmente não assinavam seus nomes, logo não sabemos quase nada sobre os indivíduos que eram matemáticos nessa época. No entanto, alguns certamente estudaram matemática de modo sistemático, abordando tópicos como álgebra e descobrindo o famoso teorema sobre triângulos que muitas vezes leva o nome de Pitágoras (que viveu muito mais tarde). Eles também aproximaram a raiz quadrada de dois corretamente até a sexta casa decimal.

O sistema de contagem da época vinha dos sumérios e era sexagesimal, baseado no número 60. Nossa preferência por dividir círculos em 360 graus e horas em 60 minutos decorre desse sistema. A seguir estão os símbolos cuneiformes que eles usavam para representar os números de 1 a 59:

Algarismos cuneiformes babilônios.

* E, é claro, se você quiser usar esse poder do consumidor para fazer uma avaliação favorável deste livro, nós e os futuros arqueólogos ficaremos muito gratos.

O sistema de numeração babilônio era um sistema posicional, como o nosso, o que significa que a ordem em que os números são escritos diz algo sobre as quantidades que eles representam. Por exemplo, quando escrevemos o número 271, há o entendimento implícito de que o número mais à direita representa a unidade; indo para a esquerda, são sete dezenas e duas centenas. Ou, em algarismos,

$$271 = \left(2 \times 10^2\right) + \left(7 \times 10^1\right) + \left(1 \times 10^0\right)$$

Da mesma forma, os babilônios usavam posições para representar potências de 60. Assim, 271 poderia ser expresso como

$$271 = \left(4 \times 60^1\right) \times \left(31 \times 60^0\right)$$

Ou, em cuneiforme,

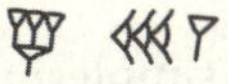

No que o sistema numérico babilônio difere mais do nosso é que ele não tinha o zero – um zero verdadeiro não surgiria até muito depois. Isso significa que os babilônios frequentemente precisavam calcular o tamanho de um número a partir do contexto. Se vissem o símbolo cuneiforme para 42, por exemplo, teriam de inferir se significava 42, ou 42×60^1, ou 42×60^2, ou $\frac{42}{60^1}$, ou $\frac{42}{60^2}$, para citar apenas algumas das opções.

Embora às vezes levasse a erros, não é tão irracional quanto pode parecer à primeira vista. Se você ouvisse alguém dizer que uma casa custa "300" de uma determinada moeda, dependendo de onde você estivesse no mundo, provavelmente saberia se o custo era 300, 300.000, 3 milhões ou mais.

A base 60 pode inicialmente parecer complicada em comparação à base 10, mas deu aos babilônios uma vantagem matemática. O número 60 é um número composto altamente superior, o que significa que tem muitos divisores. Pode ser dividido por 1, 2, 3, 4, 5, 6, 10, 12, 15, 20, 30 e 60. Isso o torna um número fácil de trabalhar, especialmente ao escrever frações.

Lembre-se de que, assim como as posições à esquerda da vírgula representam unidades, dezenas, centenas e assim por diante, à direita, após a vírgula, representam décimos, centésimos, milésimos e assim por diante. O número 0,347, digamos, é realmente uma abreviação para

$$0{,}347 = \frac{0}{10^0} + \frac{3}{10^1} + \frac{4}{10^2} + \frac{7}{10^3}$$

Agora, considere a fração $\frac{1}{3}$. Em decimais, é escrita como

$$0{,}333\ldots = \frac{0}{10^0} + \frac{3}{10^1} + \frac{3}{10^2} + \frac{3}{10^3}$$

Estamos tão acostumados a escrever um terço assim, em decimal, que sua natureza recorrente parece normal, mas ela é uma peculiaridade do nosso sistema numérico. Vem do fato de que 10 não pode ser dividido por 3. No entanto, 60 pode. Um terço é o mesmo que $\frac{20}{60}$, significando que, em sexagesimal, poderia simplesmente ser escrito como 0,20 ou, com outros números:

$$\frac{1}{3} = \frac{0}{60^0} + \frac{20}{60^1}$$

Como 60 é um número composto altamente superior, há mais frações que podem ser expressas na base 60 do que na base 10.

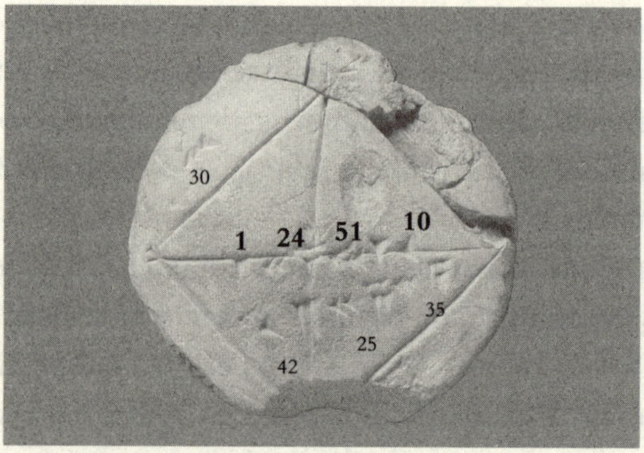

Aproximação babilônica para √2.
Em sexagesimal, 1 24 51 10. Em decimal, aproximadamente 1,414213.

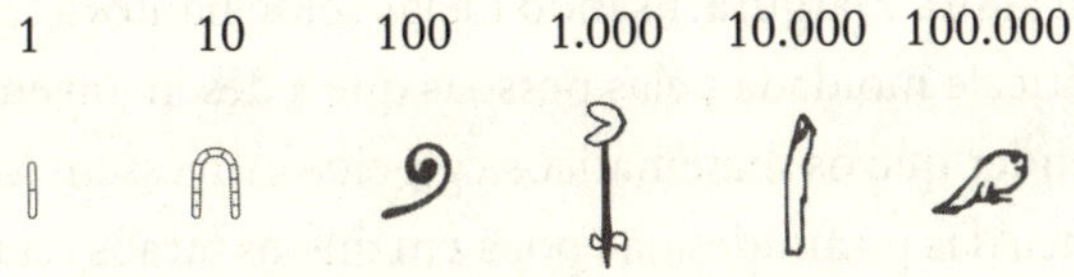

Hieróglifos egípcios para números.

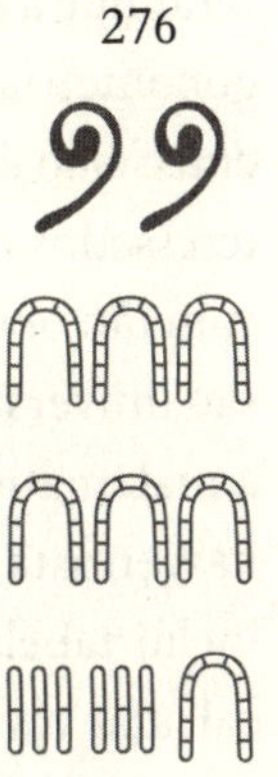

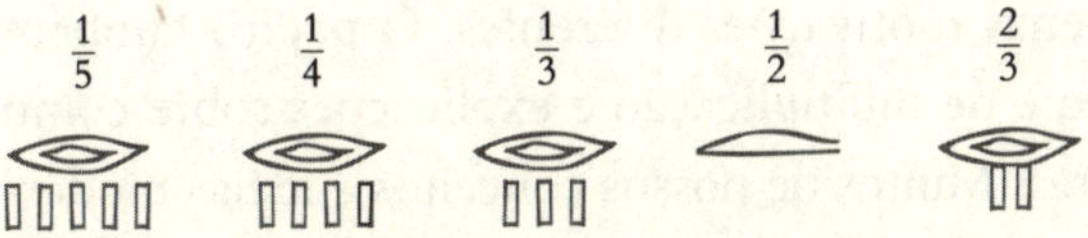

Hieróglifos para algumas frações.

Os antigos egípcios fizeram avanços semelhantes nessa época. Por volta de 3000 a.e.c., as pessoas tinham símbolos específicos para representar diferentes números como parte de um sistema de base 10. Uma única linha representava o número 1, duas linhas o número 2 e assim por diante, até o número 9. Havia então hieróglifos específicos para números como 10, 100, 1.000 e assim por diante, bem como símbolos para frações. Para escrever um determinado número, os antigos egípcios simplesmente usavam a combinação correta de hieróglifos.

Muito disso está reunido no papiro de Rhind,* um manuscrito escrito por um escriba chamado Ahmes. É o mais antigo livro de matemática que conhecemos e tem esta abertura extraordinária: "Cálculo preciso. Acesso ao conhecimento de todas as coisas existentes e de todos os segredos obscuros".[1] Ahmes escreveu o manuscrito por volta de 1550 a.e.c. e diz que usou textos de cerca de 2000 a.e.c. para compilá-lo. Que a matemática que ele contém possa ter pelo menos 4 mil anos de idade é bem difícil de avaliar, especialmente considerando que muito do que abarca se assemelha à matemática como a conhecemos hoje.

O livro contém 84 problemas matemáticos e as maneiras de resolvê-los. Seis dos problemas são sobre o cálculo da inclinação de uma

* O nome vem do arqueólogo britânico Alexander Henry Rhind, que comprou o papiro em 1863. A maior parte dele está agora no Museu Britânico, em Londres.

pirâmide a partir de sua altura e largura, usando ideias semelhantes à trigonometria. A matemática é moldada pelas pessoas que a desenvolvem, então não é de surpreender que os matemáticos egípcios estivessem interessados na matemática das pirâmides na época em que os faraós estavam tão obcecados em construí-las. Mas as ideias matemáticas também são universais. Muitas outras culturas descobriram independentemente a matemática da trigonometria, desde a China Antiga até a Europa renascentista; tinham apenas motivações diferentes. O papiro também inclui tabelas de divisão e de multiplicação e explicações sobre como calcular o volume e a área. Muitos de nossos conceitos e ideias modernos sobre aritmética, álgebra e geometria aparecem ali de uma maneira ou de outra.

Há alguma sobreposição entre as ideias do papiro de Rhind e aquelas que aparecem nas tabuletas babilônicas. As duas civilizações tinham diferentes sistemas numéricos, crenças e culturas, mas cada uma delas descobriu verdades matemáticas semelhantes. Geralmente se pensa que isso não se deveu a nenhuma troca ativa, mas apenas ao fato de explorarem independentemente algumas das ideias matemáticas mais fundamentais.

Um pergaminho debaixo do braço

Do outro lado do Atlântico, mais ou menos na mesma época, outra civilização estava desenvolvendo uma visão diferente da matemática, nascida da astronomia. A civilização maia tem sua origem por volta de 2600 a.e.c. Não era um único império, e sim uma reunião de governantes independentes que controlavam as cidades-estados desde os atuais México e Honduras, compartilhando cultura, mitologia e calendário. Havia templos alinhados aos movimentos do Sol, da Lua e dos planetas e cidades vastas e extensas. Tikal, no que hoje é o norte da Guatemala, teria tido cerca de 50 mil habitantes e 3 mil edifícios, de palácios e santuários a casas, praças e reservatórios de água. Era um centro econômico e cerimonial com amplo comércio de mercadorias preciosas, tais como jade, penas de quetzal e cacau. Os maias, como outras civilizações, tinham sistemas de irrigação sofisticados para aguar as suas lavouras. Também

A civilização maia. A área abrange partes dos atuais México, Guatemala, Belize, Honduras e El Salvador.

desenvolveram um sistema de purificação de água potável usando minerais de zeólito que está em uso ainda hoje.

Os matemáticos eram importantes e famosos o bastante para aparecer em pinturas nas paredes; seus pergaminhos foram retratados sob seus braços. Esses matemáticos eram auxiliados por certas características acidentais da cultura maia. Por um lado, embora os maias falassem muitas línguas locais diferentes, havia apenas um sistema de escrita, que consistia em hieróglifos para as sílabas e perfis de deuses para os números (retratados no verso). A maioria das pessoas era analfabeta, mas os escribas podiam se comunicar independentemente do idioma que falavam por meio de livros escritos em caracteres hieroglíficos em papel feito da casca interna das figueiras.

Os maias também tinham outro sistema numérico, menos decorativo e mais prático. Esse sistema usava dois símbolos: um ponto e uma

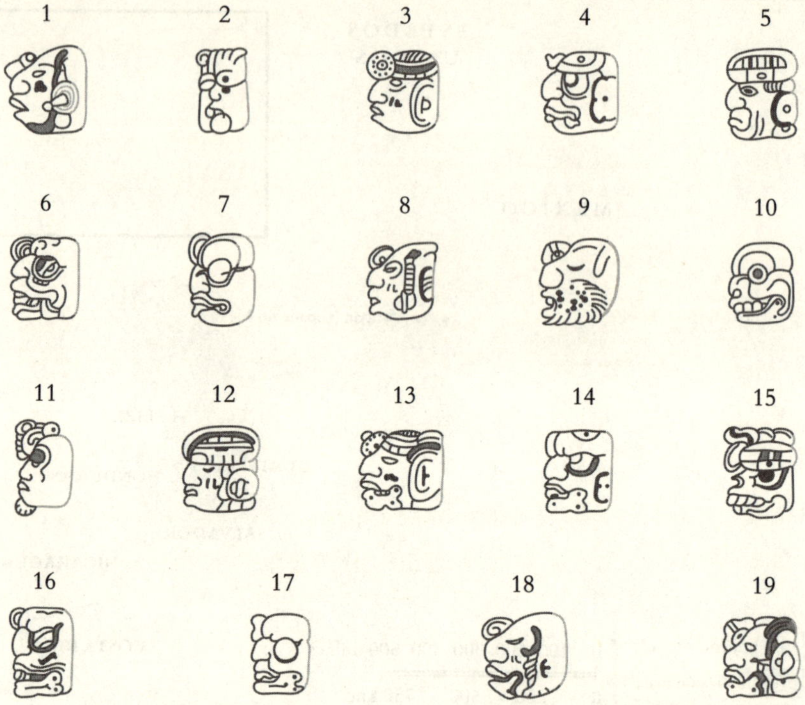

Glifos de cabeças variados representando numerais.

barra. O ponto representava o 1 e a barra o 5. Em vez de ser construído em base 10 ou 60, como os sistemas de numeração decimal e sexagesimal, o sistema de numeração maia era vigesimal, o que significa que era construído em torno do número 20.

Infelizmente, entender o funcionamento exato desse sistema numérico envolve um pouco de adivinhação. Quando os conquistadores espanhóis invadiram a Mesoamérica no século XVI, ainda existiam muitos livros maias feitos de casca de figueira, mas os padres católicos acreditavam que continham "mentiras do diabo", o que fez com que muitos deles fossem queimados.

Apesar disso, sabemos que os maias usavam seus sistemas numéricos com grande eficácia. Um dos papéis centrais dos matemáticos maias era serem astrônomos. O trabalho deles era ajudar a planejar os rituais sagrados para que se alinhassem aos eventos celestes. Os maias construíram observatórios simples, mas funcionais, para ajudar a prever a

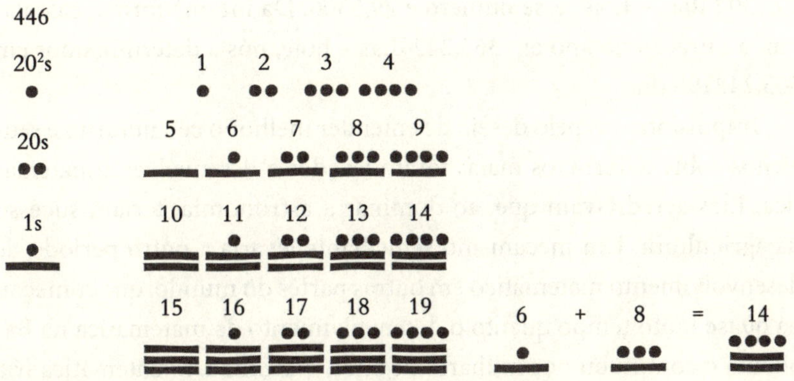

Numerais maias e exemplo de adição (6 + 8 = 14).

mudança das estações e determinar a melhor data para o plantio. Embora o edifício em si tenha sido construído posteriormente, muitas das janelas do observatório Caracol, em Chichén Itzá, onde hoje é o México, davam uma visão perfeita de eventos astronômicos importantes, como o pôr do sol no equinócio da primavera.

Os restos de uma sala de escrita dos escribas maias, conhecida como a casa dos calendários, nos mostram como os astrônomos monitoravam seus dados. Datados do início do século IX a.e.c., a parede e o teto são adornados com pinturas coloridas, incluindo várias figuras humanas, bem como números e glifos. A parede provavelmente era usada como uma lousa; nela há hieróglifos coloridos utilizados para cálculos calendáricos e astronômicos. Traços de duas tabelas de cálculo mostram o movimento da Lua e, possivelmente, de Marte e de Vênus.

A maioria dos astrônomos-matemáticos maias pertencia à classe sacerdotal e era muito respeitada. Eram capazes de prever com precisão os eclipses solares e até conseguiam prever os estranhos movimentos de Vênus no céu, que se repetem ao longo de um período de oito anos, em parte devido ao fato de o sol bloquear a nossa visão do planeta. Eles viam Vênus como uma companheira do sol, e deram-lhe o nome de Chak Ek', ou Grande Estrela.

Os maias fizeram medições incrivelmente precisas dos movimentos da Lua e das estrelas: por exemplo, calcularam que 149 meses lunares duravam 4.400 dias; em nossa notação, isso resulta em um mês lunar de

29,5302 dias – hoje, esse número é 29,5306. Da mesma forma, calcularam a duração do ano em 365,242 dias – hoje, nós a determinamos em 365,242198 dias.

Impulsionados pelo desejo de entender melhor o céu noturno e seus efeitos sobre a Terra, os maias foram levados a desenvolver a matemática. Eles acreditavam que, ao dominar a astronomia, teriam sucesso na agricultura. Um mecanismo semelhante levaria a outro período de desenvolvimento matemático em outras partes do mundo, que começou há quase tanto tempo quanto o desenvolvimento da matemática na Babilônia e continuou por milhares de anos. Na China, a matemática iria muito além das chuvas e das colheitas, tornando-se uma autoridade para governar e expressão da vontade dos céus.

2

A TARTARUGA E O IMPERADOR

Diz a lenda que, um dia, há cerca de 4 mil anos, Yu, o Grande, estava descansando de seus deveres como imperador da China e caminhando às margens do rio Amarelo. Ao olhar através da água corrente, sentiu um objeto escuro se movendo a seus pés. Olhou para baixo e viu que era uma tartaruga. Mas não era uma tartaruga velha qualquer. Olhou mais de perto. O casco da tartaruga tinha rachaduras que formavam uma grade de três por três em numerais chineses que ele reconheceu rapidamente. Era um símbolo de perfeição matemática.

O padrão que ele viu é conhecido hoje como um quadrado mágico e pode ser transcrito assim:

4	9	2
3	5	7
8	1	6

Observe como cada coluna, linha e diagonal soma quinze. Aos olhos do povo da China Antiga, essa coincidência numérica era um sinal de boa sorte. Os imperadores eram as figuras mais importantes do Estado e cumpriam ritos para garantir que a harmonia do cosmos fosse preservada. Yu fundou a dinastia mais antiga da China, a Xia, e tinha total responsabilidade pelo que acontecia em todo o seu império. Os resultados das adivinhações desempenhavam um papel importante em tudo, desde batalhas até partos, doenças e colheitas. Ao encontrar esse padrão de bom agouro, Yu ganhou autoridade para se apresentar como o líder justo das terras. Ele tinha o chamado Mandato do Céu.

É com histórias como essa que a matemática começa na China. Ao longo de mil anos, a matemática e a adivinhação estiveram no centro de todas as dinastias. Os governantes confiavam nela tanto para fins práticos, como o comércio, quanto para orientação divina, usando métodos matemáticos para tentar descobrir o que o universo tinha reservado para eles. A matemática na China Antiga significava poder.

Embora muitas vezes subestimada fora do Leste Asiático, a matemática desenvolvida durante essa época era sofisticada, elegante e muito à frente de seu tempo. Os quadrados mágicos, por exemplo, apareceram pela primeira vez na China, mas acabaram surgindo na Índia, no Oriente Médio e, muito mais tarde, na Europa. Isso se tornaria um padrão. Ao longo da história, matemáticos de todo o mundo chegariam ao que acreditavam ser novas descobertas e só mais tarde perceberiam que essas descobertas haviam sido feitas na China centenas – se não milhares – de anos antes.

Varas de contagem (e de bênçãos)

Os registros mais antigos que temos da matemática na China são ossos – especificamente, ossos usados para adivinhação. Mesmo que Yu tenha tropeçado por acaso em uma tartaruga que portava mensagens, era comum que os adivinhos tentassem forçar a barra. Tentavam falar diretamente com os deuses rabiscando perguntas nos cascos de tartarugas mortas ou nos ossos dos ombros do gado, que eles então aqueciam até que se partissem. Os padrões resultantes seriam interpretados como respostas celestiais às perguntas que faziam.

A vida de Yu antecede os registros escritos mais antigos da China em centenas de anos; assim, os fatos de sua vida não são universalmente aceitos. O que sabemos sobre ele vem de histórias que foram transmitidas oralmente por gerações e que só foram registradas muito tempo depois. No entanto, existem muitos vestígios dessas adivinhações nos

Réplica de um casco de tartaruga usado em adivinhação.

chamados ossos oraculares. E é aqui que também podemos ver em ação o sistema de numeração chinês mais antigo fazendo parte da escrita em ossos oraculares – um dos primeiros ancestrais dos caracteres chineses modernos, datando de cerca do século XIV a.e.c.

A escrita em ossos oraculares era um sistema numérico de base 10, mas não posicional. Em vez disso, os numerais eram combinados para representar números maiores (veja a terceira linha na figura a seguir). No entanto, havia limitações. O maior número que os arqueólogos encontraram em um osso oracular foi 30.000.

Os numerais em ossos oraculares também podiam ser usados para frações básicas. É possível ver isso na mais antiga tabela de multiplicação decimal conhecida. Ela foi encontrada quando aproximadamente 2.500 tiras de bambu de cerca de 300 a.e.c. foram doadas à Universidade Tsinghua, em Pequim, em 2008. Não se sabe exatamente de onde vieram as tiras, mas, antes de chegarem à universidade, foram provavelmente colocadas à venda após uma escavação ilegal.[1] Em meio à coleção havia 21 tiras de bambu que formam uma tabuada, mostrando como multiplicar qualquer número inteiro ou meio entre 0,5 e 99,5. Esses tipos de tabelas eram usados como calculadoras para fazer somas complicadas rapidamente. Os antigos babilônios já possuíam tabuadas de multiplicação cerca de 4 mil anos antes das tabuadas chinesas, embora não fossem

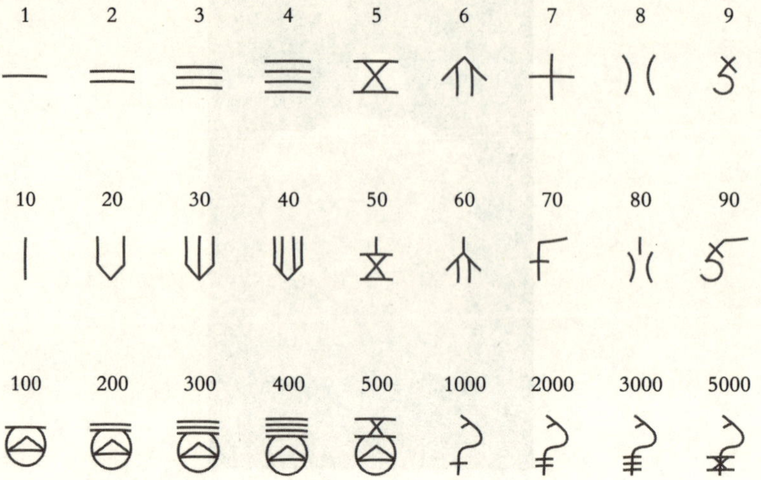

Algarismos em ossos oraculares.

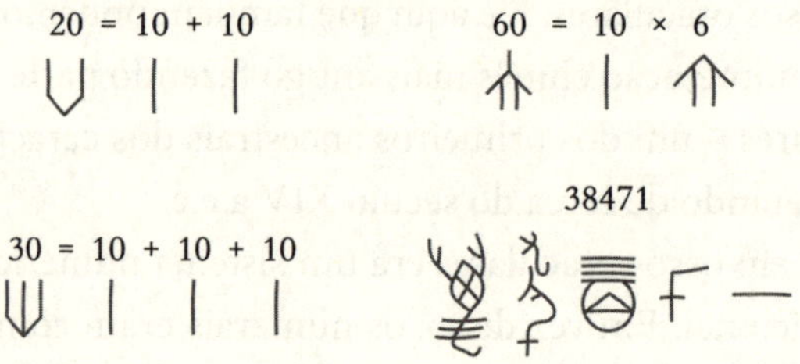

decimais. As primeiras tabuadas de multiplicação europeias conhecidas datam do Renascimento.

Algum tempo depois que essas tiras de bambu foram usadas, um sistema de numeração diferente surgiu na China, um que seria particularmente útil para os comerciantes: numerais em varas. O sistema numeral em varas usava símbolos baseados em linhas que poderiam ser facilmente riscados na lama ou na areia, embora muitas pessoas usassem varas físicas. Nessa época, os comerciantes na China faziam parte da rica elite proprietária de terras e levavam consigo um feixe de varas de contagem de bambu para fazer cálculos na hora.

No cerne do sistema de numeração de bastões havia um truque inteligente para formar números maiores a partir dos menores. Eram usados simultaneamente dois sistemas para representar cada um dos números

Tiras de bambu de cerca de 300 a.e.c.

de 1 a 9. No primeiro, colocavam-se varas verticalmente para indicar os números de 1 a 5; depois, para os números de 6 a 9, uma vara horizontal representava o 5 e eram acrescentadas varas verticais para cada próximo número. No segundo sistema, as varas horizontais e verticais tinham o papel contrário. Por exemplo, olhando para a tabela abaixo, você vai ver que o 7 pode ser escrito como duas varas verticais e uma horizontal ou duas horizontais e uma vertical.

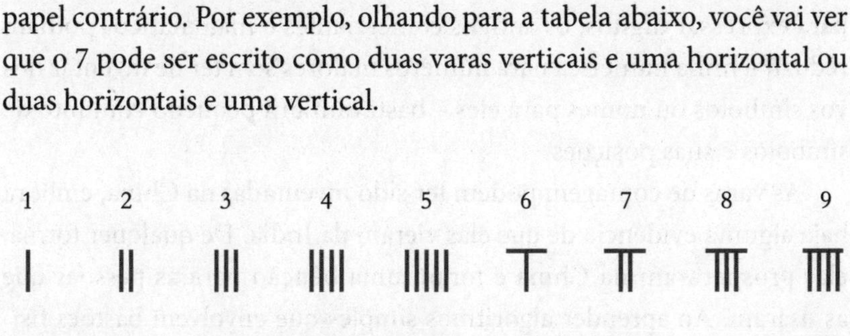

Exemplos de varas de contagem que representam números.

Para representar números maiores, os dois sistemas para os números de 1 a 9 eram usados alternadamente. As varas predominantemente verticais eram usadas para representar unidades, as varas predominantemente horizontais indicavam dezenas e assim por diante. O número 264 pode ser escrito como:

|| ⊥ ||||

Embora não houvesse notação para marcar o zero, era possível inferi-lo usando um dos sistemas (vertical ou horizontal) em ordem consecutiva. Por exemplo, o número 209 seria escrito desta forma:

|| 𝍨

A ausência de um número horizontal entre as duas centenas e as nove unidades deixa claro que há zero dezena. Centenas de anos antes de alguém inventar um símbolo para o zero (uma história que contaremos no Capítulo 5), os matemáticos chineses compreenderam a sua utilidade como um marcador de posição. Essa ideia de números formados por dígitos em posições específicas – como era o caso na China Antiga e na Babilônia – foi verdadeiramente revolucionária. É difícil imaginá-lo agora, quando estamos tão familiarizados com o uso de um sistema numérico baseado em posição, porém esse salto foi o equivalente matemático a inventar o motor a jato depois de simplesmente bater os braços na esperança de voar. Ao alternar entre os dois métodos para expressar dígitos, os antigos comerciantes e matemáticos podiam reduzir a linha numérica para números maiores sem ter de inventar novos símbolos ou nomes para eles – bastavam um pequeno conjunto de símbolos e suas posições.

As varas de contagem podem ter sido inventadas na China, embora haja alguma evidência de que elas vieram da Índia. De qualquer forma, elas prosperaram na China e foram uma bênção para as pessoas que as usaram. Ao aprender algoritmos simples que envolvem bastões físicos em movimento, os comerciantes passaram a poder realizar adições, subtrações, multiplicações e divisões de forma rápida e fácil. Para multiplicar dois números, as varas eram colocadas sobre uma superfície e combinadas em cada posição. Havia até mesmo métodos para manipular varas e encontrar raízes quadradas ou resolver equações simultâneas, equações envolvendo mais de uma quantidade desconhecida. Os antigos chineses também compreendiam os números negativos e usavam bastões pretos para representar números positivos e vermelhos para os negativos, embora estes nunca aparecessem nas respostas, apenas nos cálculos. Números negativos podem ser comuns hoje, mas, durante grande parte da história, os números estiveram tão intimamente ligados a objetos físicos que muitas civilizações matemáticas fora da China simplesmente não consideravam a possibilidade de que números negativos pudessem ser úteis. "Menos sete ovelhas" simplesmente não parecia fazer muito sentido. Como veremos na próxima seção, a matemática chinesa foi muito influenciada pela ideia de equilíbrio dos opostos, de modo que é possível que esse ponto de vista tenha ajudado a aceitar mais facilmente a ideia de negativos.

O sistema de contagem de varas foi uma inovação incrível. Por séculos, permaneceu parte integrante do cálculo e do comércio chinês, até ser superado pelos supercomputadores da época: os ábacos. Eles eram mais fáceis e rápidos de usar do que as varas de contagem e se tornaram a ferramenta numérica dominante na China por volta de 190 a.e.c.

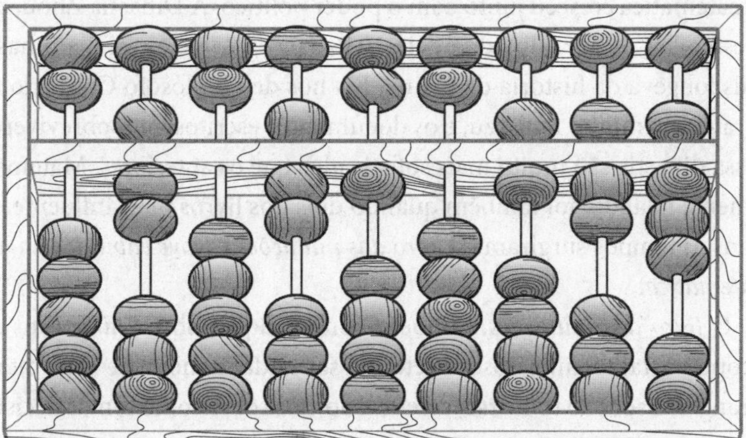

A matemática chinesa antiga tratava muitas vezes do prático, mas era comum que também se ligasse ao divino. Exemplos disso foram as ações de Yu para evitar a recorrência das graves inundações que ocorreram durante o reinado do imperador Shun, seu predecessor (ambos têm um *status* semimítico na China, em parte porque não podemos afirmar com certeza que eles de fato existiram). Yu estudou meticulosamente o fluxo dos rios e construiu um complexo sistema de canais para transportar a água da enchente para os campos. Ao longo de treze anos, dizem que teria supervisionado pessoalmente o projeto, dormindo nos mesmos aposentos que os agricultores e ajudando no árduo trabalho de dragagem dos leitos dos rios.

Funcionou. Os rios no coração da China, entre eles o rio Amarelo e o rio Wei, não transbordaram mais. Tal fato foi incrivelmente importante para as muitas pessoas que viviam dos rios e os usavam para viagens e transporte de mercadorias. A vida floresceu ao longo das margens do rio, e Yu ganhou o epíteto de "Grande Yu, Aquele que Controlava as Águas". Embarcar nesse projeto deve ter exigido muita confiança, o tipo de confiança que se tem ao avistar uma tartaruga com um quadrado mágico que anuncia tempos promissores pela frente.

O guia do hexagrama para a galáxia

A matemática cresceu junto com o poder político. A Dinastia Zhou, que se estendeu de aproximadamente 1046 a.e.c. a 256 a.e.c., foi a dinastia mais longeva da história da China. Ela nos deu o filósofo Confúcio e o estrategista militar Sun Tzu, e os documentos escritos que sobreviveram a essa dinastia são muito mais sofisticados que os anteriores. Matematicamente falando, foi também quando dois dos livros mais influentes de todos os tempos surgiram: *O livro das mutações* e *Nove capítulos da arte matemática*.

O livro das mutações, também conhecido como *I Ching*, tem um escopo bastante ambicioso. Pretende ser nada menos que um tratado abrangente sobre o universo, orientando-nos sobre como tomar decisões certas, como prever nosso futuro e encontrar nosso propósito na vida. Se ele consegue é motivo de debate, para dizer o mínimo, mas, cultural e matematicamente, sua importância não pode ser superestimada.

As origens exatas de *O livro das mutações* são desconhecidas – reza a lenda que o mítico imperador Fu Xi, considerado um filho do céu, o criou. O livro foi compilado pela primeira vez provavelmente entre 1000 a.e.c. e 750 a.e.c. e propõe uma forma de adivinhação chamada cleromancia, na qual varetas de mil-folhas são jogadas ao ar várias vezes e o padrão que elas formam na queda é interpretado com base em um dos 64 símbolos abaixo, hoje conhecidos como hexagramas. Cada hexagrama corresponde a um capítulo do livro. Assim, o padrão formado direciona o leitor a um determinado texto que deve ser lido e interpretado, embora interpretar o que ele significa esteja longe de ser simples.

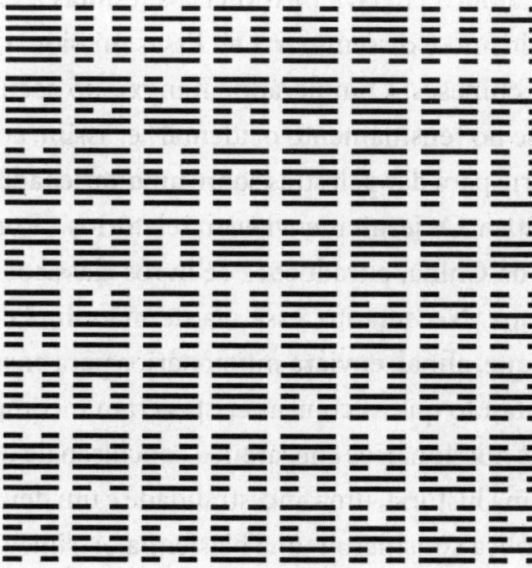

A filosofia contida em *O livro das mutações* está ligada ao conceito de yin e yang, que permeia a cultura chinesa antiga e diz que duas metades complementares devem se unir para produzir a totalidade. *Yin* vem da palavra que descreve o lado sombreado de uma colina, e *yang*, o lado ensolarado. Dizem que o yin e o yang formam a base de todas as coisas, incluindo os seres humanos. Pensava-se que a dinâmica do mundo podia ser compreendida através dessa lente com a ajuda de *O livro das mutações*. Nos hexagramas, as linhas tracejadas representam o yin, e as sólidas, o yang; a figura mostra as 64 maneiras pelas quais os dois símbolos podem ser combinados em grupos de seis. Por centenas de anos, pessoas importantes e boas consultaram *O livro das mutações* para ajudá-las a tomar decisões e entender o seu propósito na vida, e o livro assumiu tamanha importância que todos os súditos tinham de adotá-lo.

Em 10 a.e.c., o astrônomo Liu Xin usou *O livro das mutações* para interpretar observações e cálculos relacionados ao céu noturno. Seu sistema de tripla concordância delineava os movimentos da Lua, do Sol e dos planetas e os ligava aos 64 hexagramas. Embora tivesse falhas, na época era um dos mais complexos modelos de universo a terem sido construídos. O sistema de Liu calculava a duração média de um mês lunar em 29,5309 dias, comparável ao mesmo cálculo feito pelos maias e incrivelmente preciso.

No século XVI, as viagens marítimas de longa distância prosperavam e a Igreja Católica enviava missionários jesuítas à China para pregar, fazer proselitismo e disseminar a fé. Esses missionários foram bem recebidos pelos chineses. O imperador Kangxi, do século XVII, tinha especial interesse no "ensinamento ocidental" e, assim, convidou alguns dos jesuítas à corte para dar palestras sobre uma variedade de tópicos, incluindo matemática. Os jesuítas enviavam relatórios a Roma sobre a cultura intelectual da China, e traduções de livros clássicos chineses eram enviadas à Europa. No entanto, essa via de mão dupla desagradava a Igreja Católica, que, afinal, enviara missionários para ensinar e não para aprender, acreditando que as crenças cristãs eram incompatíveis com as chinesas. Alguns missionários chegaram à conclusão de que a Europa e a China tinham uma história, uma ancestralidade e um deus em comum, o que a Igreja Católica considerou uma blasfêmia. Assim, a Igreja Católica proibiu qualquer outro aprendizado dos costumes chineses.

Apesar disso, Gottfried Wilhelm Leibniz, um matemático e polímata alemão do século XVII, conseguiu obter uma cópia de *O livro das mutações*. Ao lê-lo, ficou surpreso ao ver que os hexagramas eram uma representação pictórica de um sistema numérico no qual ele estava trabalhando. "É muito surpreendente que corresponda perfeitamente ao meu novo tipo de aritmética", escreveu ele a Joachim Bouvet, o missionário jesuíta que chamou a sua atenção para *O livro das mutações*.[2]

O sistema numérico de Leibniz nasceu da distinção cristã entre dois estados do ser: a existência e a não existência. Ele representou esses dois estados como 1 e 0 e criou uma maneira de representar todo número usando apenas esses dois algarismos. Essa abordagem ficou conhecida

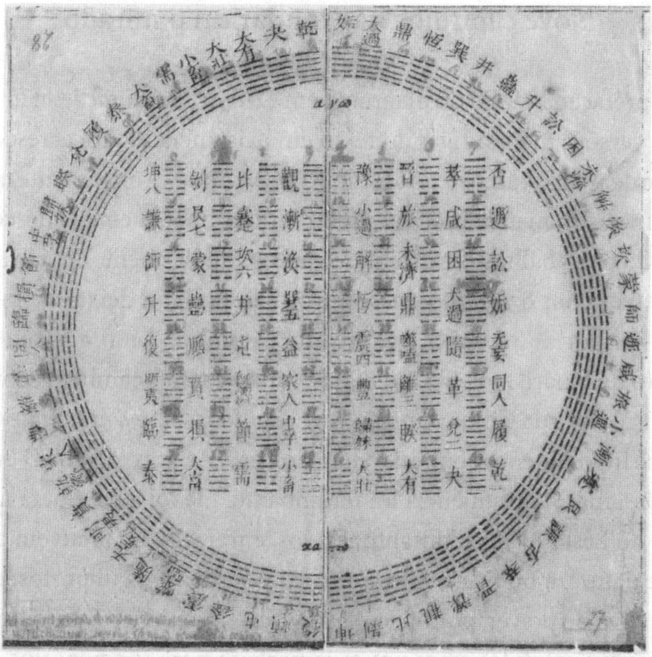

Um hexagrama do *I Ching*. Esta foi a versão que Gottfried Wilhelm Leibniz viu no século XVII. Ele fez anotações a tinta.

como sistema binário. As combinações de 1 e 0 que ele usou para os números de 0 a 63 eram iguais às combinações de linhas sólidas e tracejadas usadas nos hexagramas de *O livro das mutações*.

O conceito de binarismo, em *O livro das mutações*, estava profundamente enraizado na filosofia do yin e yang, e em Leibniz, no cristianismo. Não obstante, a matemática que daí resultava era universal e claramente compatível com as culturas chinesa e europeia – e também com muitas outras. A matemática binária também aparece no papiro de Rhind, na matemática da Índia no século II a.e.c. e, pelo menos trezentos anos antes do nascimento de Leibniz, no sistema de contagem do povo de Mangareva, da Polinésia Francesa.

As origens podem ter sido diferentes, mas os fundamentos binários eram os mesmos. A matemática está muitas vezes entrelaçada a religião, política, cultura e identidade – afinal, ela é praticada por pessoas e por isso é difícil imaginá-la de outra forma. No entanto, como mostra o caso do binarismo, há muitas maneiras de chegar a uma ideia matemática.

Nove capítulos que mudaram o mundo

A interpretação binária do diagrama em *O livro das mutações* não aparecia nas versões mais antigas do texto em existência: ela foi acrescentada mais tarde pelo estudioso do século XI Shao Yong. Antigamente, a principal função do matemático era preservar o conhecimento já descoberto copiando os trabalhos já existentes. Muitos simplesmente copiavam sem se envolver com o assunto, mas outros não podiam deixar de fazer algumas melhorias e adições ao longo do caminho, como ocorreu com o conceito de binarismo em *O livro das mutações*. Isso também aconteceu com outro livro da China Antiga: *Nove capítulos sobre a arte matemática*.

Esse livro é menos conhecido fora do Leste Asiático do que *O livro das mutações*, mas sua influência foi retumbante. Ele foi a base para a matemática do Leste Asiático durante séculos, enraizando-a tanto em problemas de natureza prática, como controlar o tempo e os impostos, quanto na tentativa de prever, por meio da adivinhação, o que o futuro traria.

Os *Nove capítulos* eram um guia perfeito para funcionários do governo que tinham de aprender matemática para administrar recursos como grãos, trabalho e tempo. O primeiro capítulo demonstra como calcular a área dos campos e o segundo trata da troca de mercadorias. Porém, o nível de dificuldade sobe rapidamente. O capítulo oito apresenta problemas que contêm várias quantidades desconhecidas, estabelecendo as bases da álgebra. O último capítulo aborda a geometria de forma intrincada, apresentando problemas com formas bidimensionais, como triângulos, retângulos, trapézios e círculos, bem como figuras sólidas, como prismas, cilindros, pirâmides e esferas. No decorrer do livro, os capítulos se tornam mais abstratos e mais gerais, embora cada um comece com um exemplo ilustrativo e depois dê instruções sobre como resolver problemas mais gerais.

O exemplar mais antigo e conhecido foi reunido por Liu Hui, um matemático e escritor do século III. Em seu prefácio, Liu lamenta o que foi perdido antes de seu nascimento e afirma que o texto dos *Nove capítulos* foi originalmente escrito por volta de 1000 a.e.c. O consenso histórico é que essa data é antiga demais e que o livro provavelmente foi compilado pela primeira vez durante ou após o reinado de Qin Shi Huang, no século III a.e.c. Ele foi o primeiro imperador da Dinastia Qin e mandou inúmeros livros para a fogueira a fim de evitar comparações entre o seu governo e os de dinastias anteriores. Poucas obras sobreviveram à sua ira.

Independentemente de quando o livro foi compilado pela primeira vez, os comentários de Liu sobre os *Nove capítulos* eram um banquete matemático. Um destaque particular do trabalho de Liu era a aproximação da razão entre a circunferência de um círculo e seu diâmetro, muitas vezes escrita hoje como pi, ou π.* Liu não foi o primeiro a descobrir o pi, mas descobriu seu valor com maior precisão. Os babilônios sabiam que o pi era aproximadamente 3. No século III a.e.c., o matemático grego Arquimedes reduziu-o a um intervalo entre 3,140 e 3,142. Liu aproximou pi como 3,14159, correto até cinco casas decimais, usando o mesmo método (muito embora não se saiba se tal método chegou à China vindo da Grécia). Hoje, usando supercomputadores, calculamos o pi com 50 trilhões de casas decimais. Porém, como os astrofísicos precisam saber apenas as primeiras catorze casas decimais do número a fim de controlar com precisão os foguetes lançados ao espaço, ir além disso não tem grande utilidade. É mais o nosso amor pelo pi e a nossa vontade de testar supercomputadores e seus algoritmos até o limite. Para o tipo de cálculo cotidiano que os *Nove capítulos* continham, o número de Liu era mais que suficiente. E a técnica que ele usou para chegar ao número foi astuta: envolvia polígonos (formas de muitos lados).

O perímetro e a distância do centro a um lado de um polígono regular são fáceis de calcular. À medida que o número de lados desse polígono aumenta, notou Liu, a forma se assemelha cada vez mais a um círculo. Isso significa que seus perímetros e as distâncias se tornam aproximações cada vez melhores do perímetro e do raio de um círculo. Ao imaginar um polígono regular com 3.072 lados, Liu conseguiu calcular aproximadamente o pi.

Seguindo os passos de Liu Hui, no século V, o matemático chinês Zu Chongzhi calculou o pi com mais precisão ainda usando um polígono de 24.576 lados, dando-lhe os valores corretos com sete casas decimais. Esse foi o recorde mundial até Jamshīd al-Kāshī, um matemático árabe do início do século XV, quebrá-lo calculando o pi com dezesseis casas

* Esse costume foi iniciado pelo matemático galês William Jones em 1706.

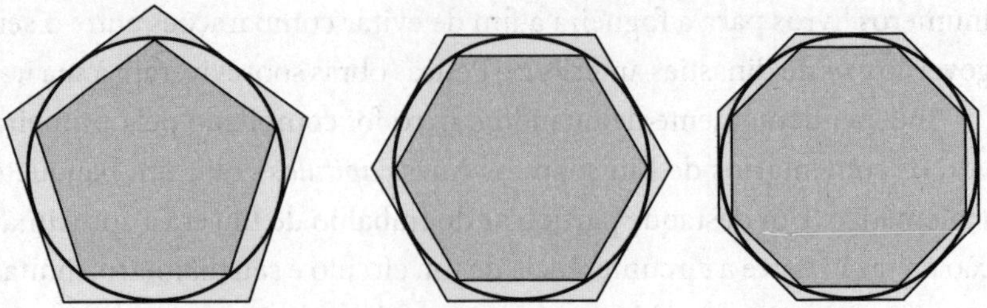

Polígonos dentro e fora de um círculo. Matemáticos antigos aumentaram o número de lados para aproximar o cálculo do pi.

decimais. É o máximo do que realmente precisaremos, e o número foi calculado há mais de setecentos anos.

Em sua versão dos *Nove capítulos*, afastando-se do estilo usual da matemática chinesa, Liu foi além dos problemas práticos e acrescentou provas matemáticas. Em vez de olhar para exemplos ilustrativos a fim de demonstrar um padrão mais amplo, ele começou com o geral e usou itens da caixa de ferramentas das provas matemáticas para construir argumentos lógicos irrefutáveis. Essas técnicas sustentam toda a matemática de hoje.

Uma de suas provas foi a do teorema muitas vezes chamado de Teorema de Pitágoras, mas conhecido na China como Teorema de Gougu.* Para os matemáticos daquele tempo, triângulos tinham um uso específico e prático – por exemplo, calcular a altura de uma ilha vista do continente, o tamanho de uma cidade murada distante, a profundidade de uma ravina ou a largura da foz de um rio observada a distância. Livros como os *Nove capítulos* em geral apresentavam tais problemas como exemplos ilustrativos.

A versão do Teorema de Gougu nos *Nove capítulos* é o registro escrito mais antigo desse teorema; portanto, sem dúvida, deveríamos chamá-lo por esse nome em vez de Pitágoras. De qualquer forma, é um teorema que foi redescoberto em todo o mundo, inclusive na Babilônia, no Egito, na Índia e na Grécia. A visão de Liu foi copiar e reorganizar os triângulos retângulos de maneira semelhante à prova apresentada

* *Gougu* é uma palavra composta derivada das palavras chinesas para os dois lados de um triângulo. Para $a^2 + b^2 = c^2$, *a* é *gou*, *b* é *gu*, e *c* é *xian*.

Página da *Coleção completa de ilustrações e escritos dos primeiros tempos aos atuais*, de Liu Hui, edição de 1726.

no tópico a seguir. Ele usou um argumento ligeiramente diferente, mas muitos dos princípios subjacentes envolvendo a manipulação de cópias de triângulos eram os mesmos.

Afinal, o que é uma prova?

A ideia de prova matemática aparecerá várias vezes neste livro; assim, vale a pena parar um momento para explorar o que ela é exatamente.

Prova é como sabemos que algo é verdadeiro em matemática. Em termos mais estritos, para provar um teorema, um matemático deve estabelecer as suposições iniciais – axiomas – e as regras de lógica que são admissíveis. Então, usando apenas esses axiomas e essas regras, o matemático deve combiná-los para provar que algo é verdadeiro.

Muitas vezes, as provas podem ser elegantes e bonitas. Podem ser surpreendentes e espirituosas. Também podem ser picadas e juntadas, complicadas e difíceis de seguir. Pode haver mais de uma maneira de provar algo, mas, uma vez que um teorema foi provado, ele está provado para sempre.* Dessa maneira, os teoremas que conhecemos desde os tempos antigos permanecem até hoje.

Veja o Teorema de Gougu (desculpe, Pitágoras!). Ele afirma que, em um triângulo retângulo, em que a, b e c são os comprimentos de seus lados, sendo c o lado maior, $a^2 + b^2 = c^2$.

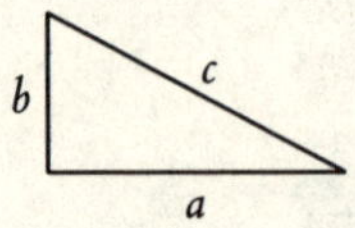

Hoje, há mais de cem maneiras conhecidas de prová-lo. Aqui vai uma relativamente moderna.

Considere quatro exemplos desse triângulo:

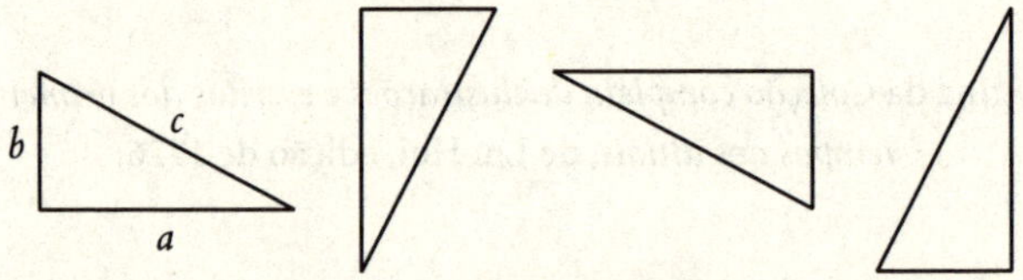

em seguida, reorganize-os em um quadrado com um buraco no meio.

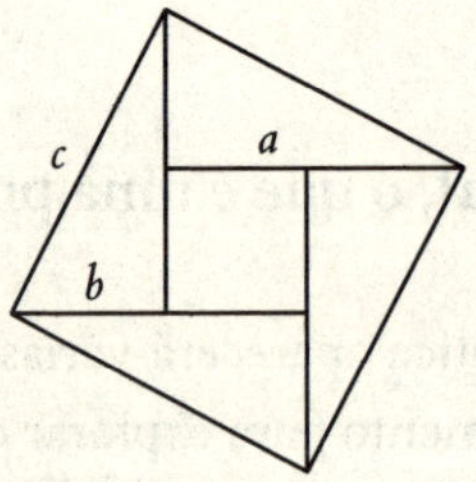

Há duas maneiras claras de calcular a área do quadrado grande externo (formado pelos quatro triângulos e o quadrado do meio). A primeira é simplesmente multiplicar o comprimento de um lado por ele mesmo para obter c^2.

* Claro, erros em provas são ocasionalmente encontrados, mas eles levam à questão de saber se o que se tinha realmente era uma prova.

O segundo método é somar a área do quadrado menor do meio às áreas dos quatro triângulos. O quadrado menor tem lados de comprimento $(a - b)$, então sua área é $(a - b)^2$. A área de um triângulo é a metade da sua altura multiplicada por sua base. Assim, cada triângulo tem uma área de $\frac{1}{2}ab$. Como são quatro, a área total dos triângulos é $2ab$.

Juntando tudo, temos duas maneiras de expressar a área do quadrado grande, portanto

$$c^2 = (a-b)^2 + 2ab$$

Se você multiplicar os parênteses,

$$\begin{aligned} c^2 &= a^2 + b^2 - 2ab + 2ab \\ &= a^2 + b^2 \end{aligned}$$

Et voilà! Ou, como alguns matemáticos gostam de escrever ao provar um teorema, QED (da frase latina *quod erat demonstrandum*, que significa "o que deveria ser demonstrado").

O fato de o Teorema de Gougu ter permanecido vivo durante todos esses anos é algo extraordinário e completamente normal em matemática. Se você o comparar com ideias em qualquer outra disciplina científica, verá como essa ferramenta é poderosa. Quase todas as crenças de outras ciências foram reescritas de uma forma ou de outra ao longo do tempo. Isso é intencional, pois o método científico exige melhorias iterativas do que foi feito antes. As teorias científicas não duram para sempre; elas permanecem apenas até que uma melhor apareça. Na matemática, uma vez que algo é verdadeiro, é verdadeiro para sempre.

No entanto, isso também mostra a diferença entre a verdade no mundo real e a verdade matemática. A matemática sustenta muitas teorias científicas. Esses teoremas foram provados, mas a ciência baseada neles às vezes se revela errônea. Isso ocorre porque a intersecção entre a matemática e o mundo real é complicada. Não sabemos quais são as suposições iniciais do universo, nem qual lógica é admissível. Dentro do universo matemático que criamos, os teoremas que provamos são verdadeiros para sempre, mas nem sempre é óbvio até que ponto o universo matemático corresponde ao universo no qual vivemos.

Nada disso diminui o poder que a matemática tem de descrever o mundo real. Nada – da física quântica ao estudo das células – seria igual sem a matemática e as suas provas. Mas, como mostram muitas culturas matemáticas antigas, as provas não são uma condição necessária para realizar proezas matemáticas. A matemática chinesa apenas ocasionalmente apresentava provas matemáticas, embora a China Antiga fosse uma potência matemática. Os governantes valorizavam a matemática porque ela estava ligada à autoridade para governar; assim, a pessoa responsável por ensinar matemática para as pessoas do círculo mais próximo ao imperador era uma pessoa muito importante.

Aulas para mulheres

Em 202 a.e.c., algum tempo depois de os *Nove capítulos* terem sido escritos, a Dinastia Han chegou ao poder e, sob seu domínio, houve um grande avanço tecnológico. O papel e versões melhoradas de relógios de sol e de água surgiram nessa época, assim como o sistema calendárico de Liu Xin. A mesma coisa fez uma extraordinária historiadora e matemática chamada Ban Zhao, uma das primeiras mulheres matemáticas de que se tem notícia no mundo.

Ban Zhao nasceu por volta do ano 45 a.e.c. em uma conhecida família de estudiosos. Seu pai, Ban Biao, era historiador e autor do que viria a ser o *Livro de Han*, a história oficial da Dinastia Han de 206 a.e.c. a 23 e.c. No entanto, seu pai morreu antes de concluir o projeto, quando ela ainda era uma menina. Seu irmão mais velho, Ban Gu, assumiu a tarefa. Aos catorze anos, Ban Zhao casou-se com um residente de Anling (perto da moderna Xianyang) chamado Cao Shishu, mas seu marido não viveu muito depois do casamento. Viúva, ela dedicou o resto da vida ao trabalho acadêmico. Havia sido ensinada a ler e a escrever por membros da família e recebeu educação com base nos ensinamentos de Confúcio. Suas virtudes e filosofias eram apreciadas pela classe dominante e constituíam a base do célebre concurso para o serviço público, destinado a distinguir os dotados intelectualmente. Seu conhecimento a colocou em boa situação com o imperador He, da corte de Han. Ele reconheceu seu intelecto e lhe incumbiu o trabalho de ensinar matemática e astronomia à imperatriz Deng Sui, segunda esposa de He, e às concubinas imperiais. Ban e Deng podem ter sido a primeira dupla professora-aluna no estudo da matemática na China.

Não sabemos exatamente o que foi ensinado, mas temos algumas evidências. Ban era bem versada nos clássicos confucionistas e teria lido *O livro das mutações*. A biblioteca da família imperial, a Biblioteca Imperial de Dongguan, dispunha de livros sobre uma variedade de assuntos, incluindo matemática e astronomia. Como ela nasceu depois do reinado de Qin Shi Huang, durante o qual muitos livros foram queimados, os documentos escritos que ela conseguiu ler eram todos relativamente novos. Inicialmente, seu irmão avançou bem no *Livro de Han* e ampliou o escopo da obra para incluir os primeiros duzentos anos da Dinastia Han. No entanto, ele era tão meticuloso quanto ao registro de todos os detalhes, incluindo erros cometidos por funcionários e imperadores, que a corte começou a suspeitar do trabalho que ele estava fazendo. Foi acusado de alterar a história e preso, e mais tarde acusado de tramar um golpe contra o imperador. Logo depois, morreu na prisão.

Ban Zhao, então com quarenta e poucos anos, recebeu a perigosa tarefa de substituir seu irmão. Ela passou décadas trabalhando no *Livro de Han*, prestando especial atenção à mãe do imperador He e incluindo histórias familiares de mulheres associadas à corte, numa época em que as mulheres raramente eram incluídas em tais histórias. Provavelmente ela também acrescentou um capítulo sobre astronomia, apresentando interpretações do movimento das estrelas, de eclipses e do clima durante a Dinastia Han. Os ensinamentos e a posição de Ban na corte lhe granjearam uma considerável influência política. A imperatriz Deng se tornou regente após a morte de seu marido e frequentemente pedia conselhos a Ban sobre assuntos importantes de Estado. Na corte imperial, os homens a chamavam de Venerável Madame Cao em reconhecimento ao seu talento e às suas realizações – um nome derivado diretamente do de seu marido. As mulheres da corte preferiam chamá-la de "a Talentosa".

Ao longo de sua vida, Ban notou que havia pouca coisa escrita especificamente para mulheres nos ensinamentos de Confúcio sobre a sociedade e, aos sessenta anos, decidiu corrigir isso. Suas extremamente influentes *Lições para mulheres* delinearam sete regras simples que as

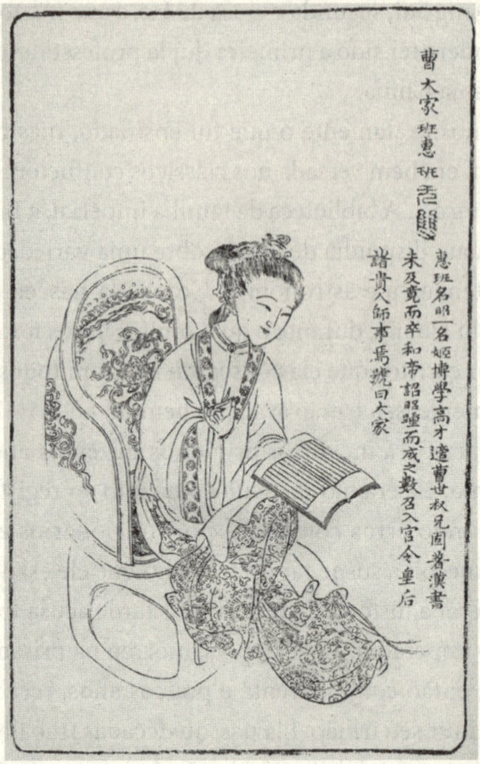

Um retrato tardio de Ban Zhao, por Jin Guliang (1690).

mulheres deviam seguir para manter uma conduta adequada na sociedade chinesa.

Começava assim: “Eu, escritora indigna, não sou sofisticada, não sou esclarecida e, por natureza, sou pouco inteligente”. É claro que ela não era nenhuma dessas coisas, mas o confucionismo valorizava muito a modéstia. Muitos de seus leitores teriam tomado tal declaração pelo seu contrário, hoje soando quase como falsa modéstia.

À primeira vista, muitas das sete regras são próprias do seu tempo. Giram em torno de ser uma esposa subserviente e de obedecer ao marido – pilares tradicionais do confucionismo. No entanto, se tomadas no contexto da sua vida e da sua época, podem ser lidas como um guia para as mulheres sobre como sobreviver numa sociedade patriarcal. Entre as regras está uma forte defesa da alfabetização e da educação das mulheres – o primeiro texto chinês a defender essa visão. Mais de mil anos depois, durante as dinastias Ming e Qing, as mulheres cultas recorreriam às palavras de Ban Zhao sobre educação para reforçar seus argumentos a favor da igualdade de gênero.

Um bando de geômetras rebeldes

Ao longo de muitas centenas de anos, a matemática chinesa se tornou uma força a ser levada em consideração. Quando se olha para trás, para o conjunto da obra, ela é tão formidável quanto qualquer outra produzida em qualquer outro lugar do planeta, em qualquer outro momento da história humana. Imperadores prósperos usavam seus recursos para apoiar os matemáticos, especialmente a fim de ajudar a descobrir verdades favoráveis sobre seus governos. A matemática chinesa teve uma influência particularmente forte em países do Leste e do Sudeste Asiático, como Japão, Coreia e Vietnã. Esses antigos Estados tributários adotavam o sistema de escrita chinês e seguiam o estilo prático, baseado em exemplos, de escrever livros didáticos de matemática. Esse método matemático baseado em exemplos era parte integrante da matemática chinesa, mas, durante um breve período no século V a.e.c., pareceu que uma abordagem diferente iria prevalecer.

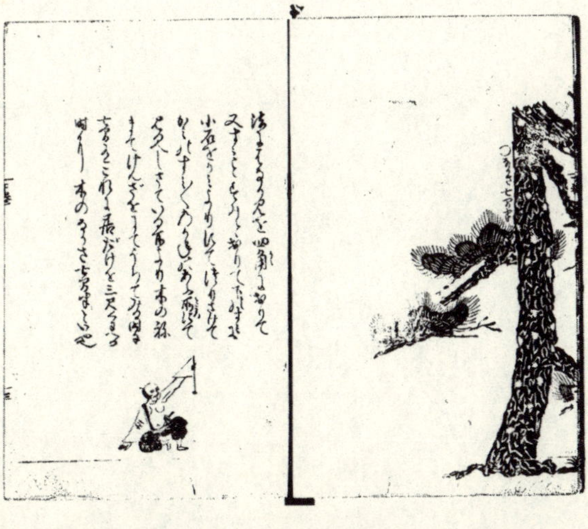

Duas páginas do texto matemático japonês *Tratado para os séculos*, de 1627.

Mozi foi um filósofo que viveu durante o período das Cem Escolas de Pensamento da China, nas quais novas ideias surgiram em ritmo acelerado. Em meados do século IV a.e.c., ele fundou uma escola que visava às ideias confucionistas que ele havia aprendido, defendendo uma sociedade mais meritocrática em vez de uma sociedade baseada em classes sociais. Como parte desse repensar, ele e os seus seguidores, os moístas, escreveram sobre geometria de forma completamente diferente do que se escrevia antes. Em vez de começar com exemplos específicos, começavam com suposições gerais e depois as combinavam num sistema lógico para provar as propriedades dos pontos, das linhas e das formas. Exemplos específicos eram então relacionados à teoria geral. Isso era mais do que Liu conseguira ao provar o Teorema de Gougu: Mozi não estava apenas usando argumentos; ele também estava olhando para os pressupostos que os sustentavam.

O moísmo foi, durante esse breve período, muito popular e poderia ter levado a matemática chinesa a uma direção diferente. Ele desapareceu na China de Qin, quando o confucionismo se tornou dominante novamente, mas uma abordagem semelhante ganharia destaque, de forma independente, em outros lugares. Uma tradição matemática diferente estava se desenvolvendo a milhares de quilômetros de distância e colocaria em seu centro a construção de provas a partir de princípios gerais.

3
UMA CIDADE CHAMADA ALEX

O ano era 415 e.c. Alexandria, uma cidade do Império Romano Oriental, onde hoje é o Egito, tinha mais habitantes do que qualquer outra cidade do mundo, algo entre 300 mil e meio milhão de pessoas. O seu porto, Alexandria, ligava-a à Europa e ao Oriente Médio. A cidade era um movimentado ponto de encontro das mentes brilhantes da época. Foi a capital intelectual *de facto* do delta do Nilo, do Mediterrâneo e do deserto ocidental do Egito.

E a cidade estava numa espécie de agitação intelectual. A elite dominante apoiava enormemente bibliotecas e museus, permitindo que Alexandria produzisse gerações de filósofos, astrônomos e matemáticos notáveis. Esse apoio não estava a serviço de algum ideal nobre de promoção do conhecimento pelo conhecimento. Os governantes queriam reforçar seus legados, e a construção de vastas coleções de conhecimento era um sinal claro de poder. O poder nunca esteve longe da vista em Alexandria.

Euclides de local desconhecido

Alexandria foi fundada quando Alexandre, o Grande, conquistou o Egito em 332 a.e.c. Ele chegou lá com um exército de gregos e macedônios, mas quase não foram obrigados a lutar porque os egípcios estavam ansiosos para expulsar os governantes persas. Alexandre começou a construir a cidade em estilo grego que levaria seu nome. Após sua morte, um de seus generais, Ptolomeu I, declarou-se faraó de Alexandria, por volta de 300 a.e.c., e fundiu os principais deuses de cada cultura em um deus universal, Zeus-Amon, para sinalizar a fusão da Grécia com o Egito. Ele também declarou Alexandria a capital do Egito. Alexandria estabeleceu vínculos com cidades como Atenas, compartilhando o conhecimento mais atualizado, inclusive sobre matemática, pois os estudiosos viajavam entre elas.

A matemática, para os gregos antigos, assim como para outras culturas, significava mais do que cálculos práticos. Muitos matemáticos gregos acreditavam que a matemática encapsulava uma forma divina de beleza e era uma porta de entrada para a compreensão da razão da existência humana. Como escreveu Platão em sua *República*, "a geometria levará a alma para a verdade". A matemática tratava de descobrir o "conhecimento do eterno".[1]

Algumas ideias matemáticas eram reverenciadas em detrimento de outras por causa de suas propriedades supostamente mágicas. Os pitagóricos – um culto matemático composto de supostos seguidores de Pitágoras – acreditavam que o 10 era o número mais perfeito. Eles também acreditavam que o 1 era a origem de todas as coisas porque podia ser usado para formar todos os números inteiros através de repetidas adições (10 = 1 + 1 + 1 + 1 + 1 + 1 + 1 + 1 + 1 + 1). Muitas dessas crenças davam um peso extra à busca de descobertas matemáticas, mas também dificultavam a capacidade de seguir a lógica matemática até o fim. O matemático Jâmblico, por exemplo, foi um dos primeiros a pensar no número zero, mas esse número nunca chegou à corrente principal da matemática grega porque não se enquadrava em sua visão de mundo. Como Aristóteles escreveu certa vez: "Não há vazio que exista em separado, como alguns afirmam".[2]

Aristóteles, Platão e Pitágoras estiveram entre aqueles que contribuíram nos primórdios da cena matemática grega, mas foi o trabalho de Euclides que teve, sem dúvida, a maior influência. Muito pouco se sabe sobre a vida de Euclides. Ele provavelmente nasceu por volta de 325 a.e.c., mas tão poucas fontes contemporâneas o mencionam que nem temos certeza de em que lugar. Ele é frequentemente referido como Euclides de Alexandria, o que certamente implica que no mínimo viveu lá.

A Biblioteca de Alexandria, uma representação artística do século XIX baseada em evidências arqueológicas.

Há estudiosos de antes e de depois dele, da mesma região, que tiveram biografias escritas sobre eles, mas, no caso de Euclides, quase tudo o que pensamos saber foi escrito muito depois de sua morte.

Nosso melhor palpite é que Euclides foi para Alexandria depois que Ptolomeu I se declarou faraó. Ptolomeu financiou e apoiou a reunião de conhecimento. Fundou o Musaeum, uma instituição que se tornou o centro de ensino da região e abrigou a famosa Biblioteca de Alexandria – uma das maiores do mundo e destinada a mostrar a vasta riqueza do Egito. A biblioteca abrigava centenas de milhares de pergaminhos e tinha muitas salas de leitura, de jantar e de reunião, bem como jardins e salas de aula. Euclides foi um dos primeiros estudiosos afiliados à biblioteca e ao museu. Essa é a extensão de nossos conhecimentos sobre Euclides, a pessoa.

A falta de informações sobre a vida de Euclides contrasta fortemente com nosso conhecimento de seu trabalho, que não só sobreviveu como também se tornou fundamental para a matemática moderna. Seus

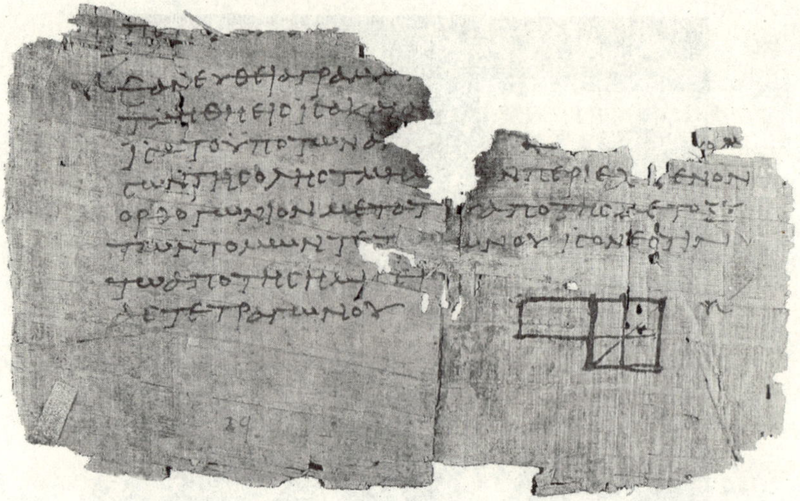

Um dos fragmentos mais antigos que sobreviveram dos *Elementos*, de Euclides, escritos em papiro. Datado de cerca de 100 e.c.

Elementos, um tratado em treze livros sobre matemática, é uma das obras mais influentes já escritas. Sua influência na Europa e na América do Norte foi semelhante à dos *Nove capítulos* no Leste Asiático.

A maior parte dos *Elementos* é dedicada à geometria, abrangendo formas bidimensionais e tridimensionais, mas ele também apresenta um pouco de teoria dos números – o estudo dos números e de suas propriedades. Bastante inovadora era a sua estrita adesão aos princípios básicos da prova. Muitos dos resultados apresentados eram conhecidos antes da época de Euclides, mas ele conseguiu colocá-los numa estrutura coerente, expondo claramente os seus pressupostos – conhecidos como axiomas ou postulados – e utilizando-os para construir argumentos lógicos.

Euclides começa o primeiro livro dos *Elementos* definindo um ponto como "aquilo que não tem parte". Então, lista mais quatro axiomas, entre eles "uma linha não tem largura". A partir dessas definições geométricas fundamentais, segue-se o resto de seu trabalho. O método de Euclides – começar com os axiomas mais simples e evoluir para ideias e teoremas mais sofisticados – tornou-se um princípio central da matemática, tanto que *Elementos* formou a base do ensino da matemática na Europa até cerca de meados do século XX.

Essa abordagem é diferente daquela adotada nos *Nove capítulos*, que são mais organizados em torno de exemplos práticos como meios de demonstrar princípios gerais. Nenhuma dessas perspectivas deve ser considerada inferior à outra. A abordagem axiomática dos gregos tem sido frequentemente elogiada, mas fixar uma compreensão usando aplicações do mundo real é uma abordagem igualmente válida.

Os *Elementos* são uma aula magna sobre como construir um argumento matemático, mas, como milhares de anos de estudantes podem atestar, nem sempre é uma tarefa fácil. Embora talvez apócrifa, uma conversa entre Euclides e Ptolomeu I nos dá uma ideia dos infortúnios dos estudantes futuros. Lutando contra as dificuldades e a própria extensão dos *Elementos*, Ptolomeu perguntou se havia algum atalho para dominar a matemática, ao que Euclides respondeu: "Não existe um caminho de realeza para a geometria".[3]

Alexandria, a Grande

Além de Euclides, Alexandria foi o lar de um quinhão de matemáticos importantes, e uma delas tem uma história de vida particularmente interessante: Pandrosion. Como veremos frequentemente neste livro, as suposições feitas pelos historiadores são muitas vezes perpetuadas pelos que os seguem, dando uma falsa impressão de alguém ou da sua vida. Esse é claramente o caso da história de Pandrosion.

Grande parte da vida de Pandrosion – que começou por volta do ano 300 e.c. – nunca foi registrada ou foi perdida há muito tempo, mas podemos ter certeza de que ela criou um método aproximado para um dos problemas mais complicados da geometria antiga: a duplicação do cubo. Dado o comprimento da aresta de um cubo, como construir outro cubo com o dobro do volume?

Hoje, podemos usar a álgebra para encontrar facilmente o comprimento de uma aresta do cubo duplicado,* mas os matemáticos antigos não tinham esse luxo à mão. Estavam tentando encontrar uma maneira de construir o segundo cubo usando apenas uma régua e um compasso.

* Resposta: $\sqrt[3]{2}$, embora os gregos antigos não soubessem disso.

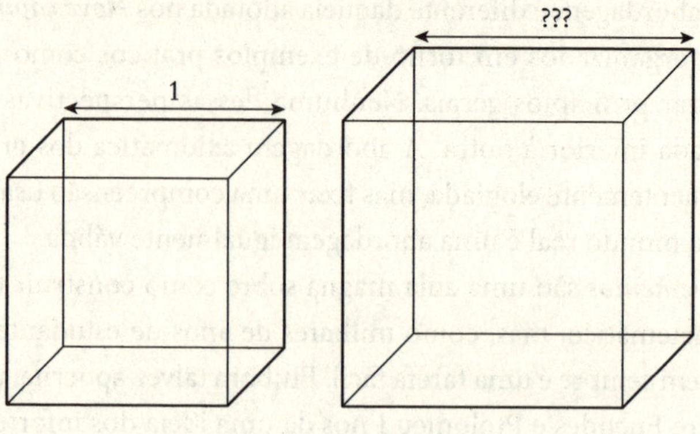

Esse tipo de técnica é comum em toda a geometria – a ideia é que, com essas duas ferramentas, é possível criar círculos e linhas com base nas formas iniciais. Embora seja possível usar ferramentas físicas para recriar o processo, Euclides incluiu postulados sobre essas ferramentas nos *Elementos*, o que significava que os matemáticos poderiam imaginar versões teóricas das ferramentas e o que seria possível fazer com elas.

Ou, nesse caso, não. Duplicar perfeitamente um cubo usando apenas uma régua e um compasso é de fato impossível (embora isso não fosse conhecido com certeza até o século XIX, quando Pierre Wantzel o provou usando a álgebra moderna). Então, não é de admirar que o problema tenha persistido por tanto tempo.

Pappus foi contemporâneo de Pandrosion e morava em Alexandria. Na *Coleção*, seu épico de oito livros sobre matemática, ele faz alusão à técnica de Pandrosion para aproximar a solução, mas apenas com o objetivo de fazer pouco-caso dela em um discurso sarcástico. A sua principal crítica ao trabalho dela é de natureza pedante. De acordo com Pappus, Pandrosion e seus alunos confundiram um "problema" com um "teorema".[4] Ele escreveu que um problema é algo que pode ser verdadeiro ou falso, enquanto um teorema deve ser provado como verdadeiro. Parece muito improvável que Pandrosion e os seus alunos não conhecessem essa distinção, e, portanto, esse pode ser um dos primeiros casos registrados de *mansplaining*. Embora muitas vezes se presuma que houvesse algum tipo de rivalidade entre Pappus e Pandrosion por causa de seus comentários, na realidade sabemos tão pouco sobre o relacionamento deles que é impossível fazer qualquer afirmação.

Sabemos, no entanto, que Pappus usou a forma feminina de tratamento e adjetivos gramaticalmente femininos para designar Pandrosion em toda a *Coleção*. Uma conclusão razoável a tirar disso seria que Pandrosion era de fato mulher, mas, quando o historiador de matemática antiga Friedrich Hultsch traduziu a obra do grego para o latim no século XIX, adotou uma opinião oposta, afirmando que apresentar Pandrosian como mulher teria sido um erro. Muitos historiadores seguiram a orientação de Hultsch. Somente em 1988, quando Alexander Jones traduziu a *Coleção* para o inglês e apresentou o argumento de que Pandrosion era mulher, a visão predominante começou a ser posta em xeque. Desde então, outros estudiosos fundamentaram essa ideia, que agora é comumente aceita. Isso torna Pandrosion a primeira matemática conhecida nessa parte do mundo – um prêmio anteriormente reservado à matemática mais conhecida, Hipátia.

Hipátia, a professora

Mulheres matemáticas não eram desconhecidas na Grécia antiga, embora muitas tenham se perdido nos registros históricos. No século XVII, o estudioso Gilles Ménage conseguiu recolher referências a 65 mulheres desse período. Para citar apenas algumas, houve Aspásia (c470-c400 a.e.c.), que manteve um dos salões intelectuais mais proeminentes da época, atraindo filósofos renomados como Sócrates. O nome dela aparece nos escritos de Platão, e dizem que ele ficou impressionado com a inteligência e sagacidade dela. Arete de Cirene (c400-c300 a.e.c.) escreveu mais de quatrocentos livros sobre filosofia e ciências naturais, dos quais, infelizmente, nenhum sobreviveu. E depois houve Hipárquia (n. c325 a.e.c.), que usava roupas de homem, vivia em igualdade com o marido e escreveu várias obras sobre filosofia – embora, novamente, tenham se perdido no tempo.

Esses exemplos não devem dar a impressão de que a sociedade grega antiga era uma utopia igualitária. Ela ainda era dominada por homens. No caso de Hipárquia, as pessoas provavelmente ficavam chocadas com o estilo de vida dela e do marido. Homens e mulheres raramente trabalhavam juntos em público. Além disso, não podemos ter certeza de quanto o nosso conhecimento sobre essas mulheres foi distorcido por aqueles que contam as histórias. No parágrafo anterior, nós nos ativemos aos fatos mais básicos, mas, como Kathleen Wider escreveu, na década de 1980, num artigo sobre mulheres filósofas no mundo antigo, tanto as fontes antigas como as modernas são "sexistas e distorcem facilmente a nossa visão dessas mulheres e de suas realizações".[5]

Como veremos, a história também foi injusta com Hipátia. Ela nasceu por volta de 350-370 e.c. Nada se sabe sobre a sua mãe, já que ela não aparece em nenhuma fonte que sobreviveu, mas seu pai era o proeminente matemático Téon, diretor de uma escola chamada Mouseion, que se especializava em astronomia e matemática (e que era separada do Museu de Alexandria). Ele talvez tenha sido mais conhecido por atualizar os *Elementos*.[6] Sua edição revisada, com comentários, setecentos anos depois do original, tornou-se a versão mais lida da obra nos séculos seguintes.

Dizem que Téon uma vez falou a Hipátia: "Reserve-se ao seu direito de pensar, pois até pensar de forma errada é melhor do que não pensar". Ela logo se destacou em matemática. Como afirma Edward Watts, um de seus biógrafos, ela "rapidamente se provou mais capaz do que o pai e desenvolveu competências superiores às dele", e assim passou "de estudante de matemática na escola do pai a sua colega".[7]

Não sabemos exatamente por que Hipátia conseguiu seguir esse caminho não convencional. Era comum que as filhas de famílias instruídas fossem educadas como parte de sua preparação para se casarem com um membro de outra família instruída, digamos, com um filósofo ou retórico do sexo masculino. Algumas mulheres, especialmente das classes mais altas, poderiam continuar a sua educação e prosseguir para um estudo formal de filosofia, que então incluía astronomia, geometria, aritmética e os textos de Aristóteles e de Platão. No entanto, tornar-se matemática e professora numa escola, como fez Hipátia, normalmente não era esperado.

Os primeiros trabalhos de Hipátia foram comentários sobre textos matemáticos. Esses textos continham poucas explicações, pois muito era discutido e transmitido oralmente. Isso naturalmente gerava confusão; por isso, os matemáticos muitas vezes precisavam usar seus conhecimentos para decodificar o que estava escrito e apresentá-lo de uma forma que fosse mais fácil de entender. Quando um matemático habilidoso fazia melhorias significativas num texto, ele prolongava a vida do original. Naquela época, os comentários eram a forma pela qual os estudiosos provavam ser matemáticos de primeira linha. Hipátia escreveu comentários sobre muitos textos matemáticos e astronômicos, incluindo a *Aritmética* de Diofanto, as *Cônicas* de Apolônio e o *Almagesto* de Ptolomeu. Foram os textos fundamentais do que mais tarde seria conhecido como álgebra, geometria e astronomia, respectivamente.

A *Aritmética* foi o primeiro livro a usar símbolos para quantidades desconhecidas,* da mesma maneira que costumamos usar x e y hoje. Por exemplo, Diofanto escreveu

$$K^{\upsilon}\overline{\alpha}\ \zeta\overline{\iota}\ \pitchfork\ \Delta^{\upsilon}\overline{\beta}\ M\overline{\alpha}\ \acute{\iota}\sigma\ M\overline{\varepsilon}$$

que, na notação de hoje, podemos escrever como

$$x^3 - 2x^2 + 10x - 1 = 5$$

A notação de Diofanto não chegava a ser totalmente algébrica. Os símbolos eram abreviados, convenientes para escrever matemática de forma concisa, mas os matemáticos dessa época não viam os símbolos como coisas que pudessem ser manipuladas matematicamente. Esse salto foi dado por um matemático do século IX, de Bagdá, que conheceremos no Capítulo 6. Contudo, a notação de Diofanto foi um passo para que se tornasse possível deixar lacunas nos cálculos a serem preenchidas posteriormente e expressar relações matemáticas extremamente gerais. Sem uma maneira de fazer isso, não seria possível haver $E = mc^2$.

Os acréscimos de Hipátia à *Aritmética* incluíram vários exercícios para estudantes. Ela deve ter visto a matemática do livro e sentido que seus alunos precisavam de um pouco mais de prática em equações simultâneas – equações em que existem múltiplas quantidades desconhecidas. Assim, ela acrescentou as seguintes equações a serem resolvidas:

* Embora possam ter sido acrescentados apenas em edições posteriores da obra.

$$x - y = a$$
$$x^2 - y^2 = (x - y) + b$$

em que *a* e *b* são conhecidos.[8] Não está claro de onde veio essa equação, mas seu objetivo é evidente: resolver equações simultâneas era uma habilidade particularmente útil para os alunos de sua escola que estudavam astronomia, na qual elas apareciam com frequência.

Hipátia também revisou os comentários de seu pai no *Almagesto* de Ptolomeu. Sabemos disso porque o próprio Téon reconheceu o trabalho de Hipátia. Nele, escreveu: "tendo a edição sido preparada pela filósofa, minha filha Hipátia".[9] O livro era particularmente útil para professores e, como Hipátia também era professora, parece provável que ela o tenha feito em parte para uso próprio. Não presumia nenhum conhecimento prévio de astronomia ou dos *Elementos* e explicava, no mais atual conhecimento dos antigos gregos, como funcionava o sistema solar.

Na época, as pessoas ainda acreditavam que o Sol girava em torno da Terra, e Ptolomeu apresentou um cálculo que descreveria a distância em que o Sol se movia em relação à Terra a cada dia. Isso exigia uma forma de divisão longa e Hipátia a aprimorou, propondo um novo método usando tabelas para simplificar esse processo.[10]

Hipátia editou uma versão das *Cônicas* de Apolônio, que explorava formas como círculos, elipses, hipérboles e parábolas, cada uma das quais surgindo da interseção de um plano com um cone.

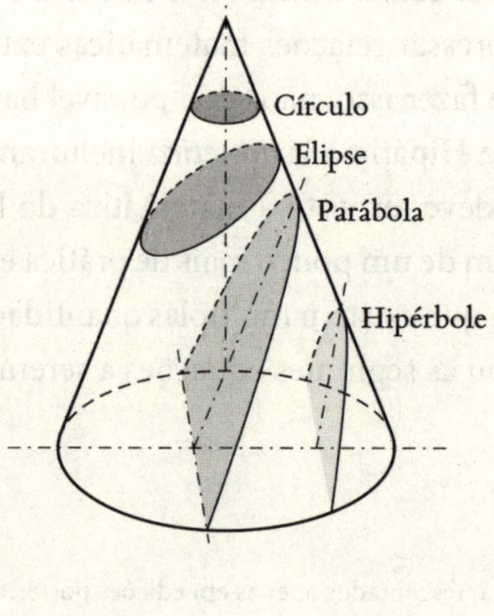

Seu trabalho com o livro ajudou as ideias de Apolônio a sobreviver até serem reexaminadas no século XVII; tais livros pareciam imitar parcialmente o seu estilo. O astrônomo Johannes Kepler foi um dos que estudaram as *Cônicas* de Apolônio e pode ter sido ali que ele aprendeu sobre elipses, as formas que ele usaria para descrever as órbitas dos planetas em nosso sistema solar.

Os interesses de Hipátia abrangiam os instrumentos científicos, e ela ajudou a aperfeiçoar o desenho do astrolábio, um dispositivo usado para prever a posição futura das estrelas e dos planetas. Os astrolábios já existiam bem antes de Hipátia, mas ela aprendeu muito sobre eles com Téon e seu livro *Tratado sobre o astrolábio*, possivelmente o primeiro a descrever matematicamente o instrumento. Quando um de seus alunos, Sinésio de Cirene, quis criar um astrolábio plano, uma versão menor e mais compacta do original, Hipátia ensinou-lhe como fazer.[11]

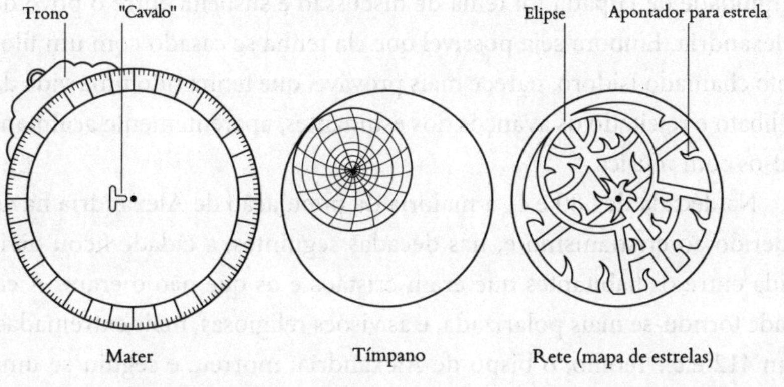

O mecanismo de um astrolábio plano. Hipátia ajudou seu aluno a construí-lo.

Em outra ocasião, Sinésio pediu a Hipátia que o ajudasse a construir um hidrômetro, instrumento usado para medir a densidade de líquidos. É composto de uma boia e um recipiente para o líquido com escala em um dos lados. A carta trocada entre Sinésio e Hipátia é a referência mais antiga que temos desse instrumento. Embora alguns tenham interpretado que a carta sugeria que Hipátia havia inventado o dispositivo, outros dizem que é mais provável que ela simplesmente tivesse o conhecimento necessário para replicá-lo.

Quando Hipátia completou trinta anos, tornou-se uma figura intelectual proeminente em Alexandria. Seu pai tinha cerca de 55 anos e decidiu se aposentar gradualmente; ela, então, assumiu a escola dele. Presumivelmente, ele se sentia seguro com essa decisão, sabendo que, com a filha, a escola estaria em excelentes mãos.

Embora houvesse outras mulheres eruditas em Alexandria, Hipátia foi a primeira que conhecemos a consolidar o seu estatuto social como uma renomada intelectual do gênero feminino. As pessoas viajavam para Alexandria para ouvi-la falar. Sua casa se tornou um ponto de encontro para pessoas instruídas discutirem e estudarem uma mistura de filosofia, matemática e astronomia. Ela própria era pagã, mas acolhia pessoas de todas as religiões.

No entanto, a vida não era fácil para mulheres instruídas. As professoras tinham de suportar fofocas sobre a sua vida sexual, pois muitas vezes davam aulas particulares para homens jovens e solteiros. A virgindade de Hipátia foi tema de discussão e suspeita entre o povo de Alexandria. Embora seja possível que ela tenha se casado com um filósofo chamado Isidoro, parece mais provável que tenha tido uma vida de celibato e rejeitado os avanços dos estudantes, aparentemente acalmando-os com música.

Na década de 380 e.c., a maioria da população de Alexandria havia aderido ao cristianismo e, nas décadas seguintes, a cidade ficou dividida entre os habitantes que eram cristãos e os que não o eram. A cidade tornou-se mais polarizada, e as visões religiosas, mais extremadas. Em 412 e.c., Teófilo, o bispo de Alexandria, morreu, e seguiu-se uma sangrenta luta pelo poder. Seu sobrinho, Cirilo, conquistou o controle da cidade e começou a reprimir todos os que se opunham a ele. Ele se ressentia particularmente do povo judeu e expulsou muitos da cidade, fechando as sinagogas. O prefeito romano Orestes ficou furioso com o comportamento de Cirilo e mandou uma carta contundente à corte imperial de Constantinopla descrevendo a situação. Cirilo inicialmente quis fazer as pazes com Orestes, o qual recusou, colocando-se sob o risco da ira de Cirilo, o que, por sua vez, colocou Hipátia também em risco.

Hipátia era cética em relação a Cirilo, mas não está claro se tomou algum partido. Os intelectuais públicos eram geralmente considerados acima de disputas políticas; por isso, há poucos motivos para pensar que ela estaria envolvida. No entanto, os intelectuais eram frequentemente procurados por pessoas em busca de conselhos, e ela aconselhava Orestes regularmente. Cirilo iniciou uma campanha para arruinar o bom nome e a posição de Hipátia. Abundavam rumores de que foi ela quem teria impedido Cirilo e Orestes de se tornarem aliados. Mais tarde, o bispo João de Niciu, do século VII, escreveu que "ela havia enganado [Orestes] através de sua magia".[12] Declarar que uma mulher era algum tipo de bruxa era uma técnica horrível, porém eficaz, para virar a opinião pública contra ela, como o foi em muitos períodos da história.

Cirilo convocou um grupo improvável para ameaçar Orestes: quinhentos monges cristãos. Em Alexandria, os monges vandalizaram propriedades e, em raras ocasiões, até torturaram e executaram pessoas. Colocar um grupo de monges contra um oponente era uma tática de intimidação comum. A certa altura, um dos monges de Cirilo, em meio ao frenesi, acertou Orestes na cabeça com uma pedra. Orestes sobreviveu ao golpe e mandou torturar e matar o monge.

Isso foi o suficiente para levar a cidade ao caos total. Uma multidão cristã enfurecida se formou nas ruas; eram peões na disputa política que acontecia na cidade. A turba estava decidida a destruir tudo o que encontrasse pela frente e topou com Hipátia viajando em uma carruagem. Arrastaram-na para um edifício próximo e esfaquearam-na até a morte usando pedaços de cerâmica; depois, exibiram o seu corpo pelas ruas e incendiaram-no. Esse ataque horrível estava de acordo com uma punição alexandrina reservada aos piores criminosos, mas Hipátia não era uma criminosa. Ela contribuíra muito para o conhecimento matemático grego. Em seus livros, comentários e ensinamentos, demonstrou que era uma matemática do mais alto calibre. A luta pelo poder entre Orestes e Cirilo se espalhou pelas ruas e Hipátia, apanhada no fogo político cruzado, pagou com a vida.

Olhando para trás

Após o assassinato de Hipátia, muitos estudiosos associados à sua escola deixaram Alexandria e mudaram-se para Atenas. Antes de mais nada, algumas pessoas só viviam em Alexandria por causa de Hipátia; outras queriam escapar das consequências da ascensão de Cirilo ao poder. Em Atenas, intelectuais pagãos recontaram a história de vida dela, relatando de que maneira tinha sido assassinada e colocando-a no contexto da perseguição aos pagãos em nome do cristianismo. Hipátia foi tratada como uma mártir pagã. No século V, Sócrates Escolástico, um historiador da Igreja, escreveu a história dela, culpando e desonrando o povo cristão pelo que havia feito. Ao contrário, alguns escritores cristãos defenderam Cirilo e o assassinato. João de Niciu rotulou o povo de "uma multidão de crentes em Deus".[13] O ato foi descrito como uma "limpeza civil e ritualística",[14] e afirmou-se que o assassinato de Hipátia era justificado como parte do esforço para expurgar o paganismo da cidade.

É claro que não foi apenas o papel de Hipátia nas disputas religiosas que interessou aos historiadores subsequentes. O influente estudioso Damáscio recontou a história dela em *Vida de Isidoro*, por volta do século V ou VI e.c., zombando do manto *tribon* de filósofo tradicional que ela usava. Em sua obra, ele não faz esse tipo de piada com os homens.[15] Escritores dos séculos XVII e XVIII também revisitaram a história de vida de Hipátia. O livro *Hipátia*, de John Toland, de 1720, por exemplo, apresentava Hipátia como uma mulher-modelo e incentivava as mulheres contemporâneas a se tornarem profissionais educadas como ela. A vida de Hipátia foi honrada e louvada, mas Toland usou a história para se opor ao cristianismo. Logo surgiu uma objeção ao trabalho de Toland. O escritor cristão Thomas Lewis chamou Hipátia de "a mais atrevida professora de Alexandria",* criticando o trabalho de Toland e defendendo as ações de Cirilo.

Na era vitoriana, Hipátia novamente provou ser uma personagem atraente para os escritores, dessa vez para o padre anglicano e socialista cristão Charles Kingsley. Ele escreveu um romance chamado *Hipátia*, que foi traduzido para várias línguas europeias e amplamente lido. Contudo, os talentos matemáticos de Hipátia foram discretamente removidos do enredo. Em vez disso, o romance se concentrou em seu corpo. No clímax do romance, Hipátia se converte ao cristianismo e é despida

* O título completo do livro de Lewis era escandalosamente longo: *A história de Hipátia, a professora mais impudente de Alexandria. Assassinada e despedaçada pela população em defesa de São Cirilo e do clero Alexandrino. A partir das calúnias do sr. Toland* (1721).

e assassinada por monges sob a imagem de Cristo. O romance foi adaptado para uma peça, *A ágata negra ou Velhos inimigos com novos rostos*, em 1859, e a história se espalhou para outras artes visuais, inspirando uma enxurrada de pinturas de Hipátia nua.

Mais tarde, obras do século XIX retrataram Hipátia vestindo seu manto de filósofa. Esse distanciamento da sua sexualização continuou no século XX. Os historiadores começaram a desvendar as histórias ficcionais injuriosas que haviam sido contadas e recontadas sobre ela. A biografia de Maria Dzielska, *Hipátia de Alexandria*, de 1995, reconstruiu a história de sua vida a partir de documentos que existiam na época de Hipátia. Como Dzielska escreveu, "Hipátia se tornou um símbolo tanto da liberdade sexual como do declínio do paganismo – e, com ele, do declínio do pensamento livre, da razão natural, da liberdade de investigação. Para os que optam por restringir seu foco às fontes históricas reais, é possível esboçar um perfil claro de Hipátia não distorcido pela idealização a-histórica".[16] Dzielska confirmou fatos e juntou pedaços da vida de Hipátia como filósofa e matemática, eliminando os vários preconceitos ideológicos que foram se amontoando uns sobre os outros durante séculos.

Hipátia, por Julius Kronberg, 1889 (*à esquerda*),
e por Alfred Seifert, 1901 (*à direita*).

Em 1998, Hipátia foi incluída na enciclopédia *Matemáticos notáveis dos tempos antigos até o presente*. Em vez de uma imagem nua, ela é apresentada com seu retrato, e o texto de entrada começa com "a primeira mulher matemática conhecida, escreveu comentários sobre vários trabalhos clássicos da matemática".[17] Embora ela não seja mais a primeira mulher matemática conhecida – essa honra vai para Ban Zhao –, essa entrada simples reflete os escassos detalhes que temos de Hipátia para além de sua morte brutal. Mas, como Edward Watts escreveu na sua biografia, "o heroísmo de Hipátia não está na brutalidade que ela sofreu no fim de sua vida, mas sim nas barreiras sutis que ela superou todos os dias que viveu".[18]

4
O ALVORECER DO TEMPO

Até agora, percorremos a história da matemática nos concentrando em um local e em um período antes de passarmos para o seguinte. Isso funciona bem para a compreensão de fatos singulares da história antiga, mas, para outras partes da matemática, precisamos de uma abordagem mais ampla. É o caso da matemática do tempo. Então, por um momento, vamos avançar um pouco.

Em abril de 1883 aconteceu uma reunião extraordinária do senado na Universidade de Mumbai,* na Índia. Cerca de quarenta professores, autoridades municipais e juízes foram discutir um assunto importante, que determinaria os fundamentos da vida pública da Índia nos anos seguintes. Tudo girava em torno de uma questão matemática aparentemente simples, mas que era tão controversa que causava protestos e tumultos.

A pergunta era: que horas são?

Alguns anos antes, havia sido concluída a construção de uma torre de relógio de 85 metros de altura na universidade, no estilo daquela do Big Ben em Londres. A Torre do Relógio Rajabai era mais um monumento impressionante no horizonte, mas era também um símbolo claro do colonialismo britânico, e, como tal, o tempo que mostrava não se referia apenas a horas e minutos, mas também à política e ao poder.

* Então conhecida como Universidade de Bombaim.

Para a maioria das pessoas em Mumbai, como em muitos outros lugares do mundo, a cronometragem era ligada ao sol. Os relógios no "horário de Bombaim" se baseavam no nascer e no pôr do sol, o que era perfeito para as pessoas em suas atividades diárias. Porém, com o surgimento dos trens e dos telegramas, a geografia não era mais o que costumava ser. Pessoas e informações podiam agora ser transportadas de um lugar para outro com muito mais rapidez, e as falhas na antiga maneira de fazer as coisas ficavam visíveis. Diferentes cidades na Índia, como Chenai e Calcutá,* ficavam em fusos horários diferentes, com intervalos de apenas alguns minutos dependendo de suas posições geográficas.

Após tentativas prévias que fracassaram, um horário padrão indiano universal foi proposto no fim do século XIX e entrou em vigor em 1906. No entanto, muitas pessoas resistiram à proposta. Alguns se ressentiam do fato de o decreto ter sido imposto pela Grã-Bretanha colonial; outros não queriam que seu dia de trabalho fosse regido pelo horário em que o sol se punha em outro lugar. O conceito de tempo e a forma de medi-lo eram algo que afetava a vida cotidiana das pessoas – tanto que, alguns anos depois da reunião do senado universitário, milhares de trabalhadores de fábricas de algodão se revoltaram devido a esse conflito temporal. A Batalha dos Relógios durou décadas.

O tempo do relógio nem sempre foi tão importante. A ideia de que alguém deve registrar seu dia em pequenos incrementos, como segundos, minutos e horas, é um fenômeno relativamente recente, tal como a ideia de sincronizar essas medições atravessando fronteiras geográficas. Porém, desde que a humanidade existe, as pessoas veem o nascer e o pôr do sol, o encher e o minguar da lua e a mudança das estações. Essas observações levaram à produção dos primeiros calendários e a uma compreensão mais sofisticada do cosmos. E tudo dependia da matemática.

Calendários cósmicos

Muitas das civilizações matemáticas até agora discutidas neste livro desenvolveram seus próprios calendários, principalmente, para localizar as

* Então conhecidas como Kólkata e Madras.

estrelas e ajudar as pessoas a planejar e a tomar decisões. Os babilônios, assim como os chineses antigos, acreditavam que tudo o que acontecia na Terra podia ser explicado pelo que acontecia no céu e contratavam astrólogos da corte para os aconselhar quando tivessem decisões importantes a tomar. Esses astrólogos eram em parte adivinhos, em parte matemáticos. Uma tábua de argila datada de 350 a.e.c. a 50 a.e.c. mostra astrólogos babilônios calculando a distância percorrida por Júpiter durante um período, usando uma técnica que se pensava ter sido inventada na Europa no século XIV. Ao estimar a área sob uma curva utilizando formas de quatro lados chamadas trapézios, podiam acompanhar melhor os movimentos de Júpiter, que eram utilizados para prever o tempo, as pragas e o preço dos cereais.

Os astrônomos babilônios registravam meticulosamente o movimento de muitos corpos celestes em tábuas de argila usando astrolábios, entre outras ferramentas, para obter uma maior precisão. Seu calendário, grande parte do qual foi herdado dos sumérios, junto com seu sistema numérico, baseava-se em doze meses lunares, cada um começando quando a lua crescente era avistada pela primeira vez no horizonte do oeste, ao pôr do sol. Periodicamente, os astrônomos acrescentavam meses bissextos ao calendário quando as discrepâncias entre o calendário e as estações se tornavam óbvias. Isso significava que o ano civil ficava próximo do ano solar, tornando-o mais preciso do que os calendários anteriores.

O calendário foi refinado no início do século III a.e.c. por Kidinnu, um astrônomo e matemático babilônio. Astrônomos anteriores acreditavam que a velocidade da Lua era constante, mas Kidinnu melhorou os métodos anteriores para calcular a posição da Lua e o período de tempo entre duas luas cheias; descobriu que a sua velocidade mudava periodicamente.* Com esse conhecimento, o calendário babilônio ficou mais confiável e logo foi adotado por astrônomos em Alexandria e em Roma.

Os primeiros sinais de um sistema de calendário na China surgiram durante a Dinastia Shang (1600-1046 a.e.c.). O calendário chinês seguia o ciclo lunar e consistia em doze meses, cada um com trinta dias, perfazendo um ano de 360 dias. O calendário levava em consideração os ciclos

---

* Isso ocorre porque sua órbita é uma elipse, e não um círculo.

lunar e solar e era ajustado de acordo com as estações. Então, os imperadores emitiam decretos com base nesse calendário, por exemplo, quando atacar durante uma guerra ou quando os rituais deveriam ser feitos.

Na Mesoamérica, a partir de cerca de 800-500 a.e.c., os maias viviam de acordo com nada menos que três calendários. O primeiro, o Tzolk'in, era usado principalmente para rituais e para a programação de eventos religiosos; também era usado para diagnosticar doenças e tomar decisões importantes relacionadas aos negócios e à colheita. Era um calendário de 260 dias, composto de treze meses de vinte dias. Não sabemos precisamente por que esses números foram escolhidos, mas uma sugestão é que os maias tinham treze deuses e que vinte era um número significativo, que representava os humanos (dez dedos nas mãos, dez dedos nos pés). Outra sugestão é que, na região, há 260 dias mais 105 dias entre os dois dias em que o sol está diretamente a pino.

O segundo calendário, o Haab, consistia em 365 dias e compreendia dezoito meses de vinte dias cada, mais um minimês de cinco dias. Os meses do Haab recebiam nomes de eventos agrícolas e religiosos. Se uma pessoa falasse sobre seu aniversário de nascimento ou de casamento, usava o Haab. Os maias frequentemente combinavam esses dois calendários, fornecendo datas tanto no Tzolk'in quanto no Haab.

A terceira maneira pela qual os maias mediam o fluxo do tempo era através da "contagem longa". Tratava-se de um ciclo de 5.125 anos medido a partir do que eles acreditavam ser o início dos tempos (12 de agosto de 3113 a.e.c.) e aparece em muitos monumentos maias ao lado de símbolos que representam o Tzolk'in e o Haab. É possível se lembrar do início da década de 2010, envolto em uma aura de apocalipse, quando algumas pessoas acreditavam que o fim de um ciclo de contagem longa, em 21 de dezembro de 2012, significava que os maias haviam previsto que o mundo acabaria naquela data. Na verdade, os maias acreditavam que esse era apenas um dos muitos ciclos de renascimento e que as coisas continuariam como eram. Não é novidade que foi exatamente isso o que aconteceu.

Uma divindade por dia

Os calendários babilônio, chinês e maia certamente estão entre os mais antigos que conhecemos. Desde seu início, os egípcios também registraram a passagem do tempo em um ano de 365 dias dividido em três estações de 120 dias cada, mais cinco dias suplementares. Contudo, em 2019, a descoberta do magnífico santuário de calcário Yazılıkaya, onde hoje é a Turquia, trouxe à tona a história de outro potencial calendário antigo.

As paredes altas e rochosas de Yazılıkaya apontam bravamente para o céu, como era a intenção daqueles que, no Império Hitita da Idade do Bronze, construíram-no em algum momento antes do fim do século XVI a.e.c. As paredes são adornadas com esculturas, representações de divindades e símbolos e, juntas, formam um escape ao ar livre. As estruturas existem há mais de três milênios, mas até recentemente sua finalidade era desconhecida.

Os hititas tinham um exército bem organizado que lutava regularmente com os kaskas, uma tribo que vivia ao norte, ao longo da costa do Mar Negro, bem como com o Novo Reino do Egito e o Império Assírio, ao sul. No entanto, os hititas aprenderam, por fim, como selar a paz com

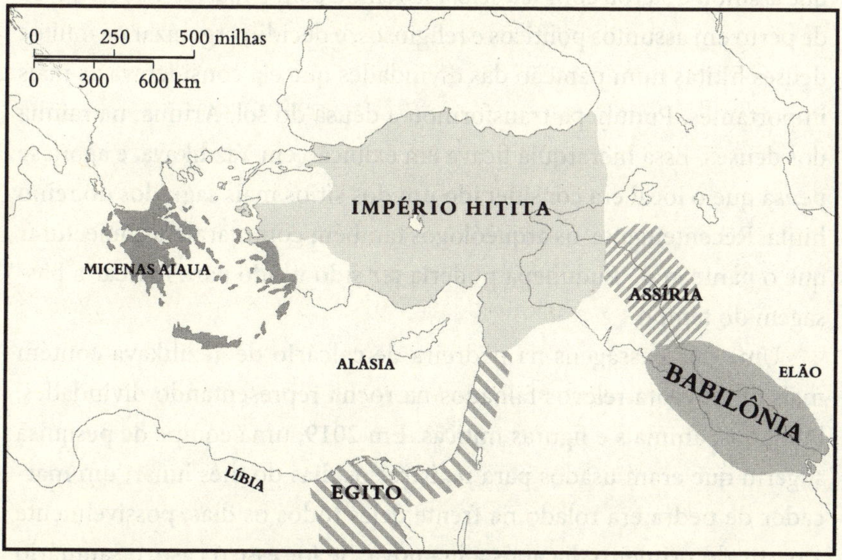

Civilização hitita (c1600-1180 a.e.c.).

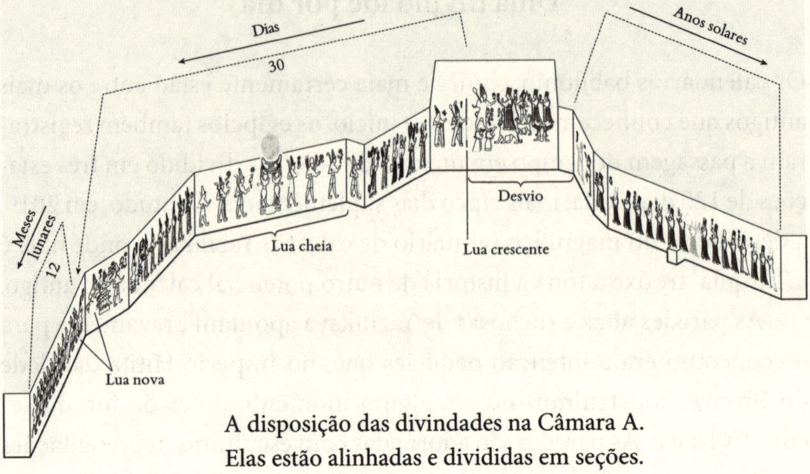

A disposição das divindades na Câmara A.
Elas estão alinhadas e divididas em seções.

muitos dos grupos oponentes na região, tornando-se conhecidos mais como diplomatas do que como combatentes. Eles escreviam em acadiano, amplamente falado, quando se comunicavam com outros povos, para indicar que não tinham a intenção de causar problemas.

Uma diplomata particularmente renomada foi a rainha e sacerdotisa hitita Puduḫepa, do século XIII a.e.c., conhecida pelos tratados de paz que assinou e lacrou com seu selo. Ela reinou com o marido e se envolveu de perto em assuntos políticos e religiosos, e decidiu organizar os muitos deuses hititas num panteão das divindades que ela considerava as mais importantes. Puduḫepa transformou a deusa do sol, Arinna, na rainha dos deuses. Essa hierarquia ficava em exibição em Yazılıkaya, e agora se pensa que o local era considerado um dos sítios mais sagrados do reino hitita. Recentemente, os arqueólogos também começaram a conjecturar que o panteão de Puduḫepa poderia ter sido usado para marcar a passagem do tempo.

Uma das passagens na pedreira de calcário de Yazılıkaya contém mais de noventa relevos talhados na rocha representando divindades, humanos, animais e figuras míticas. Em 2019, uma equipe de pesquisa sugeriu que eram usados para registrar os dias do mês lunar; um marcador de pedra era rolado na frente deles todos os dias, possivelmente a partir do primeiro dia após a lua nova. Se for esse o caso, o santuário seria um calendário tridimensional.[1]

Na parte de Yazılıkaya agora chamada de Câmara A, há 64 divindades marcando uma procissão de trinta metros. Todas as divindades da esquerda estão voltadas para o norte (todos homens, exceto duas), e as da direita (todas mulheres) estão em um plano elevado que abriga a família das divindades supremas. Os deuses supremos são o deus da tempestade, Teshub, também conhecido como o preservador da ordem no cosmos, e sua esposa, a deusa Hebat, a principal divindade feminina que representa a deusa do sol, Arinna. Eles têm um filho e duas filhas.

Existem doze divindades masculinas de formato idêntico em um dos lados da procissão de 64 divindades. A equipe de pesquisa sugere que elas poderiam funcionar como contadores para o número de meses sinódicos – o tempo entre uma lua nova e a próxima – em um ano. A seguir, há um grupo de trinta divindades de formato uniforme que poderiam ter sido usadas para contar os dias de um mês. Existem também dezessete divindades femininas de tamanho semelhante, mas acredita-se que mais duas divindades femininas podem ter se perdido. Se originalmente havia dezenove divindades, isso poderia significar que os hititas contavam o número de anos solares antes que o calendário precisasse ser ajustado.

Em média, um mês sinódico tem 29,53 dias, então doze meses sinódicos totalizariam 354,36 dias em um ano – cerca de onze dias a menos do que um ano solar. Para preencher essa lacuna, a equipe sugeriu que poderia haver um mês extra nos anos 3, 6, 8, 11, 14, 17 e 19. Após o décimo-nono ano solar, restaria uma diferença de duas horas, cinco minutos e vinte segundos. No início do vigésimo ano solar, esse desvio poderia ser ajustado retomando a contagem a partir da lua nova. Talvez nunca saibamos se foi assim que Yazılıkaya foi usado, mas é intrigante pensar que esse monumento sublime era um calendário em grande escala.

A ascensão dos relógios

Durante a maior parte da história humana, medir o tempo não significou se preocupar com pequenas coisas. As sociedades estavam mais interessadas em desenvolver formas de monitorar os meses lunares, os movimentos planetários e o calendário dos eclipses, acreditando que eles influenciavam nas suas vidas, do que em monitorar pequenos

As divindades da Câmara A.

aumentos ao longo dos dias. O sol era um relógio mais do que preciso para a maioria das pessoas na maior parte do tempo, embora essa situação logo fosse mudar, com a matemática sustentando a tecnologia que o tornaria possível.

O gnômon, ou bastão de sombra, foi usado em todo o mundo antigo desde cerca de 3500 a.e.c. para estimar a hora do dia. A barra fina projeta uma sombra e seu comprimento é então medido. Um relógio de sol era um gnômon com mostrador que ficava em locais públicos para que as pessoas pudessem verificar a hora ao longo do dia. Se feitos com precisão, os relógios de sol conseguem dar a hora até o minuto, mas têm uma desvantagem óbvia: não funcionam à noite ou quando está nublado.

É aí que entra o relógio de água, uma inovação que se consolidou no Egito, na Pérsia, na Índia e na China e que assumiu a forma de uma tigela lentamente enchida com água ou esvaziada. Marcações medindo o fluxo de água eram usadas para medir o fluxo do tempo. Tábuas de argila datadas de por volta de 2000 a 1600 a.e.c. na Babilônia indicam que os relógios de água eram usados para medir quantas horas haviam se passado – o que é útil, por exemplo, para um guarda em uma torre saber quanto tempo ainda falta para seu turno terminar.

No entanto, uma desvantagem dos relógios de água era sua relativa imprecisão, pelo menos no início. Então surgiu o relógio-elefante, criado por Ismail al-Jazari, um polímata e inventor da Mesopotâmia, em 1206. O relógio-elefante era uma maravilha de se ver e é uma das razões pelas quais al-Jazari é às vezes reconhecido como o pai da robótica. O mecanismo ficava dentro de um dossel em cima de um modelo de elefante e o relógio apresentava o chilrear de um pássaro, uma serpente e um autômato em forma humana que batia um tambor a cada meia hora.

Dentro do relógio-elefante havia uma tigela flutuando dentro de um balde. A água pingava lentamente na tigela ao longo de meia hora, tornando-a mais pesada; então, ela afundava ainda mais na água, puxando uma corda presa ao topo do elefante e largando uma bola. A bola caía na boca da serpente, empurrando-a para a frente e puxando para fora do balde a tigela afundada. Então o pássaro cantava, uma serpente e um humano tocavam o címbalo para marcar a meia hora, e o ciclo recomeçava. Cada elemento estava em harmonia matemática a fim de garantir que todo o relógio marcasse a hora com precisão.

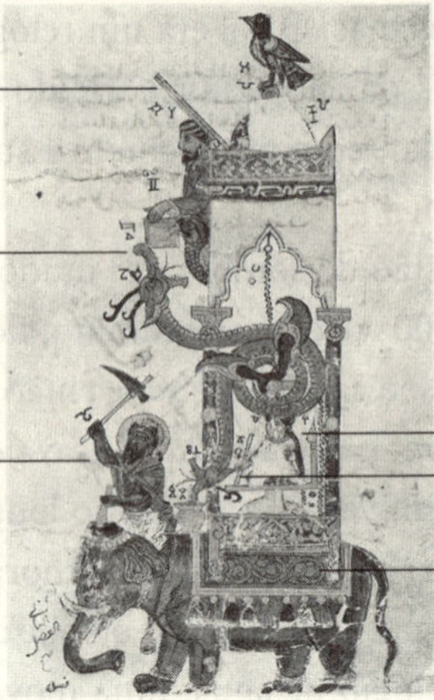

Relógio-elefante de água, por al-Jazari.

Todo o conjunto era incrivelmente preciso. No entanto, tinha uma desvantagem: era enorme. Não era possível carregar consigo um relógio-elefante durante o dia. Também era caro, o que o deixava fora do alcance da maioria. O próprio al-Jazari deve ter percebido isso, pois fez melhorias em outros mecanismos de relógio, como relógios de velas e relógios de barco, ambos menores e mais simples.

Um dispositivo mais prático para medir o tempo era a ampulheta. Quando as viagens marítimas de longa distância realmente decolaram no século XV, as ampulhetas se tornaram populares entre os marinheiros. Ampulhetas marinhas eram feitas para medir períodos de trinta minutos. O problema era que os marinheiros tinham de virar as ampulhetas a cada meia hora. Se se esquecessem, perderiam a noção da hora no ponto de origem, o que era crucial para determinar a posição no mar. O serviço de virar a ampulheta era uma das tarefas mais vitais – e irritantes – a bordo.

Os relógios totalmente mecânicos surgiram no século XVII, quando, na Holanda, em 1656, o polímata Christiaan Huygens e o relojoeiro Salomon Coster conseguiram construir um relógio de parede com base num peso oscilante. Foi o primeiro relógio de pêndulo do mundo. Galileu Galilei explorou a ideia desse relógio em 1602, inspirado pela observação do movimento de vaivém de uma lâmpada balançando na catedral

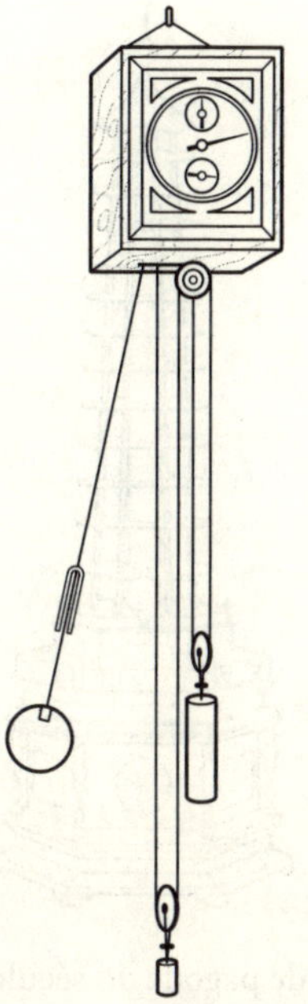

Huygens e Coster criaram o primeiro relógio de pêndulo.

de sua cidade natal, Pisa. Ele notou que o período de oscilação de um pêndulo é constante e independe de quanto ele oscila de um lado para o outro. Essa constância matemática significava que poderia ser usado para registrar um intervalo de tempo regular. No entanto, Galileu não conseguiu construir sozinho um dispositivo funcional.

Depois que o missionário jesuíta Matteo Ricci apresentou um relógio que batia a cada meia hora e a cada quinze minutos ao imperador Wanli da China Ming em 1601, vários imperadores ficaram fascinados por relógios. Durante o reinado do imperador Kangxi, da Dinastia Qing, entre 1661 e 1722, mais de 4 mil relógios chegaram à Cidade Proibida vindos de Paris e de Londres. A fabricação de relógios cresceu na China durante a Dinastia Qing. O item era caro, razão pela qual os relógios indicavam *status* elevado e eram considerados peças de arte em si mesmas.

O volante do relógio foi desenvolvido na mesma época que os relógios de pêndulo, dando origem a uma classe rica de usuários de relógios de bolso na Europa. Inventado na Alemanha em 1510, o volante do relógio girava para a frente e para trás de forma matematicamente previsível

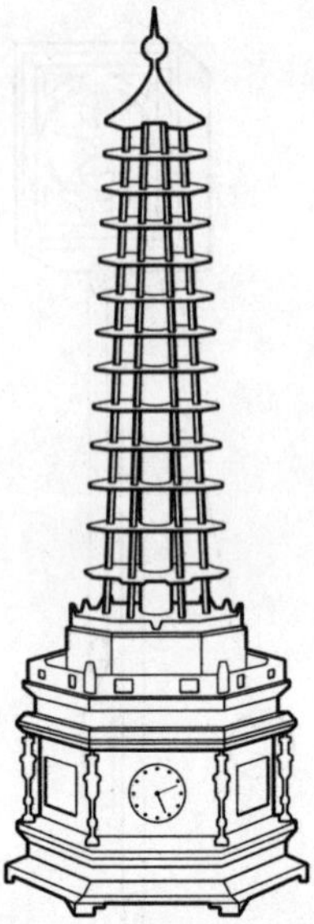

Modelos de relógios de pagode do século XVIII foram levados para a corte imperial Qing. Os relógios tocavam música e as camadas do pagode se moviam periodicamente.

e semelhante à dos pêndulos, de modo que também podia ser usado em mecanismos de relógios. Os relógios de pêndulo não funcionavam bem no mar por causa do movimento da água, mas os relógios de bolso, sim.

A expressão "relógio de bolso" foi cunhada por Carlos II da Inglaterra no século XVII e deu início à tendência da "alta moda" de os cavalheiros ingleses usá-los. Os relógios de bolso eram ótimos presentes e, quando a moda se espalhou pela América do Norte, seus mostradores se tornaram mais elaborados, muitas vezes incrustados com diamantes e joias – esses, é claro, só podiam ser adquiridos pela elite. Os relógios de pulso tinham a mesma tecnologia e eram usados principalmente por mulheres. A produção em massa fez com que os relógios se tornassem mais baratos, e a cronometragem começou a fazer parte da vida cotidiana.

À medida que a cronometragem se tornou parte da vida cotidiana, começaram a surgir problemas. Na Inglaterra, por exemplo, os serviços de ônibus transportavam pessoas e correspondência por todo o país, obedecendo a horários rígidos. Porém, como o horário ainda era baseado nos movimentos do sol, a pontualidade era difícil. Os motoristas

O Coelho Branco com um relógio de bolso. Essa ilustração está no livro *As aventuras de Alice no País das Maravilhas*, de Lewis Carroll, publicado em 1865.

tinham de ajustar o relógio quando chegavam às cidades com outros fusos horários, tendo às vezes apenas alguns minutos de diferença. E o *boom* das viagens ferroviárias no século XIX aumentou significativamente o problema. Ao longo de uma única viagem, um trem parava em vários fusos horários diferentes, tornando a coisa toda confusa para os envolvidos. Isso levou à ideia de todas as empresas ferroviárias seguirem o horário de Londres, conhecido como Horário de Greenwich. Algumas cidades mantiveram os seus próprios horários, mas, por fim, em meados do século XIX, o observatório de Greenwich enviava a hora oficial através de linhas telegráficas instaladas ao longo das estradas de ferro para que as estações acertassem os seus relógios todos os dias. Outros países, como os Estados Unidos, desenvolveram sistemas semelhantes. Por fim, a batalha dos relógios também chegou ao fim na Índia. O senado da

Universidade de Mumbai votou para manter o "horário de Bombaim", mas, depois que a Índia conquistou a independência do Reino Unido em 1947, uma hora universal foi acordada para todo o país.

Já era hora

À medida que o mundo lentamente passou a lidar com a cronometragem em escala global, a compreensão do tempo começou a mudar. No início do século XX, Albert Einstein mostrou, em sua teoria da relatividade restrita, que o tempo é relativo: não é uma constante universal, e sim uma que muda dependendo da localização e das circunstâncias.

A teoria de Einstein descreveu como, se houver dois relógios parados em naves espaciais, um deles em repouso e o outro em movimento rápido, o relógio em movimento funcionará mais lentamente do ponto de vista de um observador estacionário. Ele também mostrou que o mesmo efeito aconteceria se o relógio em movimento estivesse parado, mas mais próximo de um objeto com muita massa. Essa dilatação do tempo não é facilmente perceptível, mas a nossa crescente capacidade de medir o tempo com precisão nos permite vê-la em ação e também exige que nos ajustemos a ela todos os dias. Os sistemas de navegação modernos, como BeiDou, Galileo e GPS,* utilizam satélites que orbitam a Terra a uma velocidade de cerca de 14.000 km/h. Medir o tempo é crucial para fornecer dados posicionais com precisão e, portanto, os satélites possuem relógios extremamente precisos, mas sofrem a dilatação do tempo. Isso significa que os relógios GPS, por exemplo, ficam atrasados em cerca de 38 microssegundos, ou 0,000038 segundo, no fim de cada dia terrestre se não forem ajustados. Isso equivale às suas posições dentro de um desvio de cerca de dez quilômetros.

Embora a dilatação do tempo seja um conceito difícil de entender, há algo reconfortante na descoberta de que o tempo é relativo – afinal, durante a maior parte da história humana, pensamos no tempo como relativo usando a quantidade de sol no dia como base para nossos relógios.

---

* Sistemas de navegação por satélite da China, da União Europeia e dos Estados Unidos, respectivamente.

Os relógios atômicos são atualmente os dispositivos de cronometragem mais precisos que temos; o erro é de apenas cerca de um segundo a cada cem milhões de anos. Eles usam os ritmos dos átomos para definir o tempo: um segundo é definido como o tempo que um átomo de césio leva para oscilar 9.192.631.770 vezes. Contudo, nosso foco em uma cronometragem melhor e mais confiável varre, convenientemente, uma questão fundamental para debaixo do tapete. Sim, é importante saber *que horas são*, mas talvez mais importante seja a pergunta: *o que é o tempo*?

Outra teoria de Einstein, a teoria da relatividade geral, apresentou a ideia de que o tempo é tão físico quanto o espaço. Esse amálgama de espaço e tempo, conhecido como espaço-tempo, deve ser visto como um espaço quadrimensional coerente. Esse espaço pode ser distorcido pela gravidade – e assim produzir a dilatação do tempo. A ideia do espaço-tempo tem sido incrivelmente bem-sucedida em ajudar a descrever o universo, mas tem uma consequência estranha: as equações envolvidas não têm nenhuma direção implícita. Isso significa que o tempo pode retroceder ou avançar independentemente de como o experimentamos.

A chave para o quebra-cabeça podem ser as regras que regem o calor. A segunda lei da termodinâmica é uma das poucas leis da física que têm alguma forma de direcionalidade. Ela afirma que a entropia, às vezes considerada desordem, sempre aumenta. Em outras palavras, se você deixar algo livre por tempo suficiente, sempre haverá mais confusão. Isso pode explicar por que o tempo sempre flui para a frente (pelo menos é o que nos parece); no entanto, pode não ser bem assim. A gravidade é atualmente a única força que não é descrita pela física quântica. Como o tempo e a gravidade estão intrinsecamente ligados, isso significa que existe um cisma entre a nossa compreensão da gravidade e do tempo, por um lado, e a nossa compreensão do mundo quântico, por outro. Muitos esforços estão sendo feitos para reconciliar essas diferenças usando a matemática para criar uma teoria quântica da gravidade. Se isso for comprovado, é quase certo que nos levará a repensarmos o que acreditamos ser o tempo.

Mudanças radicais de pensamento acontecem apenas raramente e, quando acontecem, podem ser tão revolucionárias que são difíceis de compreender de fato. A descoberta de que a Terra era redonda deve ter sido um desses momentos, no qual o próprio chão sobre o qual as pessoas pisavam de repente deve ter parecido diferente. Uma pequena hesitação em aceitar a ordem mundial teria sido compreensível. Por fim, porém, a velha ortodoxia é substituída pela nova e o que antes parecia impenetrável se torna intuitivo. Poucas pessoas hoje acreditam que a Terra seja plana: parece muito natural pensar no planeta como redondo. A matemática também passou por esses momentos devastadores. A descoberta do zero é um deles. Chegaremos à história da origem do zero em algumas páginas, mas antes precisamos que um especialista moderno discorra sobre o que parece matematicamente natural para os humanos e o que não parece. Para isso, vamos recorrer a uma criança de quatro anos.

5

SOBRE A(S) ORIGEM(NS) DO ZERO

Um dia, no início da década de 2010, uma criança de quatro anos entrou em uma salinha com uma tela de computador de dezessete polegadas e sentou-se em frente a ela. Na tela havia dois quadrados, cada um contendo zero, um, dois, quatro ou oito pontos. Essa criança, como várias outras que se viram na mesma situação, tinha apenas uma tarefa: selecionar a caixa com menos pontos.

Os psicólogos Elizabeth Brannon e Dustin Merritt criaram esse experimento simples para testar até que ponto crianças de quatro anos compreendiam os números. Foi algo extremamente revelador. Quando as crianças tiveram de comparar caixas contendo um ou mais pontos, acertaram três quartos das vezes. Mas, assim que zero ponto foi adicionado como opção, a taxa de sucesso caiu para menos de 50% – o valor que se espera acertar apenas por acaso.[1]

Claramente, havia algo em relação ao zero que as crianças ainda não tinham conseguido dominar da mesma forma que os outros números, e isso talvez indique por que a humanidade demorou tanto para lidar com o zero.

O zero parece ser algo primitivo, como se existisse desde o início dos tempos – como se o zero fosse uma tecnologia da Idade da Pedra e o resto dos numerais fosse a pós-Revolução Industrial. Passamos a pensar nele como uma fundação numérica: como seria possível construir uma "casa numérica" sem começar pelo zero? Mas esse ponto de vista está muito longe de ser verdade. Aparentemente, não só demoramos para compreender o zero em nossa vida individual como também esse é um número que chegou muito depois dos outros na história da humanidade como um todo. E, mesmo assim, os matemáticos levaram centenas de anos para realmente entendê-lo como um número em si mesmo, em vez de ser apenas uma notação conveniente. Esse desenvolvimento foi um evento importante na história da matemática, mas também foi obscuro, com muitas possibilidades e interpretações diferentes.

Embora provavelmente tenham sido os maias que inventaram um símbolo para o zero, foi durante a chamada Idade de Ouro da Índia, entre os séculos IV e VI, que sua importância foi plenamente apreciada. Durante esse período, a matemática avançou para novos e instigantes patamares. Ainda não existia um sistema numérico verdadeiramente adequado para uma finalidade; por isso, os matemáticos frequentemente alteravam e brincavam com os números que usavam e, ao fazer isso, inventavam também novos números. É justo dizer que nada tem uma história como o nada.

A Idade de Ouro da Índia

A Idade de Ouro da Índia começou com Chandra Gupta I, que controlava uma enorme extensão de território na parte norte do subcontinente indiano. Não se sabe exatamente como ele conseguiu tantas terras, mas seu casamento com a princesa Kumaradevi, do reino Licchavi, que provavelmente controlava o norte de Bihar e o Nepal, talvez tenha sido de grande ajuda. Seu filho e os herdeiros subsequentes expandiram o império por meio de várias invasões e batalhas, praticamente eliminando até 21 governantes da região.

A matemática era muito valorizada no Império Gupta. Os estudiosos disseminavam o conhecimento aos mais jovens por meio de cantos e da recitação de textos. Como diz um verso antigo: "Assim como as cristas nas cabeças dos pavões, assim como as pedras preciosas nas cabeças das cobras, a matemática está no topo de todos os ramos do conhecimento".[2]

Embora antes tenha havido intercâmbios intelectuais entre a Índia, o Egito, a Babilônia e a China, foi nessa altura que a matemática e a astronomia indianas começaram a se desenvolver sozinhas. A astronomia

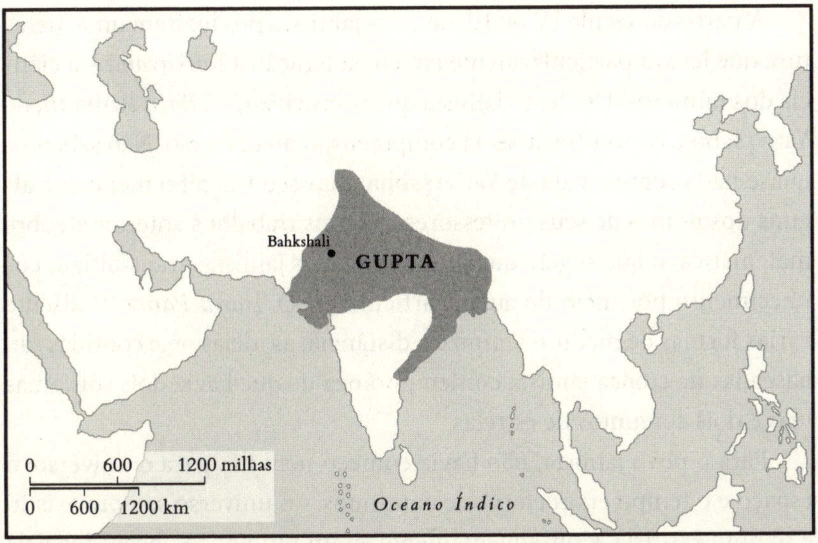

Mapa do Império Gupta por volta de 450 e.c.

no Império Gupta estava intimamente ligada ao folclore. Os astrônomos faziam medições empíricas para determinar a duração dos meses lunares e o movimento das estrelas, mas isso era sustentado pela mitologia. Acreditava-se que os eclipses, por exemplo, eram causados por demônios que cobriam as faces da Lua e do Sol.

Restaram poucos detalhes sobre o papel acadêmico das mulheres durante esse período. Alguns hinos foram escritos por poetisas, e alguns nomes femininos, a exemplo de Indrani e Sachi, são listados como autoras em textos indianos antigos. Algumas mulheres da classe alta tinham educação e liberdade para prosseguir seus estudos, embora não fossem consideradas iguais aos homens e não tivessem permissão para seguir uma carreira. Fora das classes mais altas, as mulheres eram frequentemente restritas aos papéis de esposa e de mãe e tinham poucos direitos legais e de propriedade. No entanto, e apesar disso, como era permitido que as mulheres Gupta participassem de rituais religiosos e cerimônias públicas, elas gozavam de maior liberdade do que durante o governo de algumas dinastias anteriores.

A Dinastia Gupta promovia ativamente o hinduísmo, mas também tolerava o budismo e o jainismo. Os religiosos deste último grupo eram particularmente ativos na matemática da época.

A partir do século IV ou III a.e.c., os jainistas produziram uma literatura que levava particularmente em consideração a *sankhyana* – a ciência dos números. Um texto jainista que sobreviveu, o *Tiloya Pannatti*, de Yativṛṣabha, concentrava-se na compreensão do universo. Não sabemos quase nada sobre a vida de Yativṛṣabha, mas seu trabalho menciona alguns dos nomes de seus professores e alguns trabalhos anteriores sobre matemática, o que sugere que os matemáticos jainistas transmitiam conhecimento por meio de aulas particulares. O *Tiloya Pannatti* discute várias formas de medir o tempo e a distância; as ideias nele contidas são baseadas na crença jainista contemporânea de que havia dois sóis, duas luas e dois conjuntos de estrelas.

Para o povo jainista, não havia começo nem fim para o universo; o espaço e o tempo eram eternos e contínuos – o universo sempre existiu e sempre existiria. Consequentemente, eram um pouco obcecados pela matemática dos grandes números. Eles tinham um período de tempo, o *shirsa prahelika*, que equivalia a $756 \times 10^{11} \times 8.400.000^{28}$ dias – um número com 208 dígitos. Entre outros números enormes e importantes estava o *rajju*, que é a distância percorrida por um deus em seis meses (aproximadamente 1 milhão de quilômetros), e o *palya*, o tempo necessário para esvaziar um recipiente cheio de lã removendo um fio a cada século. Esse fascínio por números grandes levou os matemáticos jainistas a pensar além do gigantesco. Eles começaram a reunir ideias sobre o infinito que, embora matematicamente imprecisas, estavam um *rajju* à frente de qualquer outro pensamento no planeta na época ou mesmo centenas de anos depois.

O povo jainista classifica os números em três categorias: o enumerável (contável), o inumerável (não contável) e o infinito. Os números enumeráveis consistiam em tudo, desde dois até o "número mais alto". Na verdade, o povo jainista não tinha um número mais alto, mas usava sua compreensão de números enormes para fazer uma ideia dele. Por exemplo, imaginavam encher cochos do tamanho da Terra com sementes de mostarda e contá-las e depois declaravam que ainda não era um número tão grande quanto o maior número enumerável. Os inumeráveis eram maiores do que os enumeráveis, mas ainda não infinitos. Os matemáticos jainistas dividiam o infinito em cinco grupos diferentes: infinito em uma direção, infinito em duas direções, infinito em área, infinito em todos os lugares e infinito perpétuo. Compreender e modelar o universo era uma parte importante do jainismo.

O povo jainista foi o primeiro de que temos notícia a considerar que existe mais de um tamanho de infinito. Essa ideia só voltaria a criar raízes no fim do século XIX, quando o lógico alemão Georg Cantor trabalhou com a natureza do infinito. Mesmo assim, muitos matemáticos levaram um longo tempo para aceitar as descobertas de Cantor, e questões sobre o tamanho exato de diferentes infinitos permanecem em aberto até hoje.

O infinito não era a única área na qual o povo jainista era particularmente proficiente. Eles também estudaram cuidadosamente as regras relativas às diferentes maneiras pelas quais objetos ou coisas podem ser combinados. Por exemplo, descobriram que os seis sabores diferentes (amargo, azedo, salgado, adstringente, doce e picante) podiam ser combinados de 63 maneiras diferentes. Exploraram ideias semelhantes na poesia, produzindo fórmulas para as maneiras pelas quais sons curtos e sons longos poderiam ser combinados para criar diferentes métricas.

Esse estudo das permutações e das combinações os levou a descobrir um triângulo matematicamente importante que descreveram como uma "montanha com pico". Eles o chamaram de Meru Prastara.

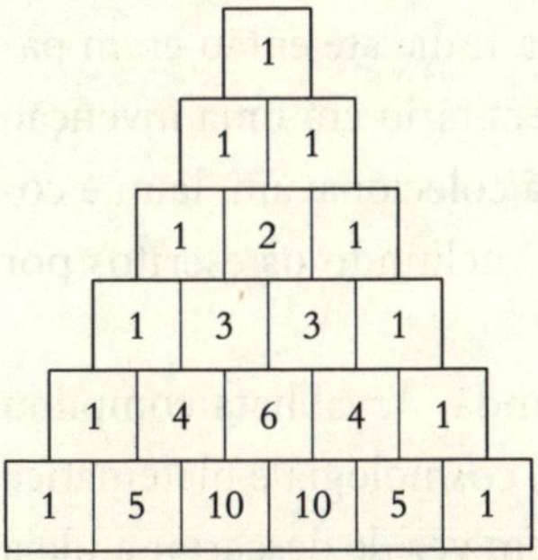

	1	2	3	4	5	6	7	8	9	10
1	1	1	1	1	1	1	1	1	1	1
2	1	2	3	4	5	6	7	8	9	
3	1	3	6	10	15	21	28	36		
4	1	4	10	20	35	46	84			
5	1	5	15	35	70	126				
6	1	6	21	46	126					
7	1	7	28	84						
8	1	8	36							
9	1	9								
10	1									

Meru Prastara (*à esquerda*) e o triângulo de Pascal desenhado por Blaise Pascal em 1665 (*à direita*). O texto original do Meru Prastara continha apenas palavras e não trazia esse gráfico; foi acrescentada uma ilustração no século X.

Esse triângulo foi descoberto por muitas culturas diferentes e é importante para a teoria das probabilidades. Hoje, é frequentemente chamado de triângulo de Pascal, em homenagem ao matemático francês do século XVII Blaise Pascal.

O povo jainista também foi um dos primeiros defensores da exponenciação e de suas consequências. Eles escreveram: "a primeira raiz quadrada multiplicada pela segunda raiz quadrada é o cubo da segunda raiz quadrada". Ou, em notação moderna, $a^{\frac{1}{2}} \times a^{\frac{1}{4}} = (a^{\frac{1}{4}})^3$. O matemático, físico e astrônomo escocês John Napier e o matemático suíço e fabricante de relógios e instrumentos astronômicos Jost Bürgi, de forma independente, redescobriram essas ideias por volta do início do século XVII.

Por que não caímos da Terra?

Um dos matemáticos mais famosos da Dinastia Gupta foi Āryabhaṭa I, que viveu entre 476 e 550 e.c. Os trabalhos que ele deixou foram extremamente influentes: muitos matemáticos os copiaram, os comentaram e os distribuíram por toda a Índia e outros lugares.

Āryabhaṭa trabalhou em um complexo de pesquisa budista chamado Nālandā, em Bihar, na parte oriental do Império Gupta. O complexo era um centro de estudos avançados, semelhante a uma universidade moderna. Consistia em mosteiros, templos e um observatório nos quais as pessoas estudavam uma variedade de assuntos, incluindo matemática e astronomia. A principal forma de ensino na Índia até então eram pares professor-aluno; portanto, o ensino universitário era uma invenção nova. Estudantes e pesquisadores de Nālandā colecionavam, liam e comentavam trabalhos acadêmicos existentes, incluindo os escritos por matemáticos jainistas.

Possivelmente, enquanto estava em Nālandā, Āryabhata compilou o *Āryabhaṭiya*, um tratado sobre astronomia, cosmologia e matemática com cerca de 120 versos em sânscrito. Nele, em vez de descartar a ideia de que demônios causavam os eventos astronômicos, ele os incluiu em sua pesquisa. Ao observar as órbitas lunar e solar, usou suas descobertas para explicar os movimentos dos demônios envolvidos nos eclipses e mexeu no folclore relacionado a isso.

A maior conquista de Āryabhaṭa foi sintetizar e interpretar grande parte do conhecimento matemático que veio antes dele. O *Āryabhaṭiya* começa com a observação de que a multiplicação por dez resulta num número que leva ao "próximo lugar mais alto". Āryabhaṭa estava claramente familiarizado com o sistema decimal, embora este não tenha sido totalmente levado a termo em seu trabalho. Ele então mostrou como encontrar a raiz quadrada e cúbica em versos. Embora seus métodos fossem incompletos, eles forneceram uma base sobre a qual os matemáticos posteriores puderam avançar.

Āryabhaṭa é frequentemente chamado de pai da álgebra. No *Āryabhaṭiya*, ele escreveu que, "se a diferença nas quantidades conhecidas de duas pessoas for dividida pela diferença de seu valor desconhecido, o resultado será dado pelo valor da quantidade desconhecida".[3] Era uma afirmação vaga, com certeza, mas apontava para os primórdios da álgebra. Como um comentário posterior afirmou, a sentença poderia se aplicar a questões como esta: existem dois agricultores, um com cem rúpias e seis vacas, o outro com sessenta rúpias e oito vacas. Se os seus bens têm o mesmo valor, qual é o valor de uma vaca?*

Outra razão pela qual Āryabhaṭa é chamado de pai da álgebra é o uso de equações quadráticas. Ele obteve algumas soluções para equações que tinham a forma $x - y = m$ e $xy = n$, em que a tarefa é encontrar as incógnitas x e y, ou equações da forma $ax^2 + bx + c = 0$, em que a tarefa é encontrar a incógnita x. Ele conseguiu resolvê-las em casos específicos.

Tal como os matemáticos no Egito e na China, Āryabhaṭa também fez uma aproximação do pi. Ele descobriu que pi era 3,14159265, correto até oito casas decimais, embora como ele o conseguiu não esteja claro, pois seus métodos não estão no livro. Ele usou o pi para compor uma tabela senoidal e investigar as características dos círculos. As medições da área e da circunferência dos círculos eram necessárias aos cálculos astronômicos.

Ele também afirmou que o movimento das estrelas no céu derivava da rotação da Terra em torno de seu eixo. Estimou que a Terra gira

* Uma vaca vale vinte rúpias.

1.582.237.500 vezes por ciclo *yuga*, um período hindu de 4.320.000 anos. Isso dava ao período de rotação da Terra 23 horas, 56 minutos e 4,1 segundos. Embora essa tenha sido uma descoberta surpreendente, e que hoje sabemos ser verdadeira, ele não foi a primeira pessoa a sugerir que a Terra gira dessa forma. Heráclides, contemporâneo de Aristóteles, já o tinha feito, mas estava esquecido e ignorado havia muito. O mesmo destino teve Āryabhaṭa após a sua morte. Muitos comentários sobre seu livro simplesmente omitiram essa afirmação em específico. Pode parecer estranho hoje, mas, sem muitas evidências concretas, não é difícil entender por que os astrônomos da época podem ter tido dificuldade em acreditar que era a Terra, e não o céu, que girava. Se a Terra realmente estava girando, como é que não caíamos dela?*

Parameśvara e Nīlakantha Somayājī, astrônomos indianos dos séculos XIV e XV, também apoiavam essa visão do sistema solar, a exemplo de Nicolau Copérnico e Galileu Galilei na Europa um pouco mais tarde. No entanto, só em 1851, quando o físico francês Léon Foucault demonstrou os efeitos da rotação da Terra com um pêndulo, é que a ideia foi verdadeiramente consolidada.

Āryabhaṭa também inventou, ou pelo menos usou, um sistema numérico completamente diferente dos outros que estavam em uso na época. Números evoluíam frequentemente e havia mais de um sistema numérico em jogo. Muitas pessoas usavam numerais brami, que eram de natureza gráfica, como os glifos usados pelos maias. Esse sistema tinha símbolos para os números de 1 a 9 e também para 20, 30, 40 e assim por diante. Isso significava que o zero não desempenhava nenhum papel: em vez de escrever o número 20 como duas dezenas e zero dígito, usavam o símbolo individual para vinte.

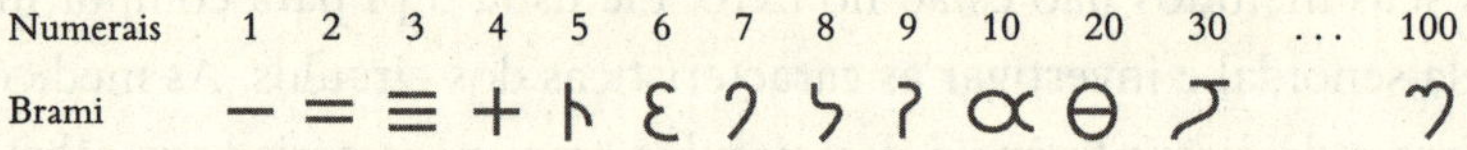
Numerais 1 2 3 4 5 6 7 8 9 10 20 30 ... 100
Brami

Numerais brami.

* Obrigado, gravidade!

No século IV, surgiram os algarismos Gupta. Eles eram mais cursivos e simétricos, permitindo aos escribas grafá-los mais rapidamente. Eram amplamente baseados nos numerais brami, embora não os tenham substituído completamente.

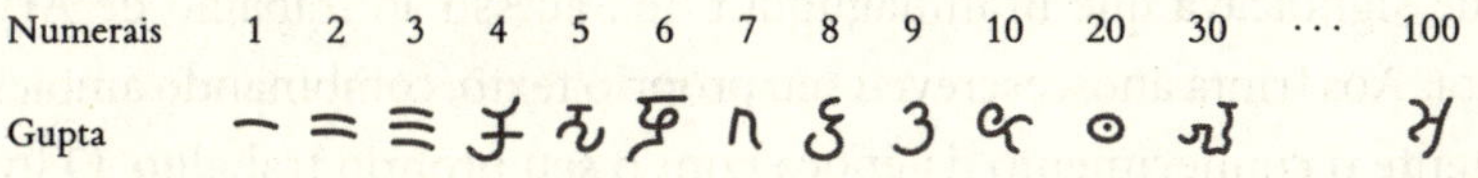

Numerais 1 2 3 4 5 6 7 8 9 10 20 30 ··· 100
Gupta

Numerais Gupta.

Os numerais Gupta permitiam velocidade, mas ainda eram complicados para escrever grandes números em cálculos matemáticos e astronômicos (embora isso não tenha impedido os matemáticos jainistas de explorar grandes números usando algarismos brami). Então, Āryabhaṭa inventou o seu próprio sistema, que usava o alfabeto sânscrito. Ele atribuiu cada uma das 33 consoantes do alfabeto sânscrito a um número específico: 1 a 25, bem como 30, 40, 50, 60, 70, 80, 90 e 100. Depois, usou as vogais para expressar potências de 10. Isso lhe permitiu especificar números grandes; por exemplo, o número 1.582.237.500 poderia ser escrito como a palavra *ṅiśibuṇḷikhṣhṛi*. Embora não seja explicitamente usado em seu trabalho, oculta nele está a sugestão de que Āryabhaṭa conhecia o zero. Seu próprio sistema numérico parecia estar sustentado pela forma como o zero se encaixa, e alguns dos cálculos do *Āryabhaṭiya* são impossíveis de fazer sem ele.

Āryabhaṭa morreu em 550 e.c., ano em que o Império Gupta entrou em colapso, quando uma tribo nômade, os hunos, o invadiu. O império se desintegrou em reinos regionais e alguns dos centros de ensino foram desmontados. No entanto, embora os novos reis regionais não fossem budistas, alguns deles se tornaram patronos de complexos de pesquisa budistas, como Nālandā, assim como de observatórios e de seus astrônomos após a queda do Império Gupta.

O número com um buraco

É provável que o matemático mais importante da Era de Ouro da Índia tenha sido Brahmagupta, que viveu no século VI em Bhinmal, na parte ocidental da Índia. Seu pai, Jishnugupta, era astrônomo e matemático, o que significava que Brahmagupta tinha acesso ao trabalho de Āryabhaṭa. Aos trinta anos, escreveu seu próprio texto, combinando ambiciosamente o conhecimento da época com o seu próprio trabalho. O livro se chamava *Brahmasphutasiddhanta*, cuja tradução é *Doutrina corretamente estabelecida de Brahma*.* Não há dúvida de que a seção que teve o maior impacto foi a do zero.

O zero existia já havia algum tempo antes de Brahmagupta. O exemplo mais antigo e conhecido é o da civilização maia, que, por volta de 300-200 a.e.c., usava um símbolo semelhante a uma concha com um espaço reservado – uma das funções mais simples do zero. O zero como um espaço reservado é uma mudança incrivelmente útil na forma de pensar os números que ainda usamos hoje.

Lembre-se que, quando escrevemos o número 201, há o entendimento implícito de que o número mais à direita representa uma unidade; então, indo para a esquerda, há zero dezena e duas centenas. Sem um espaço reservado para o zero, não haveria como distinguir entre 21, 201, 2001 e assim por diante.

Compare isso com os algarismos romanos, que não usam espaços reservados dessa forma. Para escrever o número 201, um romano escreveria CCI, em que cada C representa 100 e I representa 1. Não há símbolo para o zero, pois "dezenas" simplesmente não figuram nesse número. Isso serve em algumas situações, mas se torna problemático se se quiser fazer um cálculo simples como uma adição. Adicionar 99 a 201 é fácil: primeiro você soma as unidades, depois as dezenas e depois as centenas. Mas tente adicionar CCI a XCIX e será o bastante para fazer você se perguntar como os romanos conseguiram fazer tantas coisas.

O sistema numérico maia era diferente; utilizava bem o posicionamento e construía o número em torno de potências de 20 em vez

* Ah, a confiança da juventude!

de unidades, dezenas, centenas e assim por diante. Por volta de 400-300 a.e.c., os babilônios também criaram um símbolo para o zero. Inicialmente, parecia-se mais com dois pontos, mas depois se desenvolveu no símbolo cuneiforme inclinado representado abaixo.

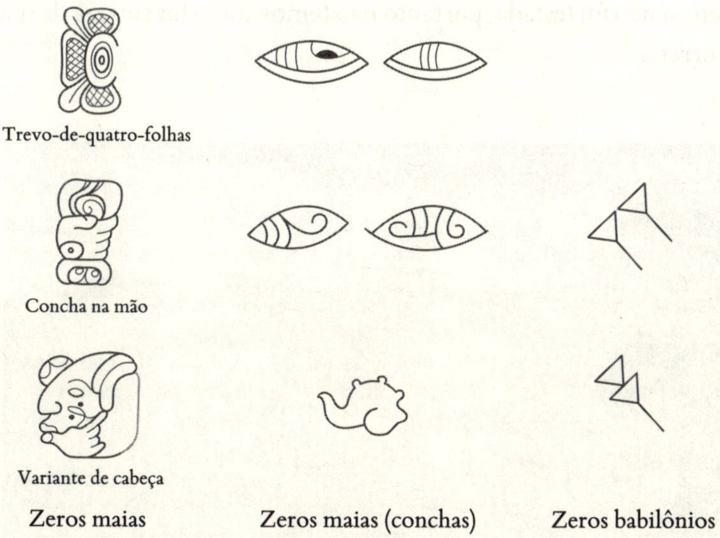

Zeros maias. Havia muitas variações nos padrões de concha.
Outros zeros vieram da Babilônia, do Egito e da Grécia.

Em algum momento durante a era Gupta, os matemáticos indianos começaram a usar um ponto para denotar o número zero. Brahmagupta certamente o usou, portanto sua origem remonta pelo menos ao século VI. No entanto, há também um documento misterioso, chamado manuscrito Bakhshali, que pode conter um zero muito mais antigo. Isto é, depende de para quem se pergunta.

O manuscrito Bakhshali é formado pelos restos de setenta fólios de bétula contendo aritmética, álgebra elementar e geometria, e foram descobertos em 1881 por um fazendeiro da vila de Bakhshali (agora no Paquistão). Foi escrito em uma mistura de sânscrito e dialeto local, e o autor é desconhecido. Originalmente, o plano era que o manuscrito Bakhshali fosse enviado ao Museu de Lahore, mas, sob domínio britânico, foi levado para a biblioteca Bodleiana, em Oxford, onde permanece desde então.

Há alguns anos, a Bodleiana decidiu usar datação por radiocarbono no manuscrito e descobriu que os três fólios restantes provêm de três períodos distintos, por volta de 300, 700 e 900 e.c.[4] Alguns argumentam que isso significa que os matemáticos indianos conheciam o zero no ano 300, enquanto outros sustentam que ele foi escrito depois de 900 e.c. A tinta em si não foi testada, portanto não temos como ter certeza de quem está correto.

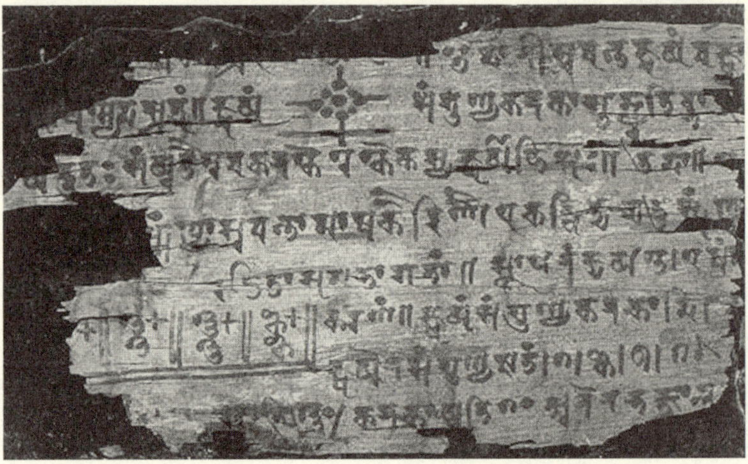

Manuscrito Bakhshali: vários pontos são mostrados aqui; o que está na linha inferior funciona como um espaço reservado.

Outra complicação para o zero indiano é que símbolos numéricos semelhantes àqueles usados por Brahmagupta e no manuscrito Bakhshali apareceram em outro lugar na mesma época. Há um ponto zero no Camboja, em uma pedra no templo em ruínas de Sambor, no rio Mekong, que data de 683 e.c. No que hoje é a Indonésia também há círculos zero datando dessa época. O círculo zero mais antigo conhecido na Índia está inscrito em um templo hindu em Gwalior, construído por volta de 875 e.c.

Zero de Khmer, 683 e.c.

Um círculo zero encontrado na ilha de Banca, perto de Sumatra. O número é 608, destinado a registrar um ano na era Śaka, um ano que agora é datado como 686 e.c.

A região de Sumatra, incluindo os impérios Srivijaya e Khmer, foi grandemente influenciada tanto pelo subcontinente indiano como pela China. O islã migrou para lá vindo do Oriente Médio e monges trouxeram práticas budistas da China. É possível, então, que o zero tenha sido importado para as ilhas, mas é igualmente possível que os escribas locais tenham desenvolvido o zero por conta própria e o símbolo tenha viajado na direção oposta.

Isso obscurece muito uma história precisa de como o símbolo moderno do zero surgiu. Mas, até onde sabemos, fora da Índia, nenhum desses zeros foi nada senão espaços reservados. A primeira evidência concreta dessa mudança vem de Brahmagupta, e foi um momento marcante. O zero como um espaço reservado é uma inovação útil; o zero

Zero de Gwalior na segunda linha; por volta de 875 e.c.

como um zero de verdade é um salto conceitual. Na *Doutrina corretamente estabelecida de Brahma*, Brahmagupta apresentou uma maneira de usar o zero em cálculos aritméticos, tornando o zero um número completo que pode ser adicionado, subtraído, multiplicado e dividido. Ele escreveu: "Quando o zero é adicionado a um número ou subtraído de um número, o número permanece inalterado; e um número multiplicado por zero se torna zero". Na notação matemática moderna, $x + 0 = x$, $x - 0 = x$ e $x \times 0 = 0$.

Ele então explicou essas regras em termos de fortunas (números positivos) e dívidas (números negativos):

Uma dívida menos zero é uma dívida.
Uma fortuna menos zero é uma fortuna.
O produto de zero multiplicado por uma dívida ou fortuna é zero.

Ele também analisou a multiplicação por zero (que dá zero), mas depois tirou esta conclusão para a divisão:

Zero dividido por zero é zero.

Nesse ponto, Brahmagupta estava incorreto, mas o mundo teria de esperar pelo surgimento do cálculo, quase um milênio depois, para descobrir.

É difícil superestimar a importância dessa mudança, de ver o zero simplesmente como um espaço reservado até se tornar um número real. Sem ela, grande parte da matemática moderna e da nossa compreensão do mundo não seriam possíveis. O mundo moderno é construído em cima de tecnologia digital sustentada pela matemática binária: a matemática de 0 e 1. Cada pixel em sua tela, cada cálculo que seu computador faz e cada dado que ele armazena depende do impressionante poder do 0 e do 1. Eletronicamente, significa saber se algo está ligado ou desligado, mas entender como isso funciona é enxergar o zero como um zero verdadeiro, e não apenas como um espaço reservado. É preciso ser um zero que possa ser manipulado e usado em cálculos.

A questão, então, é por qual razão, quando tantas civilizações parecem ter chegado ao conceito de zero, foi apenas na Índia que ele se desenvolveu mais. Isso pode estar mais relacionado à filosofia do que à matemática. Embora algumas culturas pareçam ter mais medo ou aversão à ideia do nada, muitos na Índia a abraçavam. A palavra sânscrita *śūnya*, que surge na literatura nos primeiros anos da Dinastia Gupta, significa "vazio" ou "vácuo" e vem do budismo. As palavras tanto para "atmosfera" (*ākāsa*) como para "céu" (*kha*) eram usadas para denotar o zero. Āryabhaṭa, por exemplo, usou a palavra *kha* para designar a posição vazia em seu sistema numérico. Outros chamaram o zero de *nirguna Brahman*, que significa "verdade sem atributos". Subjacente a todas essas palavras havia a visão de que o nada era importante, de que a infinidade do mundo emerge do vazio. Isso pode ter dado a matemáticos como Brahmagupta a motivação para integrar o conceito de zero mais profundamente do que qualquer outro antes.

De zero a herói

O zero não se espalhou pelo mundo de imediato. A sua difusão começou com comerciantes de língua árabe que viajavam pela África, Ásia e Europa e abraçaram o conceito, junto com uma versão atualizada dos numerais Gupta, graças a um livro chamado *Sobre a arte hindu de calcular*, escrito pelo polímata do século IX Muhammad ibn Mūsā al-Khwārizmī, que percebeu rapidamente a utilidade de um sistema numérico com um zero verdadeiro. Em muitos lugares, porém, a aceitação foi mais lenta.

Uma das primeiras formas pelas quais o zero chegou à Europa foi através do matemático italiano Leonardo Fibonacci. Ele se deparou com o zero no fim do século XII, quando estava no porto de Bugia, hoje Béjaïa, na Argélia, ajudando seu pai na representação de comerciantes italianos. Ele provavelmente aprendeu o zero com os comerciantes de língua árabe de lá e estudando o livro de al-Khwārizmī. Quando retornou à Europa, Fibonacci publicou seu próprio livro, *O livro do cálculo*, no qual descreveu esse sistema numérico indo-arábico, incluindo o zero, e como utilizá-lo nos cálculos. Ele traduziu a palavra árabe para "vazio", do livro de al-Khwārizmī, *sifr*, para o latim *zephyrum*. Os italianos em Veneza pegaram essa palavra e a mudaram para "zero".

Embora Fibonacci defendesse a matemática utilizada pelos comerciantes árabes, no seu livro ele utilizou o zero apenas como um espaço reservado para contagem no sistema decimal, não como um zero verdadeiro. Seu livro também não levou à adoção do zero em larga escala. Muitos intelectuais europeus tinham preconceito contra os estudiosos muçulmanos e, por isso, não levavam a sério a matemática árabe. O zero foi completamente proibido em Florença, assim como todos os outros algarismos indo-arábicos, sob a alegação duvidosa de que eram aparentemente mais fáceis de alterar para fins fraudulentos. É claro que a Europa acabaria por adotar os algarismos indo-arábicos; a sua utilidade, em comparação com os algarismos romanos, só pôde ser ignorada durante algum tempo, embora tenha demorado até o Renascimento, no século XVI, para que isso acontecesse.

Na Ásia Oriental havia exposição ao zero e aos algarismos indo--arábicos por causa de comerciantes árabes e missionários cristãos; no entanto, os números em varas eram tão úteis que eram difíceis de substituir e permaneceram dominantes até por volta do século XIX. A mudança para os algarismos indo-arábicos surgiu, em grande parte, como uma forma de facilitar o comércio e a comunicação internacionais.

Em outras partes do mundo, muitas tradições matemáticas também estavam bem estabelecidas. Na África Subsaariana, por exemplo, Sankoré Madrasah, em Timbuctu, no império do Mali, foi um dos principais centros de ensino. O rei do Mali no início do século XIV, Mansa Musa, conhecido como uma das pessoas mais ricas da história, investiu em livros trazidos por comerciantes árabes para a cidade e contratou estudiosos da Sankoré Madrasah para estudá-los. Muitos livros chegaram a Timbuctu, mas a princípio a matemática não foi estudada. Os sistemas de base 2 e de base 20 imperavam em todo o continente africano e, portanto, a base 10 simplesmente não tinha muito apelo.[5] No entanto, isso não quer dizer que a matemática não tenha se desenvolvido na região. Fora dos principais centros de ensino, os comerciantes locais dispunham de muitos métodos inovadores para realizar cálculos mentais rápidos e com grandes números, conhecidos como *susu* em Gana, *tontines* no Senegal e no Benin e *esusu* na Nigéria.

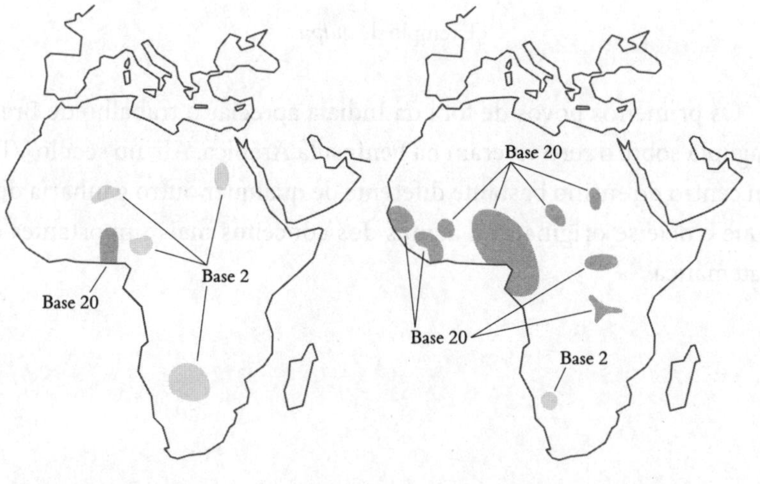

Alguns dos sistemas numéricos que foram usados na África.

Na Mesoamérica, o Império Inca, que ganhou destaque no século XIII, tinha seu próprio sistema de registro de números e usava um dispositivo chamado *quipu*. Os *quipus* eram feitos de cordões de lã ou de algodão de alpaca e lhama e neles eram feitos nós para registrar números do censo e alocações de impostos, assim como nomes, histórias e ideias. Ao registrar números, o povo inca usava um sistema de base 10 e os nós serviam um pouco como contas em um ábaco, essencialmente os transformando em planilhas de barbante. Os incas continuaram a usar os *quipus* até 1583, quando os invasores espanhóis os baniram na crença de que registravam oferendas a deuses não cristãos.

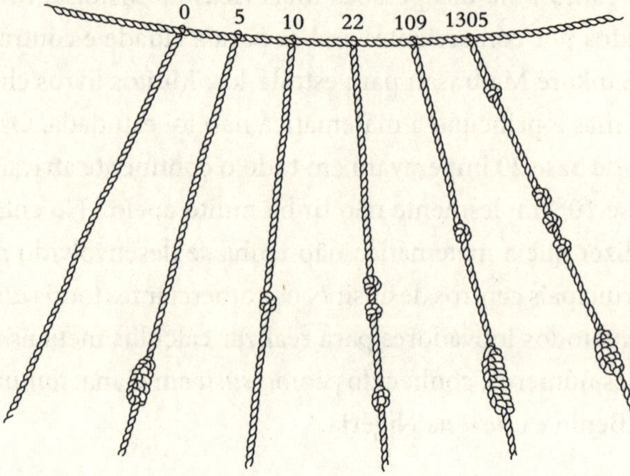

Exemplo de *quipus*.

Os primeiros povos de fora da Índia a apreciar o trabalho de Brahmagupta sobre o zero viveram na Península Arábica. Ali, no século VIII, um centro de ensino bastante diferente de qualquer outro ganharia destaque e dele se originariam alguns dos conceitos mais importantes da matemática.

6

A CASA DA SABEDORIA

No século VIII, algo especial estava acontecendo em Bagdá. Palácios surgiam às margens do rio Tigre. A cultura e a ciência estavam em ascensão e havia o início de um coletivo acadêmico cuja influência se propagaria por todo o mundo.

Bagdá, até então, não era muito mais do que um conjunto de pequenas aldeias, mas os novos governantes da cidade – o Califado Abássida – tinham grandes planos para um império islâmico e queriam que Bagdá fosse a sua capital. Era uma grande afronta a Damasco, que durante décadas havia sido a principal cidade da região.

Tudo começou com o Movimento dos Homens de Veste Preta, uma revolta contra o Califado Omíada anteriormente em exercício. O califado, em seu auge, governou do oeste de Portugal atual até o leste do Quirguizistão e do Paquistão. Talvez, porém, sempre tenha estado destinado ao fracasso. Embora governasse uma população grande e diversificada, incluindo pessoas que eram cristãs, judias e muçulmanas, era um império de califas árabes que governavam uma população em grande parte não árabe. Pode ser que isso, por si só, não tenha levado à queda do califado, mas o problema era que os não árabes eram tratados como cidadãos inferiores. Certas cidades muradas eram acessíveis apenas à classe árabe dominante, e os não árabes não eram autorizados a ocupar cargos governamentais. Isso criou um profundo ressentimento e alienação entre a população e acabou por levar à revolução.

Na vanguarda da revolução estava a família Abbāsid. Eles também eram árabes, mas afirmavam ser descendentes diretos do tio do profeta Maomé e procuravam o apoio de pessoas não árabes, especialmente na Pérsia. Com a propagação do descontentamento, diferentes revoltas se fundiram sob uma bandeira preta – um símbolo de protesto contra a tirania do regime. Em Coração, uma cidade militar do leste do Irã, Abu al-'Abbas as-Saffah liderou um golpe que derrubou a Dinastia Omíada graças, em parte, ao apoio dos residentes locais. Ele se tornou o primeiro califa da Dinastia Abássida, por volta de 750 e.c.

As-Saffah morreu de varíola depois de apenas alguns anos no cargo. Seu meio-irmão, al-Mansūr, assumiu o poder e iniciou o processo de mudança da capital de Damasco para Bagdá. Isso apaziguou os apelos dos persas, que ajudaram a derrubar o regime anterior a fim de reduzir a influência árabe no império islâmico. Também criou um centro cosmopolita e comercial pujante. Bagdá acabaria por se tornar a maior cidade do mundo, com mais de 1 milhão de habitantes.

Com essa sociedade mais inclusiva surgiu a fome e o desejo de buscar conhecimento pelo conhecimento. Nasceu uma potência intelectual e, nela, alguns dos conceitos matemáticos mais importantes da história foram pensados e proliferaram.

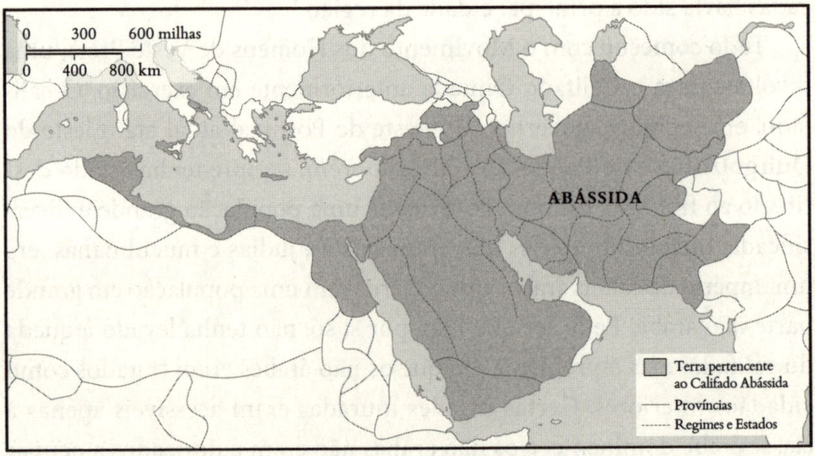

O Califado Abássida em 849 e.c.

Cálculos para o califa

Para tentar consolidar sua influência na região, al-Mansūr embarcou na missão científica e cultural de traduzir centenas de livros para o árabe, a língua oficial do Califado Abássida. Textos importantes sobre filosofia, astronomia e astrologia estavam escritos em grego, siríaco, sânscrito e na língua persa de Pahlavi. Ao unificá-los todos em árabe, al-Mansūr acreditava que poderia também unificar os territórios governados por sua dinastia. Conhecimento e poder andavam de mãos dadas.

Em parte, o empenho de al-Mansūr nessas traduções era resultado de seus interesses pessoais. Ele era obcecado por astrologia e pagou por muitas traduções de mitos antigos da Pérsia, apesar de o islã enxergar o assunto de forma pouco favorável. Esses antigos mitos persas continham muita matemática e astronomia, apesar de em geral serem cientificamente duvidosos. O destaque a esses temas nas histórias ajudou a instigar um interesse mais amplo pela tradução científica e a sede por novos livros e ideias. Por volta de 770 e.c., a corte abássida descobriu as obras de Āryabhaṭa e de Brahmagupta e prontamente as traduziu para o persa e o árabe. Da Grécia foram importadas e também traduzidas as obras matemáticas de Arquimedes, Apolônio, Diofanto, Euclides e Ptolomeu. Al-Mansūr financiou essas traduções e sua produção foi auxiliada pelo recente estabelecimento de fábricas de papel.

A primeira delas foi construída em Samarcanda (agora no Uzbequistão), na Rota da Seda, entre a China de Tang e o Ocidente, depois que os abássidas derrotaram o exército chinês e assumiram o controle do território em 751 e.c. A China já possuía fábricas de papel, e entre os prisioneiros feitos pelos abássidas estavam pessoas com conhecimentos em fabricação de papel. Os abássidas e seus prisioneiros construíram a nova fábrica de papel de Samarcanda e usaram na produção matérias-primas produzidas localmente, tais como linho e cânhamo. Depois, construíram várias outras fábricas de papel em Bagdá. De repente, produzir livros ficou muito mais fácil. Antes das fábricas, os registros eram mantidos em produtos perecíveis, como folhas de plantas e tiras de bambu; agora, com materiais mais baratos e resistentes, os escribas começaram a trabalhar. Mais livros significavam mais estudiosos, à medida que exemplares copiados eram distribuídos por lugares remotos. A era do papiro e do pergaminho acabara. O papel tinha vindo para ficar.

Vários califas posteriores continuaram a colecionar livros e a construir bibliotecas impressionantes, mas o bisneto de al-Mansūr, al-Ma'mūn, levou isso a um novo patamar. Al-Ma'mūn estava no comando do agora massivo exército abássida e liderou-o até Constantinopla a fim de expandir o território da dinastia. Seu pai, al-Rashīd, estabeleceu relações diplomáticas com imperadores chineses e europeus e intensificou os laços comerciais entre essas regiões. O povo abássida se especializou na produção de seda e cristais de rocha. A procura por esses produtos era tamanha na Europa que o imperador dos romanos, Carlos Magno, foi forçado a compensar al-Ma'mūn pelo déficit comercial geral.

À medida que o islã se disseminava sob a Dinastia Abássida, havia menos tensão entre pessoas de diferentes religiões. Estudiosos cristãos e judeus podiam interagir mais livremente, uma vez que o islã primitivo estava aberto a outras religiões. Tradutores cristãos e judeus habilidosos viajavam para Bagdá de dentro e de fora das fronteiras abássidas, sabendo que seriam bem pagos e apoiados pelo califa. Al-Ma'mūn rapidamente ganhou a reputação de um califa culto que incentivava o pensamento original e o livre debate. Ele iniciou o projeto ambicioso de reunir todos os livros do mundo sob o mesmo teto. Esse local se tornaria conhecido como a Casa da Sabedoria, e as mentes mais brilhantes da Dinastia Abássida e de outros lugares se reuniriam e trabalhariam ali.

A Casa da Sabedoria tinha uma magnífica biblioteca – quase certamente o maior repositório de livros do mundo naquela época –, mas era mais do que apenas uma biblioteca dotada de estudiosos empenhados em colecionar, catalogar, traduzir, copiar, estudar e escrever. Graças às generosas doações de al-Ma'mūn, os estudiosos podiam dedicar todo o seu tempo à busca de conhecimento. Traduziram obras de matemática, filosofia, medicina, astronomia e óptica – o estudo da luz – para o árabe e compartilharam-nas entre si e por todo o império.

Um dos maiores desafios era tentar compreender essa vasta massa de conhecimento e torná-la consistente. As medidas nos livros estavam espalhadas por todo lado, expressas em unidades diferentes e muitas vezes contraditórias entre si. A Casa da Sabedoria se tornou o lugar onde o conhecimento do mundo era submetido a um exame minucioso, com o objetivo de descobrir o que era verdadeiro e o que não era. Quando necessário, os estudiosos realizavam as suas próprias observações, por exemplo, traçando os movimentos das estrelas.

Livros e estudiosos em uma biblioteca abássida.
Ilustração de Yahyá al-Wasiti, 1237 e.c.

Álgebra, algoritmo, al-Khwārizmī

De todos os estudiosos que passaram algum tempo na Casa da Sabedoria, Muhammad ibn Mūsā al-Khwārizmī (780-850 e.c.)* deve ter sido o que exerceu o maior impacto no mundo. É justo dizer que sem ele a matemática e a ciência da computação seriam muito diferentes hoje.

Muitos dos detalhes biográficos sobre a sua vida foram perdidos ou são contraditórios. É provável que tenha nascido em uma família persa na região da Corásmia – seu nome significa literalmente "o nativo da

* Seu nome tem muitas variações de grafia, entre elas Abū 'Abdallāh Muḥammad ibn Mūsā al-Khwārizmī e Abū Ja'far Muḥammad ibn Mūsā al-Khwārizmī.

Corásmia" –, na fronteira dos atuais Turcomenistão e Uzbequistão, mas que na época fazia parte do Império Abássida. Seu nome também dá algumas evidências de que poderia ter sido seguidor de uma das religiões mais antigas do mundo, o zoroastrismo. Mas, em contrapartida, um prefácio a um de seus livros sugere que ele era muçulmano ortodoxo.

Al-Khwārizmī foi contratado pelo califa al-Ma'mūn para a Casa da Sabedoria. Inicialmente, ganhou a reputação de competente geógrafo. Preparou um mapa com centenas de cidades e suas coordenadas, comumente conhecido como *Livro da descrição da Terra*, em 833 e.c. Ele provavelmente viajou para muitas cidades e fez suas próprias pesquisas, mas a lista original de latitudes e longitudes veio da *Geografia* de Ptolomeu, do século II. Al-Khwārizmī copiou as coordenadas de mais de 2.400 cidades, montanhas, rios e costas em seu mapa. Embora não exista mais, o mapa de al-Khwārizmī expandiu o de Ptolomeu para abranger do Atlântico ao Oceano Índico. Mas foi na matemática que al-Khwārizmī realmente se destacou.

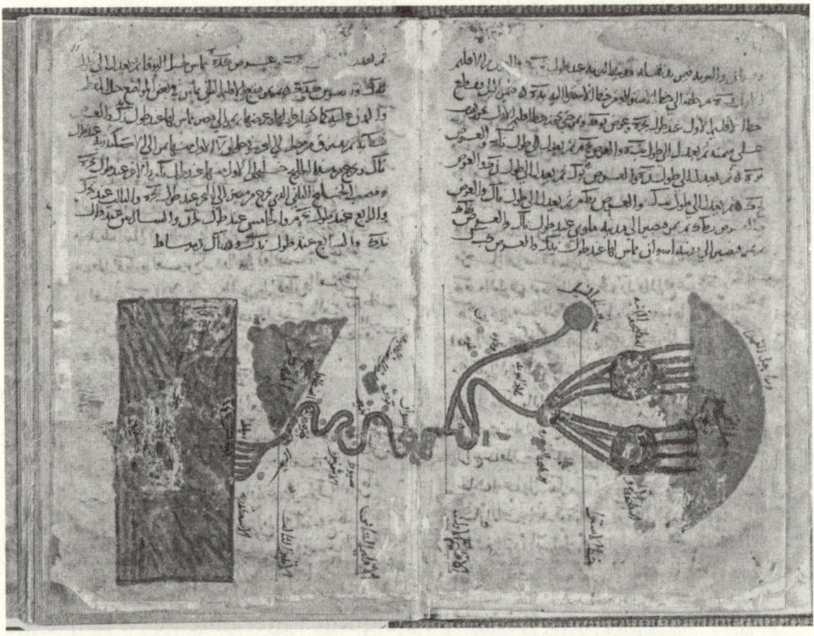

Um dos mais antigos mapas em papel. Exemplar do *Livro da descrição da Terra*, de al-Khwārizmī, escrito por volta de 1036 e.c., mostrando uma parte do Nilo.

Seu texto sobre aritmética, *Sobre o cálculo indiano*, baseou-se no trabalho de Brahmagupta, usando e traduzindo seu sistema decimal para o árabe. Por meio dessa tradução, os algarismos brami se tornaram um novo conjunto de símbolos árabes intimamente associados ao alfabeto árabe. Al-Khwārizmī apreciava a visão de Brahmagupta sobre o zero e a facilidade de uso de seu sistema decimal. Embora o texto original de al-Khwārizmī tenha se perdido, foi esse texto que acabou sendo divulgado em todo o mundo e nos legou o sistema numérico que usamos hoje.

O texto viajou originalmente via al-Andalus, uma região da Península Ibérica governada por muçulmanos. Graças à sua proximidade com a Europa, obras originárias da Grécia já circulavam nessa área havia muito tempo, mas os manuscritos da Casa da Sabedoria também começaram a chegar lá. Toledo, na atual Espanha, se tornou um dos maiores centros de ensino e tradução da Europa. A matemática árabe foi traduzida para o espanhol antigo, o hebraico latinizado e o judeu-espanhol.

A tradução do trabalho de al-Khwārizmī para o latim levou a diversas formas de escrita dos numerais indo-arábicos, mas foi o estilo que se tornou dominante na região do Mediterrâneo Ocidental que evoluiu para os algarismos modernos que conhecemos hoje.

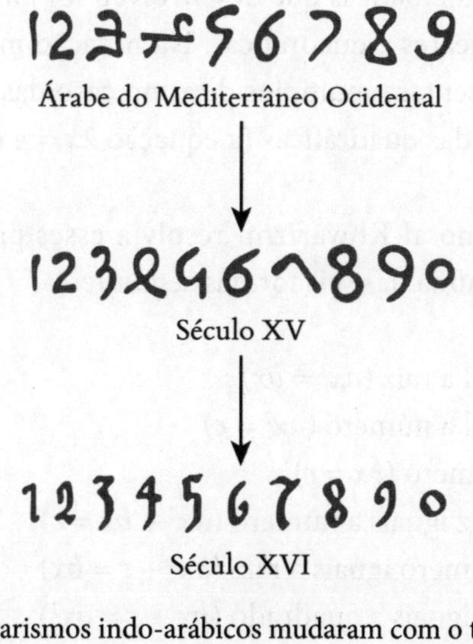

Os algarismos indo-arábicos mudaram com o tempo e
se tornaram os nossos algarismos modernos.

Apesar de sua disseminação pelo mundo, os decimais não eram usados pela maioria dos matemáticos da Casa da Sabedoria. Muitos estudiosos preferiam o sistema sexagesimal babilônio (base 60), especialmente para a astronomia, pois trabalhar com os 360 graus de uma órbita circular era especialmente fácil. O fato de calcular com essa base era conhecido como aritmética de astrônomo.

Você pode pensar que apresentar o sistema numérico decimal ao mundo seria suficiente, mas essa foi apenas uma das muitas conquistas de al-Khwārizmī. O seu *Livro da restauração e do balanceamento* se tornou o texto matemático dominante ensinado em todo o Oriente Médio e na Europa e introduziu mais dois dos conceitos mais importantes de toda a ciência: álgebra e algoritmo.

A palavra "álgebra" vem da palavra *al-jabr* do título do livro. A álgebra hoje é a área da matemática que estuda valores desconhecidos, mas a palavra árabe se referia originalmente a uma técnica específica chamada de "restauração", que era usada para reorganizar equações para ajudar a resolvê-las.

Ao longo do livro, o foco de al-Khwārizmī foi a resolução de problemas práticos da vida real, como os relacionados a heranças, partilhas de terras, processos judiciais, comércio e escavação de canais. Uma das principais ideias matemáticas que desenvolveu foi um método para resolver equações lineares e quadráticas. Na notação moderna, essas são equações que apresentam múltiplos de x, no caso das lineares, e múltiplos de x^2, no caso das quadráticas (a equação $2x = 4$ é linear e $3x^2 + 2x = 1$ é quadrática).

A maneira como al-Khwārizmī resolvia esses problemas era primeiro reduzi-las a uma das seis formas seguintes:

Quadrado igual a raiz ($ax^2 = bx$)
Quadrado igual a número ($ax^2 = c$)
Raiz igual a número ($bx = c$)
Quadrado e raiz iguais a número ($ax^2 + bx = c$)
Quadrado e número iguais a raiz ($ax^2 + c = bx$)
Raiz e número iguais a quadrado ($bx + c = ax^2$)

... em que a, b e c são números inteiros positivos.

Dada qualquer equação linear ou quadrática, ele usava as técnicas de *al-jabr* (restauração) e de *al-muqabla* (balanceamento) para reduzi-la a uma dessas seis formas. Usando *al-jabr*, é possível eliminar quantidades negativas adicionando a mesma quantidade de cada lado. Por exemplo, $3x^2 = 40x - x^2$ pode ser reescrita como $3x^2 + x^2 = 40x - x^2 + x^2$, que é simplificada para $4x^2 = 40x$, a primeira das seis formas. *Al-muqabla* poderia ser usado para colocar as quantidades do mesmo tipo no mesmo lado da equação. Por exemplo, $3x^2 + 20 = 40x + 5$ pode ser reescrita como $3x^2 + 15 = 40x$ (quinta forma).

Al-Khwārizmī não usava essa notação, é claro – o símbolo x ainda não era usado para incógnitas, nem o sinal de igual. Em vez disso, ele escrevia tudo em palavras.

A partir dessas seis formas padrão, al-Khwārizmī cunhou procedimentos que as pessoas poderiam seguir para resolver as equações e descobrir as quantidades desconhecidas. Antes dele, matemáticos como Euclides, Diofanto, Āryabhaṭa e Brahmagupta trabalharam em problemas envolvendo quantidades desconhecidas, mas o livro de al-Khwārizmī mostrou como encontrar soluções de maneira mais sistemática. Essa forma processual de resolver problemas foi uma enorme realização e é a origem do nosso conceito de algoritmo. Embora ele não tenha definido o que são algoritmos, essas simples instruções passo a passo fizeram com que seu livro ganhasse ampla atenção à medida que era lido, estudado e traduzido em toda a Europa. A própria palavra veio do latim *algorismus*, termo derivado de "al-Khwārizmī" e da palavra grega *arithmos*, que significa "número".

O que é um algoritmo?

A ideia de al-Khwārizmī se tornaria fundamental para a vida moderna. Não passa um dia sem que uma manchete apresente a palavra "algoritmos", indicando como eles se tornaram cada vez mais dominantes em nossa vida cotidiana. Tudo, desde máquinas de lavar roupa até o sistema de recomendação da sua loja on-line favorita, utiliza um algoritmo. São tão onipresentes que vale a pena parar um instante para entender exatamente o que são.

O conceito é bastante simples. Um algoritmo é apenas uma lista de instruções que pode ser usada para resolver um problema ou executar uma tarefa. Uma receita, por exemplo, é uma espécie de algoritmo. Dados os ingredientes, qualquer pessoa deve ser capaz de compreender como combiná-los para fazer o prato. Um algoritmo simples para torradas com manteiga pode ser algo como o seguinte:

Coloque uma fatia de pão na torradeira.
Espere dois minutos.
Retire o pão da torradeira.
Passe manteiga no pão.

A maioria dos humanos poderia facilmente seguir essas instruções, mas a chave para um algoritmo é que as instruções devem ser inequívocas. Um robô poderia errar essa receita, mas ainda assim dizer – com razão – que seguiu as instruções de forma precisa. Leia a receita novamente e veja como é possível imaginar que o robô poderia acabar com um pedaço de pão sem estar torrado e um pote de manteiga colocado em cima dele. Em nenhum lugar se diz explicitamente que a torradeira deveria ser ligada, e o que significa *passar manteiga no pão*?

Escrever um bom algoritmo exige precisão. Vejamos um exemplo melhor, dos *Elementos* de Euclides. Ele não forneceu exatamente a formulação geral conforme mostrado a seguir, mas elaborou muitas das partes importantes que formam a base do algoritmo.

O objetivo do "algoritmo de Euclides" é encontrar o máximo divisor comum (MDC) de dois números – o maior número inteiro que os divide exatamente. Por exemplo, o MDC de 9 e 6 é 3, porque tanto 9 quanto 6 podem ser divididos por 3 e não existe número inteiro maior que o faça. Esse tipo de cálculo é útil quando se tenta calcular, digamos, a soma de duas frações. Mas calcular o MDC pode ser complicado. É aí que entra o algoritmo de Euclides.

Suponha que você tenha dois números, *A* e *B*, em que *A* é maior que *B*. Vamos escrever o MDC deles como MDC (*A*,*B*). Este é o algoritmo:

1. Se $A = 0$, então MDC $(A,B) = B$
2. Se $B = 0$, então MDC $(A,B) = A$
3. Se nenhuma das sentenças anteriores for verdadeira, divida A por B e calcule o resto. Sendo Q o número de vezes que B divide A e R o resto, tem-se $A = Q \times B + R$.
4. Encontre o MDC (B,R)

Isso pode parecer um pouco complicado, então vamos resolver usando 9 e 6.

Primeiro, vejamos a condição 1. Claramente, $A = 0$ não é verdadeiro, então podemos ir para a etapa 2. Claramente, $B = 0$ também não é verdadeiro, então podemos ir direto para a etapa 3. Na etapa 3, dividir 9 por 6 e calcular o resto nos dá $9 = 1 \times 6 + 3$. A etapa 4 diz para calcular o MDC (6,3).

De novo, claro, ainda não estamos no território das etapas 1 e 2, então vamos dividir 6 por 3 para obter $6 = 2 \times 3 + 0$. A etapa 4 diz que devemos encontrar o MDC (3,0).

Então, vejamos o topo da lista de instruções mais uma vez. Agora descobrimos que o passo 2 se aplica. Em outras palavras, o MDC (3,0) = 3.

Legal, não?

É claro que, nesse caso, já sabíamos a resposta e era bastante fácil descobri-la. Mas, se os números tivessem centenas de dígitos, teria sido muito mais difícil, embora, hoje em dia, um computador pudesse ser programado para executar o algoritmo de Euclides e calcular a resposta para nós.

E é aí que reside a beleza da abordagem que al-Khwārizmī encontrou na Casa da Sabedoria. Ao dividir um problema em etapas simples, a abordagem algorítmica possibilita que qualquer pessoa ou qualquer coisa resolva não apenas problemas fáceis, mas também problemas muito complicados. Quando você diz ao seu smartphone para traçar a melhor rota de Bruxelas a Bangkok usando transporte público, mas não certas linhas de metrô, os mesmos princípios estão em jogo: assim como em muitas outras situações, nunca precisamos nos preocupar com a maioria delas porque, em vez disso, um algoritmo o faz para nós.

A revolução celestial

A Casa da Sabedoria também revolucionou a forma como as ideias matemáticas eram trocadas. Ao estudar livros estrangeiros, traduzi-los e promover as ideias que continham, a Casa renovou a forma como os conceitos se movimentavam entre países, marcando o fim da antiga matemática tradicional e o início de uma nova era. Essa mudança significou que as pessoas começaram a ver o conhecimento matemático como algo que poderia ser compartilhado entre culturas. Como escreveu Abū Yūsuf Ya'qūb ibn 'Isḥāq al-Kindī, um polímata do século IX: "Não devemos ter vergonha de reconhecer a verdade e assimilá-la, seja qual for a origem pela qual nos chegue, mesmo que venha de gerações anteriores e de estrangeiros".[1]

A tentativa de corrigir as descobertas de trabalhos anteriores se tornou uma grande parte do espírito da Casa da Sabedoria. Nos textos astronômicos traduzidos, os dados sobre as posições do Sol, da Lua e dos planetas variavam muito. O califa al-Ma'mūn investiu mais recursos na construção de observatórios para que seus astrônomos pudessem fazer as suas próprias observações. O livro que interessou especialmente al-Ma'mūn foi o *Almagesto* de Ptolomeu. Ele apresentava uma visão dominante do sistema solar na época, com a Terra no centro e os outros corpos planetários orbitando-a. O sistema ptolomaico se apoiava fortemente na ideia de que o universo deveria, de alguma forma, ser matematicamente perfeito, e os astrônomos gregos enxergavam as esferas sob essa luz. Assim, muitos astrônomos acreditavam que a Lua orbitava numa esfera que estava mais próxima da Terra. Mercúrio, Vênus e o Sol orbitavam então em esferas maiores, seguidos por Marte, Júpiter e Saturno em esferas ainda maiores.

Infelizmente, essa visão perfeita do sistema solar não correspondia à realidade. Os astrônomos perceberam que os movimentos de muitos dos corpos celestes não seguiam o previsto apenas pelas esferas e por isso Ptolomeu teve de propor várias modificações, tais como órbitas circulares secundárias dentro das esferas, conhecidas como epiciclos. Embora a Terra estivesse no meio, muitas das órbitas tinham pontos diferentes de centro. O resultado foi uma correspondência impressionantemente próxima aos dados de que dispunham, mesmo que se revelassem baseados em explicações erradas.

Estudiosos árabes identificaram e tentaram resolver os problemas desse modelo. Três contemporâneos de al-Khwārizmī, os irmãos Banū Mūsā, duvidaram da duração do ano solar calculada por Ptolomeu e decidiram fazer a sua própria investigação com base em seu conhecimento de astronomia grega. Al-Ṣābi' Thābit ibn Qurrah al-Ḥarrānī, que trabalhou com os irmãos, descobriu por meio de cálculos que a órbita do Sol ao redor da Terra durava 365 dias, 6 horas, 9 minutos e 12 segundos. Embora, é claro, o Sol não orbite a Terra, esse cálculo para a duração de um ano errou apenas dois segundos.

Essa abordagem constantemente questionadora a Ptolomeu não levaria os estudiosos árabes ao modelo correto do sistema solar, mas, de fato, colocou essa visão antiga em discussão. Levaria muitos anos e ainda haveria o colapso da Dinastia Abássida antes que ela fosse reformada com as visões religiosas da Terra e dos céus desempenhando um papel importante em mantê-la no lugar.

Incendiando a Casa

A Dinastia Abássida não duraria para sempre. Ela cresceu de tal forma que os que estavam no poder deram por garantidas as fundações multiétnicas e multirreligiosas sobre as quais fora construída. Os grupos não árabes foram mais uma vez alienados na região. Novos impérios surgiram de dentro, fraturando o Califado Abássida.

Em 946 e.c., Bagdá se tornou o campo de batalha de duas forças invasoras: o Emirado Buída do Iraque e o Emirado Hamadânida de Mosul. Após vários meses de luta, os buídas finalmente tomaram Bagdá e mergulharam a cidade no caos. Após um século de instabilidade, o califa abássida Abu Mansur al-Faḍl ibn Ahmad al-Mustazhir conseguiu retomar Bagdá no século XII, mas a Dinastia Abássida nunca mais prosperou como em seu apogeu intelectual.

O golpe fatal veio quando o Império Mongol conquistou Bagdá em 1258 e.c. As forças invasoras incendiaram a Casa da Sabedoria, jogaram livros no rio e mataram muitos estudiosos. O último califa abássida foi executado e os tempos da dinastia terminaram. No entanto, isso não quer dizer que todo o conhecimento acumulado tenha se perdido. Os estudiosos deixaram Bagdá e criaram novos centros de aprendizagem em Diarbaquir (atual Turquia), Isfahan (atual Irã), Damasco e no Cairo. Muitos exemplares dos livros produzidos na Casa da Sabedoria já haviam sido enviados para grandes cidades do Império Islâmico.

E, apesar da trágica perda da própria Casa, o conhecimento continuou a proliferar sob o domínio mongol. Nasir al-Din al-Tusi, polímata persa do século XIII, convenceu um neto de Gengis Khan, Hulegu Khan, a construir um observatório em Maragha, no atual Irã. Al-Tusi questionou o modelo de universo de Ptolomeu e, com base no trabalho que sobreviveu de Bagdá, usou o observatório para interpelar ele mesmo os dados astronômicos. O observatório de Maragha foi construído em 1259 e.c. e se tornou um local de reunião de uma nova geração de astrônomos, matemáticos, engenheiros e bibliotecários.

Foi lá que al-Tusi teve uma ideia fundamental, hoje conhecida como círculo de Tusi: um novo método matemático para descrever o movimento dos corpos celestes como círculos rolando dentro de círculos maiores. Os caminhos traçados por uma linha ligada ao centro de um círculo se parecem muito com os caminhos das órbitas circulares secundárias e dos epiciclos da Lua, do Sol e de outros planetas no céu. Talvez essa matemática subjacente correspondesse mais de perto à realidade?

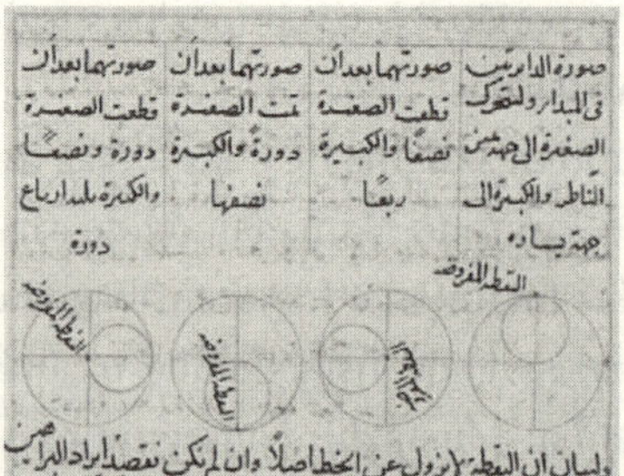

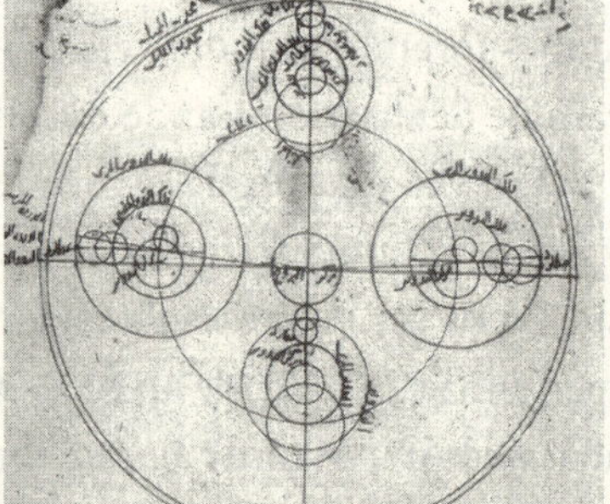

Desenho de círculos de Tusi de al-Tusi (*à esquerda*). Esboço de Ibn al-Shatir de um novo modelo (*à direita*) que centralizava a Terra, mas desenhava vários epiciclos. Aqui também foi incorporada a ideia dos círculos de Tusi.

Al-Tusi desenvolveu o embrião da ideia, mas foi o matemático e astrônomo Ibn al-Shatir, morador de Damasco, quem no século XIV realmente aproveitou ao máximo aquela ideia. Al-Shatir valorizava os dados empíricos acima de tudo e conseguiu usar círculos de Tusi para construir um modelo do sistema solar que correspondesse mais de perto às observações do que qualquer modelo anterior já havia feito. Ele não chegou ao ponto de colocar o Sol no centro, mas, matematicamente, resolveu todos os problemas para tornar isso possível. Esse mesmo quadro matemático fundamentaria o trabalho do astrônomo polonês Nicolau Copérnico cem anos mais tarde, quando ele deu o salto conceitual, aparentemente impossível, de colocar o Sol no centro durante o auge do Renascimento europeu – uma época em que saltos aparentemente impossíveis se tornaram a última moda.

7
O SONHO IMPOSSÍVEL

Existem poucas ambições maiores do que desejar voar. Quando você vê um pássaro saltar no ar, bater as asas e voar para longe, é fácil perceber por que tantos *Homines sapientes* sonharam em fazer a mesma coisa. E Leonardo da Vinci não pensou diferente. Desde muito jovem ele era fascinado pela ideia de voar. Quando menino, desenhava asas de pássaros e estudava como eles conseguiam se controlar no ar. Ao envelhecer, esse passatempo se tornou uma obsessão total. Esboçou projetos para muitas máquinas que acreditava que um dia poderiam ajudar a humanidade a voar.

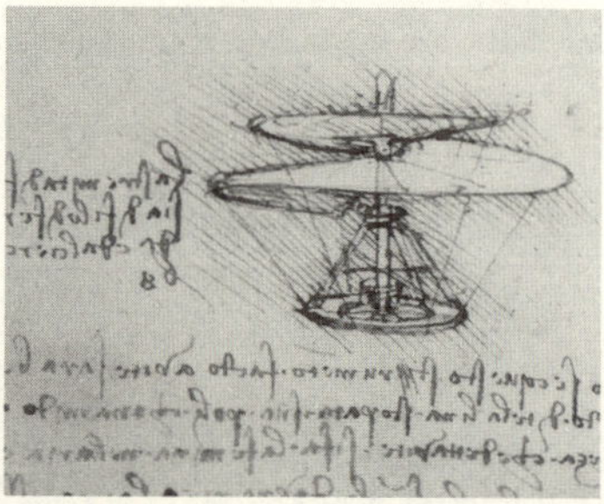

Esboços do caderno de Leonardo da Vinci. Estudos de pássaros (*à esquerda*) e um parafuso aéreo para levantar o objeto suspenso abaixo dele (*à direita*) (c1489 e.c.).

A tecnologia necessária para as máquinas voadoras estava longe de ficar pronta. Levaria mais trezentos anos até que o balão de ar quente desse o gostinho do voo aos humanos pela primeira vez e pelo menos outros cem para que os aviões decolassem.

Mas é possível que suas ousadas ambições fossem um sintoma da era de Da Vinci. No século XV, na Europa renascentista, havia grandes ideias em grande quantidade, muitas delas redescobertas a partir de textos gregos clássicos durante atividades acadêmicas na Itália. Os *Elementos* de Euclides foram traduzidos e distribuídos mais amplamente, estabelecendo seu *status* como o livro básico da geometria. As obras de Pappus e Apolônio também foram redescobertas, comentadas, copiadas e revistas. À semelhança do que acontecera na Casa da Sabedoria, as ideias antigas eram respeitadas, mas também questionadas e corrigidas. Foi nessa época que Copérnico demonstrou que os planetas giravam em torno do Sol e não da Terra, derrubando a visão de Ptolomeu, de mil anos antes, de que tudo girava em torno de nós.

Primeira demonstração pública de um balão de ar quente em Annonay, na França, em 1783.

O gatilho para essa explosão de ideias veio com a queda de Constantinopla, em 1453. Quando o Império Otomano assumiu o controle da cidade, muitos estudiosos fugiram e levaram consigo seus livros gregos e latinos. A família Médici os incentivou a se restabelecer em Florença, onde financiaria o estudo de uma ampla gama de assuntos, incluindo poesia, gramática, história, retórica e filosofia.

O Renascimento foi certamente um momento monumental; historiadores uma vez o designaram como o início da "revolução científica". Hoje, porém, a ideia de uma revolução científica está sob escrutínio.

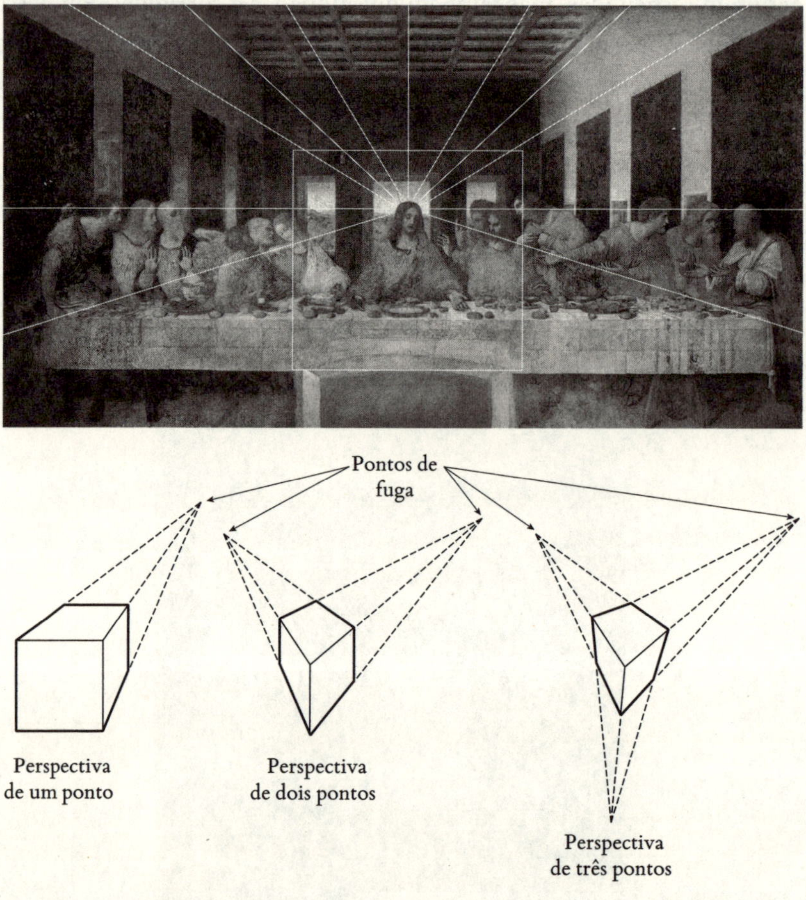

A última ceia de Da Vinci, com linhas auxiliares mostrando um ponto de fuga. Esse é o ponto de partida da geometria projetiva, por meio da qual os matemáticos começaram a examinar figuras geométricas projetadas a partir de um ponto.

Como vimos, a ciência já vinha avançando em ritmo acelerado em todo o mundo havia muitos anos. Muitas ideias que surgiram na "revolução científica" já tinham sido exploradas em outros lugares ou foram o culminar de passos sucessivos dados por outros. Portanto, parece errado chamá-la de revolução ou dizer "*a* revolução", sugerindo que foi a única. Ainda assim, a matemática desenvolvida na Europa renascentista e em torno dela era diferente da que veio antes. Os matemáticos criaram o hábito de escrever cartas uns para os outros sobre problemas da época. Isso significava que muitas mentes podiam resolver desafios matemáticos facilmente, fazendo com que um começo impossível parecesse menos impossível.

A ambição de um jogador

Prever o futuro era uma tarefa considerada impossível pela maioria das pessoas. E, então, veio Antoine Gombaud. Nascido em 1607, Gombaud era jogador de dados, escritor e filósofo. Não era nobre e não gostava do poder hereditário, mas quando se envolvia em debates intelectuais usava o nobre pseudônimo Chevalier de Méré. Era conselheiro de Luís XIV e se reunia regularmente com os altos escalões da sociedade, incluindo intelectuais como Françoise d'Aubigné (às vezes conhecida como marquesa de Maintenon), que também se tornou conselheira e esposa secreta de Luís XIV. Gombaud acreditava que as questões da época deveriam ser resolvidas por meio de discussões racionais entre indivíduos racionais. Nos salões, ele e seus amigos discutiam temas importantes – ou, ao menos, importantes para ele.

Um deles, que ficou conhecido como o "problema do jogo inacabado", deixou Gombaud obcecado. É mais ou menos assim: suponha que você e um amigo estejam jogando um jogo simples que consiste em vinte rodadas e que cada um de vocês tenha chances iguais de vencer cada rodada. Um exemplo pode ser lançar um dado: se sair um número par, você ganha; se for um número ímpar, seu amigo ganha. A questão de Gombaud é: quem deve ganhar se o jogo for interrompido no meio?

Uma opção era simplesmente dividir a quantia de acordo com o número de vitórias até esse momento. Por exemplo, se a pontuação estava em 7 a 5, então a pessoa na liderança receberia $\frac{7}{12}$ da quantia e a outra ficaria com $\frac{5}{12}$. Isso, porém, parecia injusto, pois ainda era possível que o perdedor acabasse ganhando se o jogo continuasse.

E se o jogo parasse quando o placar estivesse 1 a 0? Dar todo o dinheiro para a pessoa que estava ganhando de 1 a 0 parecia particularmente injusto, pois apenas uma rodada havia sido jogada. Voltar ao jogo mais tarde simplesmente não era uma opção para esses intrépidos jogadores de dados. Eles queriam um vencedor na hora e por isso precisavam de alguma forma de prever a probabilidade de diferentes resultados futuros. Muitas pessoas pensavam que era impossível prever resultados ou eventos futuros, ou que isso só era possível para Deus. Gombaud, no entanto, não gostava de deixar o resultado do jogo nas mãos de Deus e, por isso, buscou ajuda com os melhores matemáticos franceses da época.

Blaise Pascal tinha 31 anos em 1654 e já era um intelectual renomado na França. Quando era adolescente, inventou uma calculadora mecânica de mesa que chamou de pascalina para ajudar o pai em seu trabalho como supervisor fiscal. A pascalina usava uma sequência de engrenagens que permitiam que dois números fossem somados e subtraídos mecanicamente em alta velocidade. Foi uma sensação imediata – a primeira calculadora desse tipo a ser amplamente utilizada.

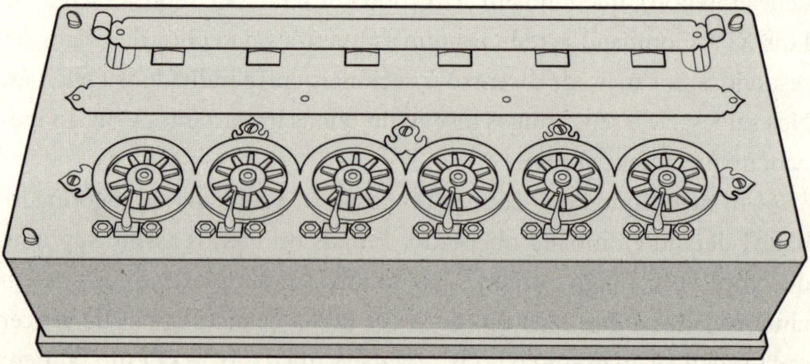

A pascalina, versão de 1652. Pascal construiu a primeira versão em 1642 e melhorou o design diversas vezes.

Quando Gombaud o contatou, Pascal estava no auge de sua intelectualidade e se concentrava na matemática. Ele acabara de escrever um tratado sobre geometria que incluía a sua abordagem à geometria projetiva – um assunto diretamente ligado às pinturas em perspectiva que os artistas renascentistas produziam na época.

Pascal refletiu sobre o problema do jogo inacabado e apresentou uma possível solução na primavera de 1654. Para entendê-la, imagine dois jogadores, Adil e Bao, com duas rodadas restantes em um jogo de onze rodadas. O placar está 4 a 5, então Adil precisa de mais duas vitórias para ganhar e Bao precisa de uma. Isso significa que os resultados possíveis do jogo são:

Adil ganha, Adil ganha → Adil ganha a quantia
Adil ganha, Bao ganha → Bao ganha a quantia
Bao ganha, Adil ganha → Bao ganha a quantia
Bao ganha, Bao ganha → Bao ganha a quantia

Em três dos quatro casos, Bao vence; então, Pascal sugeriu que, nessa situação, ela deveria ficar com três quartos do dinheiro, e Adil, com o resto.

Ao elaborar os resultados possíveis de qualquer situação, Pascal poderia, num sentido particular, prever o futuro. Mas quando Gilles Personne de Roberval, matemático e membro fundador da Academia Francesa, viu o cálculo, não se convenceu. Ele pensava que deveria haver apenas um caso em que Bao vencesse primeiro, pois esse seria o fim do jogo. Aos seus olhos, havia apenas três resultados:

Adil ganha, Adil ganha → Adil ganha a quantia
Adil ganha, Bao ganha → Bao ganha a quantia
Bao ganha e o jogo termina → Bao ganha a quantia

Pelos cálculos de Roberval, Bao deveria ficar com dois terços do dinheiro. Desanimado, Pascal escreveu ao amigo Pierre de Fermat, advogado e matemático residente em Toulouse e muito mais velho que Pascal. Fermat garantiu a Pascal que seu método era o correto. A probabilidade de qualquer jogador vencer uma rodada é $\frac{1}{2}$. No exemplo dado, isso deve acontecer duas vezes seguidas para que Adil vença no todo; em outras palavras, há uma chance de $\frac{1}{2} \times \frac{1}{2} = \frac{1}{4}$ de Adil ganhar. Há somente dois jogadores, então, na opinião de Fermat, isso significaria que a chance de Bao ganhar devia ser de $\frac{3}{4}$, em vez de $\frac{2}{3}$.

Tudo isso pode parecer matemática simples de escola, mas esses cálculos foram alguns dos primeiros a colocar números concretos nas probabilidades de algo acontecer no futuro.

A investigação de probabilidades já havia sido tentada por alguns matemáticos italianos, principalmente Girolamo Cardano, que escreveu um guia prático para jogadores – sendo ele próprio um jogador compulsivo. Seu *Livro dos jogos de azar*, de cerca de 1564 e.c., embora só tenha sido publicado um século depois, analisava as probabilidades envolvidas em vários jogos de dados e alguns métodos inteligentes de trapaça. Ele definiu algumas das ideias básicas de probabilidade, mas não foi muito além. Gombaud, Fermat, Roberval e Pascal, entretanto, o fizeram. Começaram a analisar situações mais gerais, por exemplo, quando havia mais jogadores envolvidos, e tentaram considerar quais seriam as regras aplicáveis.

A mudança de pensamento abriria todo um campo da matemática que visa avaliar a probabilidade do que está por vir e que hoje é utilizado em tudo, desde cálculos empresariais sobre lucros esperados até a probabilidade de propagação de uma nova doença. Esse campo é chamado de teoria da probabilidade.

Algo sobre o que escrever

A história também ilustra uma das principais formas pelas quais a matemática avançou na Europa do século XVII: pelo correio. Uma pessoa enfrentava um problema, escrevia seus pensamentos e os enviava para outra. Alguém então intervinha, dando outra perspectiva ou abordagem. Cada carta dava um passo a mais até que se encontrasse uma solução. As cartas não eram mantidas em segredo. Em vez disso, as discussões acadêmicas nelas escritas deveriam ser lidas e compartilhadas com outras pessoas. Ao longo do fim do século XVII e do início do século XVIII, as comunidades intelectuais na Europa e nas Américas prosperaram pela construção de ricas redes acadêmicas. Esse movimento foi posteriormente apelidado de República das Letras.

A Europa começou a formar sociedades científicas com o apoio de patronos reais. A Royal Society de Londres foi fundada em 1663 e os principais intelectuais se reuniam ali com o intuito de fazer experimentos e ajudar a desenvolver e a difundir conhecimento. A Academia Francesa de Ciências foi inaugurada em Paris em 1666. Seus membros se reuniam duas vezes por semana e publicavam trabalhos acadêmicos sobre matemática, física, química e biologia. A Academia Francesa ganhou reputação de autoridade acadêmica. Outras sociedades científicas surgiram em outras grandes cidades da Europa, como Berlim, Bolonha e Roma.

Membros da Academia Francesa de Ciências cumprimentando Luís XIV, em 1667; quadro do pintor real Henri Testelin. No fundo, é possível ver o novo observatório de Paris.

Essas sociedades novamente mudaram a forma como a matemática era feita na Europa. A troca de cartas continuou, mas as sociedades agora carimbavam um selo de aprovação nas últimas provas e teoremas. Numa forma embrionária de revisão por pares, os estudiosos discutiam e ocasionalmente rejeitavam as novas descobertas antes que as sociedades publicassem os resultados. Era o início da profissionalização da matemática e das ciências, embora apenas para metade da população.

Para se tornar membro de uma dessas sociedades, era geralmente necessário ser eleito pelos membros. Embora as mulheres não estivessem explicitamente proibidas de entrar nelas, na prática, foi isso o que aconteceu durante centenas de anos. Somente em 1945 uma mulher se tornou membra da Royal Society de Londres, quando a cristalógrafa Kathleen Lonsdale foi eleita. A Academia Francesa de Ciências demorou até 1979 para eleger uma mulher, a matemática Yvonne Choquet-Bruhat.

Contudo, em meados do século XVII, o surgimento dos salões tornou mais fácil a participação de algumas mulheres no mundo da matemática. Os salões eram reuniões de intelectuais muitas vezes realizadas na casa de alguém. Eles se concentravam em temas específicos de interesse, com o objetivo de aumentar o conhecimento sobre um assunto por meio de conversa e de livre troca de ideias. As mulheres eram frequentemente anfitriãs e participantes. A ideia se originou na Itália, mas deslanchou especialmente em Paris, onde as mulheres ricas exibiam as suas coleções de curiosidades, tais como livros raros, relógios e instrumentos científicos. Ter um gabinete de história natural estava muito em voga. Entre a aristocracia, esse era um ambiente em que homens e mulheres falavam entre si quase como iguais, dando às mulheres a oportunidade de manter seus interesses acadêmicos e de participar em discussões científicas. Uma dinâmica semelhante também ocorreu nas cortes renascentistas. Ali, homens e mulheres da realeza se misturavam, sentados alternadamente sempre que possível, embora muitas vezes houvesse mais homens do que mulheres.

Em comparação aos padrões modernos, eram passos lentos, mas o resultado foi uma nova geração de mulheres aristocráticas que eram bem-educadas e capazes de participar em discussões científicas. Essa participação contribuiu para desmantelar a ideia predominante na época de que as mulheres eram simplesmente incapazes de compreender matemática. Nesses primeiros anos, as mulheres tiveram um enorme impacto no reconhecimento e na facilitação de algumas das mais importantes descobertas matemáticas da época.

Exilada, mas não por fora

A princesa Elisabeth da Boêmia nasceu em 1618, ano em que estourou a Guerra dos Trinta Anos. Começou como uma revolta, quando os protestantes da Áustria dos Habsburgos expulsaram o rei católico e o pai de Elisabeth, Frederico V, foi eleito para governar o reino da Boêmia. Junto com a mãe de Elisabeth, Elisabeth Stuart, filha de Jaime I da Inglaterra (Jaime VI da Escócia), Frederico se mudou para Praga em agosto de 1620. O objetivo era sinalizar uma nova era de estabilidade política, fundindo o protestantismo inglês e o continental.

O reinado de Frederico foi inicialmente apoiado por seus colegas nobres, mas eles formaram uma nova aliança depois de descobrir que Jaime I da Inglaterra não havia aprovado a aceitação da coroa da Boêmia por seu genro e não havia oferecido seu apoio. Sabendo que a ajuda e os recursos não viriam de Jaime, as alianças de Frederico desmoronaram e ele perdeu o trono pouco mais de um ano depois. Seu curto reinado lhe rendeu o apelido de "rei do inverno".

Ele teve de fugir e Elisabeth teve de se esconder. Quando Frederico finalmente se instalou em Haia (então sob domínio espanhol, atualmente na Holanda), conseguiu convocar o resto da sua família para se reunir na sua recém-criada "Corte no Exílio". A política mergulhou no caos, e a região, na guerra. Inicialmente, apenas a parte sul da Alemanha foi afetada, mas o conflito se alastrou para uma guerra de grande escala entre a Dinamarca e a Suécia, e acabou por se espalhar pelo norte da Alemanha. A Holanda e a França aderiram a ela tão logo a hegemonia dos Habsburgos entrou em colapso.

Apesar desse cenário tumultuado, Elisabeth, como membra da realeza, foi protegida e recebeu uma boa educação dos seus tutores pessoais. Seus irmãos a chamavam de "*la grecque*" por seu domínio do idioma grego. Seu conhecimento de filosofia era notável. Ela também estudou pintura, música, dança, latim, francês, inglês e alemão – e matemática, que aprendeu com Jan Stampioen, tutor do príncipe Guilherme de Orange, e com o polímata Christiaan Huygens. Elisabeth adorava aprender coisas novas, tanto que aprendeu sozinha até a fazer dissecações em pequenos animais.

Haia era um bom lugar para uma membra da realeza sedenta por conhecimento. Os principais intelectuais da Europa se reuniam ali, e, aos dezesseis anos, Elisabeth começou a organizar debates na Corte no Exílio. Foi ali que ela conheceu René Descartes.

Descartes nasceu no centro da França em 1596 e, quando adulto, viajou para conhecer as cortes e os militares, desejando "misturar-se com pessoas de temperamentos e posições diversos, acumulando diversas experiências, testando-me em situações que a fortuna me oferecia". Foi assim que ele escreveu em *Discurso sobre o método*, seu tratado filosófico e autobiográfico publicado em 1637 que continha a sua frase mais conhecida: *je pense, donc je suis* ("penso, logo existo"). Embora muitas pessoas possam não perceber, a matemática hoje foi tão moldada por Descartes que sem o seu trabalho seria irreconhecível.

Conta-se que Descartes estava deitado de costas, observando uma mosca no teto de azulejos acima de sua cama, enquanto ponderava sobre um pequeno e complicado problema de geometria que remontava aos antigos gregos. O problema é encontrar um conjunto de pontos que satisfaçam algumas restrições simples: dadas duas retas, L_1 e L_2, dois ângulos, θ_1 e θ_2, e uma razão, R, encontre todos os pontos P, de modo que $\frac{d_1}{d_2} = R$, com d_1 e d_2 ligando as linhas, como desenhadas a seguir.

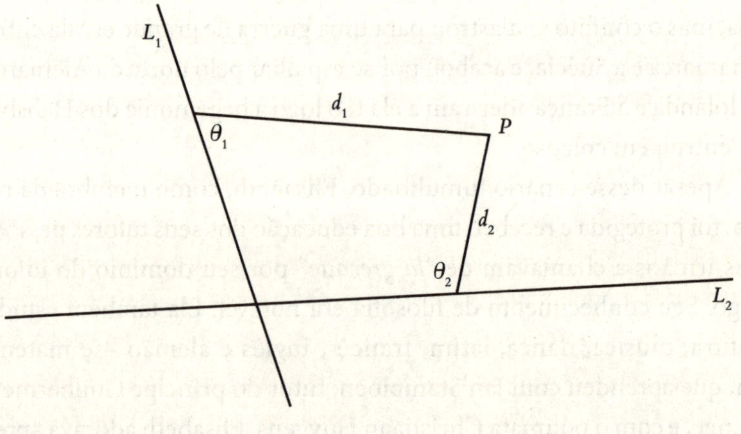

Esse diagrama forçou Descartes a pensar na melhor forma de expressar o problema. Claro, ele poderia desenhar, mas haveria outra maneira?

Enquanto ele refletia sobre o assunto, a mosca decolou de um ladrilho e pousou em outro. Momentos depois, repetiu o movimento. Descartes percebeu que poderia descrever completamente o paradeiro da mosca pensando no teto de azulejos como uma grade. Se ele fixasse o azulejo inicial como zero, poderia dizer que a mosca havia movido *a* azulejos na direção horizontal e *b* azulejos na vertical.

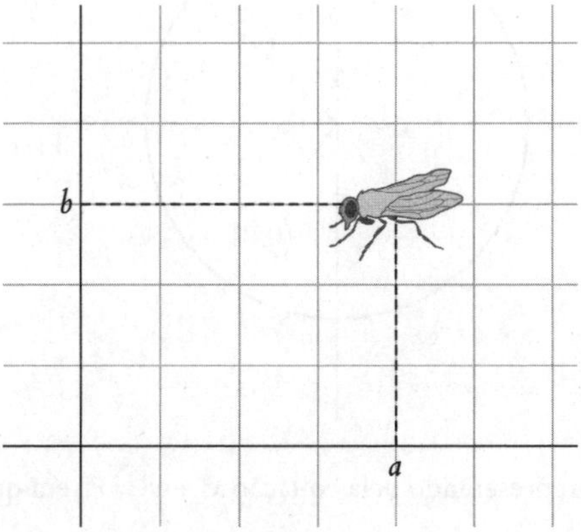

Vale dizer que essa história é provavelmente apócrifa, mas, mesmo assim, mostra como algo tão complicado quanto os movimentos de uma mosca pode ser traduzido para a linguagem matemática. Descartes, de uma forma ou de outra, percebeu que, ao pensar no espaço como uma grade, poderia descrever posições e formas geométricas algebricamente.

Essas "coordenadas cartesianas" foram um enorme avanço na matemática. O sistema era uma ponte entre a álgebra e a geometria, permitindo que problemas de um domínio fossem expressos no outro, duplicando as ferramentas disponíveis para tentar decifrá-los. Veja os círculos, por exemplo. Os matemáticos podiam desenhá-los, mas o sistema de Descartes também permitia descrevê-los usando a álgebra. De repente, puderam usar técnicas algébricas para responder questões de geometria.

Por fim, a inovação de Descartes se tornaria algo tão básico na matemática que é difícil imaginá-la sem ela, mas, na época, poucas pessoas foram capazes de compreendê-la. O intelectual francês Voltaire disse que havia apenas dois homens além de Descartes que compreenderam a obra: Frans van Schooten, na Holanda, e Pierre de Fermat, na França.

Ele pode estar certo sobre os *homens* do mundo, mas Elisabeth da Boêmia certamente também a entendeu.

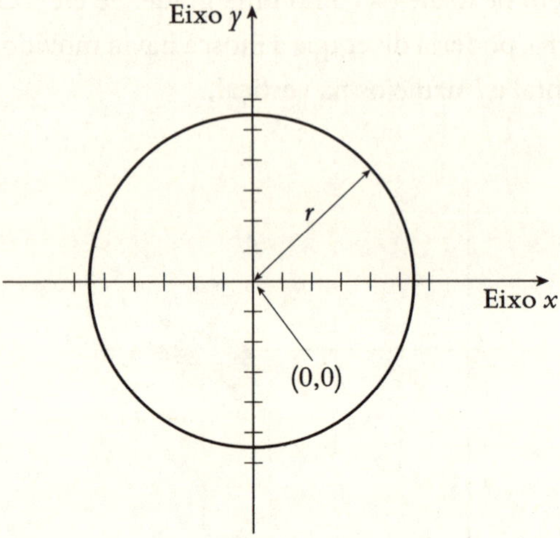

O círculo é representado pela equação $x^2 + y^2 = r^2$, em que r é o raio.

A essa altura, em 1642, Descartes estava com quarenta e poucos anos e havia se mudado para Haia, onde Elisabeth morava. Os dois se conheceram na Corte no Exílio e começaram a se corresponder. Uma carta mostra que se envolviam em discussões robustas sobre filosofia. Elisabeth queria saber a razão pela qual Descartes separou a "mente" humana do "corpo". Ela lhe escreveu perguntando: "Diga-me, por favor, como a alma de um ser humano (sendo apenas uma substância pensante) pode determinar espíritos corporais e assim provocar ações voluntárias".[1] Descartes não tinha uma resposta clara. Então, continuaram a se corresponder e a discutir sobre formas de pensar a mente e o corpo.

Também falavam sobre matemática; Descartes lhe enviou um problema particularmente difícil de resolver, conhecido como o problema de Apolônio, que ele acreditava que revelaria as deficiências de Jan Stampioen como tutor. Os dois homens brigavam porque Stampioen havia publicado um livro sobre álgebra e Descartes sentia que isso invadia seu território. Descartes disse que se sentiu "muito mal" por ter enviado tal problema a Elisabeth, pois não conseguia "ver como até mesmo um anjo poderia resolvê-lo sem algum milagre".[2] A condescendência de Descartes foi totalmente equivocada. Elisabeth não apenas resolveu o problema, mas também usou duas técnicas diferentes para tanto.

O problema de Apolônio não era diferente daquele sobre o qual Descartes vinha pensando com retas; mas, em vez de retas, eram círculos. A tarefa era, dados três círculos, encontrar um quarto círculo cuja circunferência tocasse as circunferências dos outros três círculos.

Uma solução para o problema de Apolônio. Três círculos são pretos; um quarto círculo, tocando os três círculos, é desenhado com uma linha sólida.

A primeira solução de Elisabeth usava régua e compasso. Eram os instrumentos padrão para matemáticos havia milhares de anos, e, usando vários truques inteligentes, ela conseguiu desenhar um círculo que tocava os outros três, como mostrado a seguir. Contudo, o método era um tanto aleatório. Certamente deveria haver um melhor.

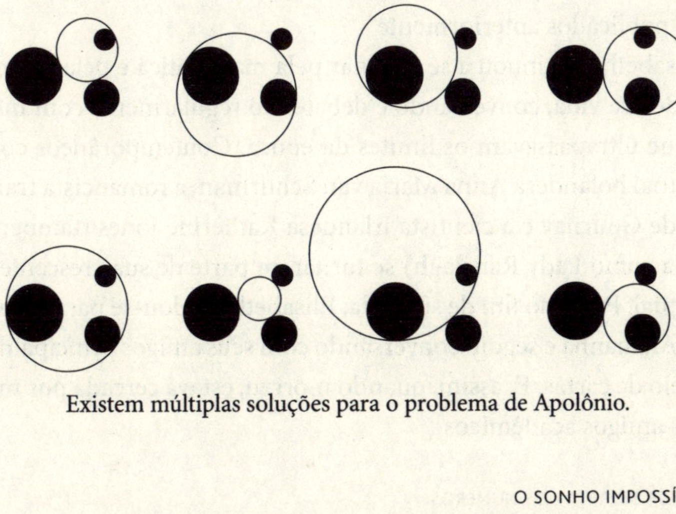

Existem múltiplas soluções para o problema de Apolônio.

Elisabeth recorreu a uma técnica diferente, recém-saída da imprensa matemática: o próprio sistema de coordenadas de Descartes. Lembre-se de que um círculo de raio r tem equação $x^2 + y^2 = r^2$. Para abordar o problema de Apolônio, Elisabeth descobriu que o centro (x,y) do novo círculo e seu raio r estão relacionados aos centros e aos raios dos três círculos dados por

$$(x - x_1)^2 + (y - y_1)^2 = (r + r_1)^2$$
$$(x - x_2)^2 + (y - y_2)^2 = (r + r_2)^2$$
$$(x - x_3)^2 + (y - y_3)^2 = (r + r_3)^2$$

em que r_1, r_2 e r_3 são os raios dos três círculos com seus respectivos centros nas coordenadas (x_1, y_1), (x_2, y_2) e (x_3, y_3), e, semelhantemente, r, x e y descrevendo o quarto círculo.

Cada um dos símbolos + no lado direito pode, na verdade, ser um sinal de mais ou de menos. Elisabeth e Descartes não lidaram com esse último caso, porém, quando se leva em conta essas diferentes possibilidades, há oito conjuntos de três equações, todas as quais podem ser resolvidas usando álgebra para determinar os valores de r, x e y. Em outras palavras, o problema geométrico se tornava algébrico, revelando não apenas uma solução, mas todas elas.

Claramente, Elisabeth era uma matemática talentosa. Descartes prosseguiu com seu trabalho e publicou *Princípios de filosofia* em 1644, que discutia as leis da física, e dedicou-o a ela: "Você é a única pessoa que encontrei até agora que compreendeu por inteiro todos os meus trabalhos publicados anteriormente".

Elisabeth continuou a se fascinar pela matemática e pela ciência ao longo de sua vida, conversando e debatendo regularmente com intelectuais que ultrapassavam os limites da época. Contemporâneos como a intelectual holandesa Anna Maria van Schurman, a romancista francesa Marie de Gournay e a cientista irlandesa Katherine Jones (também conhecida como Lady Ranelagh) se tornaram parte de sua crescente rede intelectual. Perto do fim de sua vida, Elisabeth mudou-se para uma abadia na Alemanha e seguiu conversando com seus amigos principalmente por meio de cartas. E, assim, quando morreu, estava cercada por muitos de seus amigos acadêmicos.

8

OS (PRIMEIROS) PIONEIROS DO CÁLCULO

Havia sido o espetáculo do século. O ano era 1715, e uma disputa que durava décadas estava finalmente chegando ao auge. O que havia começado como uma batalha sobre matemática envolvia tanto política quanto religião. Cada lado sabia que seus legados estavam em jogo e que o resultado repercutiria nas gerações futuras.

No centro da controvérsia estavam dois matemáticos: Isaac Newton e Gottfried Wilhelm Leibniz. A história classificou esses matemáticos como dois dos melhores. Foram prolíficos e fizeram contribuições duradouras que, não é exagero dizer, mudaram o mundo. Porém, na época da disputa, seus lugares na história ainda não estavam garantidos. Para os matemáticos e cientistas da época, "proeminência" em ideias e teoremas era tudo. Hoje é amplamente aceito que quem publica primeiro em uma revista acadêmica tem proeminência, mas, no início do século XVIII, as revistas ainda estavam dando seus primeiros passos e, por isso, não havia uma forma aceita por todos de decidir quem chegava primeiro. Essa disputa específica girava em torno de quem havia inventado o cálculo.

As implicações do cálculo ainda estavam sendo descobertas no século XVIII, mas ele é provavelmente a caixa de ferramentas matemáticas mais importante que temos hoje. Com ela, podemos estudar como as coisas mudam ao longo do tempo. Se parece vago e inespecífico, é porque é. E essa é sua força. Há muitas situações em que a forma como as coisas mudam é a coisa mais importante a estudar do ponto de vista científico, e isso torna o cálculo algo extraordinariamente poderoso. Tudo, desde motores de foguete até a forma como o sangue corre nas veias, pode ser estudado usando essas técnicas. Sem elas, a nossa compreensão do universo seria apenas uma pequena fração do que é hoje.

E assim irrompeu a batalha pelo cálculo. De um lado estava Newton, o queridinho da matemática inglesa; do outro, Leibniz, um polímata alemão que trabalhava como advogado e diplomata e que tinha fortes conexões com a realeza da casa de Hanover. A rivalidade era uma questão de orgulho nacional – uma guerra que nenhum dos lados poderia sequer imaginar perder. Embora um dos dois tenha sido oficialmente declarado vitorioso, a verdade é que tanto Newton como Leibniz poderiam ter sido eliminados, não apenas por uma questão de anos, mas por uma questão de séculos.

O potencial vencedor era um matemático do século XIV chamado Mādhava. Ele dirigia uma escola incrível em Kerala, no sul da Índia, que se tornou um cadinho para matemáticos. Ainda estamos descobrindo quanto Mādhava e a sua escola na Índia sabiam exatamente, mas o que conhecemos até agora é suficiente para reconfigurar a nossa compreensão de um dos avanços mais importantes na história da matemática.

Uma escola em Kerala, na Índia

Kerala é um estado abençoado com terras férteis. Situa-se na costa sudoeste da Índia, de frente para o Mar da Arábia, usado por muito tempo como rota de navegação comercial para outras partes do mundo. Às vezes é chamado de Jardim das Especiarias da Índia, tendo exportado especiarias para outras regiões por pelo menos 5 mil anos. No século XIV, Kerala era composto principalmente de pequenas comunidades agrícolas ao longo da costa. Se o cultivo fosse bom, a vida era boa; no entanto, a área estava sujeita a monções erráticas que podiam causar estragos nas colheitas. A preparação para condições meteorológicas extremas era dificultada pelo fato de as monções parecerem atacar aleatoriamente. Os residentes de Kerala necessitavam de um calendário preciso que os ajudasse a prever as mudanças sazonais e climáticas. E, para isso, recorreram à matemática.

Vista de Calicute, uma das cidades costeiras de Kerala, em 1572. Do atlas de Georg Braun e Frans Hogenberg, *Cidades do mundo.*

Especificamente, recorreram a livros didáticos de matemática escritos em sânscrito que haviam sido trazidos para aquela região de outras partes da Índia. Embora muitos estudiosos possam ter se contentado em escrever comentários e reinterpretações dessas obras, o clima intelectual em Kerala era mais aventureiro. Novas ideias eram incorporadas ao saber coletivo, em parte graças ao fato de a região estar distante do norte, que era politicamente tumultuado. Os estudiosos faziam grandes esforços para apresentar suas descobertas em línguas faladas localmente, como o malaiala. Enquanto em outras partes da Índia o conhecimento matemático e astronômico era reservado às classes superiores que conheciam o sânscrito, em Kerala ele se tornou mais acessível graças a uma escola em Cochim, um dos quatro principados mais relevantes do estado indiano, que se destacou entre os séculos XIV e XVI.

Até onde sabemos, a escola de astronomia e matemática de Kerala não tinha um prédio central, embora existisse um observatório de pequena escala utilizado para recolher dados astronômicos. No entanto, ao longo de muitos anos, os professores desenvolveram ali conhecimentos e ideias matemáticos que depois transmitiram aos seus alunos. Mais tarde, esses alunos se tornaram professores. Cada geração era responsável por transmitir o conhecimento à próxima a fim de mantê-lo vivo – uma tradição conhecida como *guru-shishya*, literalmente "professor-discípulo".

Na escola, os professores divulgavam grande parte do conhecimento em forma de versos e sentenças elaborados com o objetivo de serem fáceis de memorizar. Contudo, mesmo que fosse simples lembrar excertos, interpretá-los não o era. Aqui está um canto que as pessoas usavam para encontrar a circunferência de um círculo:

> Multiplique o diâmetro (do círculo) por 4 e divida-o por 1. Em seguida, aplique separadamente, com sinais negativos e positivos, alternadamente, o produto do diâmetro e 4 dividido pelos números ímpares 3, 5 e assim por diante... O resultado é a circunferência precisa; é extremamente precisa se a divisão for realizada muitas vezes.[1]

O original está em sânscrito e é muito mais rítmico. Mas mesmo na tradução é fácil ver como a matemática era sofisticada. Na notação de hoje, escreveríamos a equação que o canto descreve como a seguir, em que a circunferência é *C* e o diâmetro é *d*.

$$C = \frac{4d}{1} - \frac{4d}{3} + \frac{4d}{5} - \frac{4d}{7} + \frac{4d}{9} \cdots$$

É extraordinário ver como o verso resulta em uma equação com infinitos termos ou em uma série infinita. Quanto mais termos computarmos, mais próxima a série ficará do valor exato da circunferência. O verso também foi mais além a fim de obter o valor do pi, que pode ser facilmente verificado com uma pequena reorganização:

$$\frac{C}{4d} = 1 - \frac{1}{3} + \frac{1}{5} - \frac{1}{7} + \frac{1}{9} \cdots$$

Então, o pi é, por definição, a circunferência dividida pelo seu diâmetro.

$$\frac{\pi}{4} = 1 - \frac{1}{3} + \frac{1}{5} - \frac{1}{7} + \frac{1}{9} \cdots$$

Usando esses mesmos métodos, os matemáticos de Kerala se tornaram proficientes em muitos tipos de matemática, incluindo a geometria e a trigonometria, que usaram para ajudá-los a determinar as posições planetárias e a ocorrência de eclipses.

A maioria dos matemáticos de Kerala provinha da mesma alta casta, a dos brâmanes, que incluía sacerdotes e professores. A maioria era de irmãos mais novos dos primeiros. Os brâmanes tendiam a ser os maiores proprietários de terras, e, no grupo do qual provinham os matemáticos, os Nambudiri Brahmin, eram os filhos mais velhos que geralmente herdavam a riqueza. Uma vez casados, esperava-se que cuidassem da propriedade da família e dos assuntos comunitários e dessem apoio aos irmãos. Os irmãos mais novos não recebiam o mesmo *status* social ou poder e, por isso, muitas vezes, viam o fato de se tornarem estudiosos como uma forma de se estabelecerem. As irmãs, porém, raramente trilhavam o mesmo caminho. Nas primeiras eras da história indiana, as mulheres das classes mais altas desfrutaram de níveis de educação semelhantes aos dos homens, e havia mulheres intelectuais. No entanto, no século XIV, os papéis de gênero se enraizaram, e as mulheres, em sua maioria, foram destinadas às tarefas domésticas.

A escola de Kerala proporcionava uma educação básica para os que podiam pagar e atraía matemáticos talentosos de toda a Índia. As taxas financiavam a escola e apoiavam os alunos residentes. A maioria das pessoas era ensinada por professores não especialistas, mas alguns dos mais talentosos se tornavam membros da escola, o que significa que aprendiam diretamente com os matemáticos de Kerala e se juntavam à linhagem dos *guru-shishya*.

As pessoas na escola usavam folhas de palmeira para registrar seus trabalhos, pois o papel não estava facilmente disponível. Os calendários que mostram as datas da colheita, os festivais locais e o ano-novo eram muitas vezes feitos dessa forma e distribuídos aos residentes de Kerala. A astrologia, amplamente praticada em toda a Índia, ditava os tempos propícios para rituais e observâncias específicas. E isso também dependia de calendários precisos. No entanto, esses calendários não eram feitos para durar séculos; por isso, infelizmente, muitos deles desapareceram há muito tempo, junto com outros da escola de Kerala. Apenas fragmentos sobreviveram.

Não sabemos exatamente como a escola começou. Diz a lenda que tudo teve início mil anos antes de sua ascensão à proeminência, no século XIV. Os primeiros registros que temos são de uma figura do século IV chamada Vararuci, que compôs rimas relacionadas ao ciclo da Lua. Tais *chandravākyas* (literalmente, "frases lunares") eram mnemônicos para ajudar a determinar a posição da Lua em uma determinada época do ano. Mas se passaria um milênio até que, com a ascensão de um matemático influente chamado Mādhava, a escola realmente começasse a impressionar.

Mādhava nasceu por volta de 1340 na vila de Sangamagrama, no centro de Kerala. Nessa época, a matemática já estava bem desenvolvida e compreendida na Índia, em parte por causa do trabalho lendário do verdadeiro amante do zero, Brahmagupta. Mādhava era brâmane e passou toda a vida na propriedade de sua família. Seu *status* social e sua riqueza lhe permitiam bastante tempo para perseguir sua paixão pela astronomia e pela matemática. Ele fez observações e cálculos da posição exata da Lua e começou a transmitir novos conhecimentos sobre cálculos matemáticos aos seus alunos.

Muito do que sabemos sobre ele se deve aos *guru-shishya*; suas obras só foram registradas em forma de livro mais tarde – por exemplo, por seu aluno Paramesvara de Vatasseri, que compilou um livro didático no século XV a partir de ensinamentos transmitidos pela escola. Esse livro se tornou um guia de referência para uma agricultura eficiente visando ao cultivo de arrozais e terras secas, por exemplo. O tratado de Paramesvara também incluía regras básicas de aritmética, tais como a interação das adições e das multiplicações, os eclipses do Sol e da Lua e um cálculo para determinar a longitude de Kerala.

Dois outros livros, *Uma compilação do sistema astronômico* e *Raciocínios em astronomia matemática*, dos matemáticos Nilakantha e Jyesthadeva, respectivamente, reuniam muitos resultados importantes que eram transmitidos de professor para aluno. *Raciocínios em astronomia matemática* é um livro particularmente peculiar porque contém provas de seus teoremas. Os trabalhos astronômicos também apresentam semelhanças com o trabalho do astrônomo dinamarquês Tycho Brahe, discutido no Capítulo 9, que viveu um século depois.

Então, o que dizer das reivindicações ao cálculo? Para isso, voltemos à série infinita para calcular o $\frac{\pi}{4}$ descrita anteriormente.

$$\frac{C}{4d}=\frac{\pi}{4}=1-\frac{1}{3}+\frac{1}{5}-\frac{1}{7}+\frac{1}{9}\cdots$$

Essa é agora chamada de série Mādhava e é apenas uma das muitas que a escola de Kerala conhecia e compreendia, sugerindo que não a tinham descoberto aleatoriamente, mas sim que haviam elaborado alguma teoria subjacente a ela. Na verdade, as provas contidas em *Raciocínios em astronomia matemática* o confirmam. E o que era necessário para deduzir essas fórmulas? O cálculo.

Ou, certamente, os fundamentos do cálculo. As deduções utilizam ferramentas intrínsecas ao cálculo, como somatórios, taxas de variação e determinação de limite – ferramentas que Newton e Leibniz encontrariam séculos depois.

O que é cálculo?

Muitas pessoas têm medo do cálculo. Fórmulas estranhas com pouco significado óbvio são suficientes para deixar qualquer pessoa preocupada ou fazê-la se afastar completamente da matemática. Isso é compreensível e, ao mesmo tempo, uma farsa. Embora os detalhes do cálculo possam ser um pouco estranhos, conceitualmente não apenas ele é fácil de entender, mas também extremamente elegante e bonito. Alguma coisa na forma de ver como o cálculo combina as coisas com perfeição é simplesmente mágica.

Em sua essência, o cálculo é, na verdade, apenas uma consequência da ideia de que é melhor dividir grandes problemas em problemas menores. Para ver isso em ação, vamos começar com um bolo. Nosso bolo é um cilindro perfeito (porque foi feito pela Kate, e não pelo Timothy) de raio r.

Além do sabor (ótimo!), uma coisa óbvia a perguntar é: quanto bolo tem no nosso bolo? Em outras palavras, qual é o volume do nosso bolo? Inspirados pela ideia de que é melhor dividir grandes problemas em problemas menores, vamos tentar dividi-lo. Se o juntarmos de novo em uma forma diferente, podemos dizer que, visto de cima, parece um paralelogramo, mas com o topo e a base curvos.

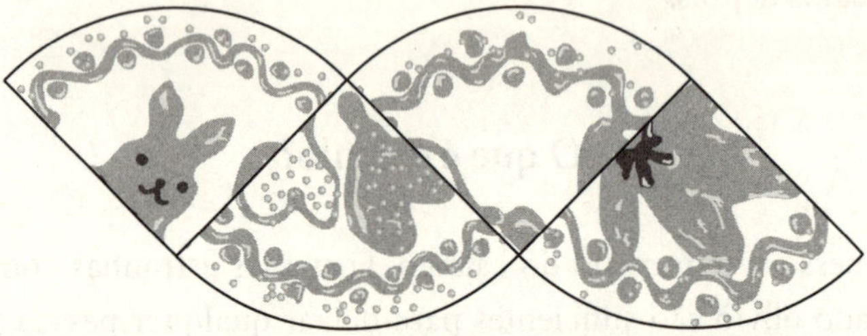

Bem, se parece um pouco com um paralelogramo. Mas, se cortarmos o bolo em pedaços menores, ele começará a se parecer mais com um.

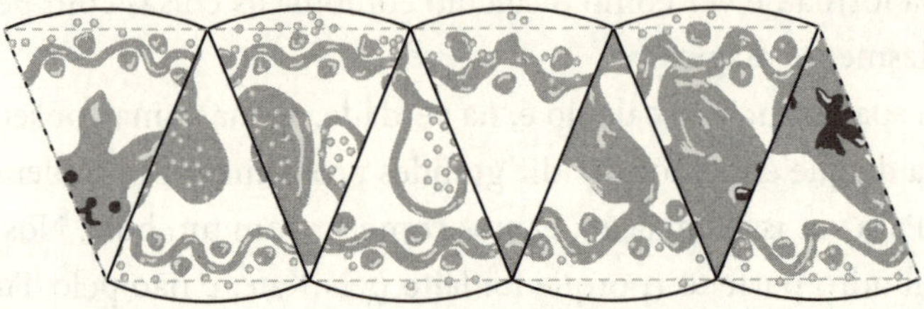

O salto do cálculo foi continuar cortando o bolo, tornando os pedaços cada vez menores. A cada diminuição no tamanho das fatias, as curvas na parte inferior e superior se tornam menos pronunciadas, o que significa que, se pudéssemos cortar o bolo infinitamente, acabaríamos com um paralelogramo totalmente autêntico.

É claro que na vida real não podemos cortar um bolo em infinitas fatias, mas matematicamente sim, de modo que é possível concluirmos que a área do topo do bolo é igual à área desse paralelogramo.* E, feliz-

* Lidar com o infinito é uma tarefa complicada. Funciona muito bem aqui, mas há muitos exemplos em que isso não acontece. Portanto, em vez de apenas "imaginar" o que acontece,

mente, a área de um paralelogramo é fácil de calcular: é apenas a largura multiplicada pela altura.

A altura desse paralelogramo em específico é o raio do bolo menos um pouco – a diferença entre uma linha reta vertical atingindo a linha pontilhada ou a curva. Chamemos essa diferença de *dr*.

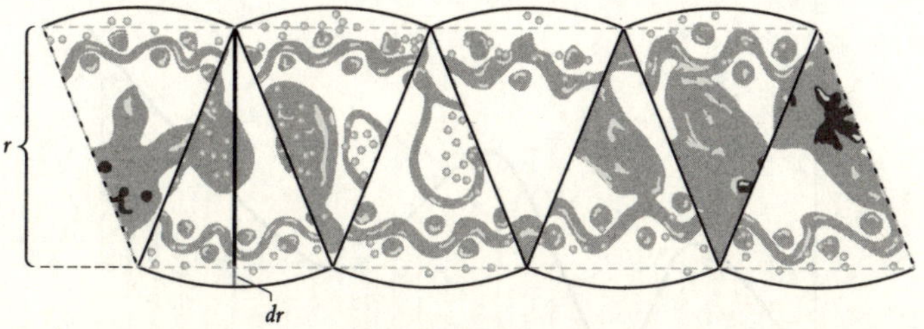

Medir *dr* seria um tanto chato, porém felizmente não precisamos nos preocupar muito. É claramente um número pequeno, mas, quanto menores forem nossas fatias, menor será o *dr*. E, à medida que nos aproximamos do infinito, *dr* se aproxima de zero. Isso significa que a altura do paralelogramo pode ser considerada igual a *r*.

A largura do paralelogramo é metade da circunferência do bolo. Se você olhar apenas a parte superior, por exemplo, verá que ela é composta pelas bordas de metade das fatias. A circunferência de um círculo é dada por $2\pi r$, então nossa largura, sendo metade disso, é πr. Portanto, fazendo largura vezes altura, nosso paralelogramo tem uma área de πr^2.

Claro, essa é a fórmula para a área do círculo, como seria de esperar. Mas a maneira como ela surge desse processo é simplesmente incrível. Em vez de simplesmente regurgitá-la, deduzimos a área de um círculo usando os princípios do cálculo – e da confeitaria.

Então, só falta multiplicar pela altura do bolo, *h*, para obter a fórmula do volume do nosso bolo, $\pi r^2 h$. Agora, não só sabemos um pouco de cálculo como também quanto bolo tem no nosso bolo.

Mas podemos ir mais longe. À medida que os pedaços que usamos para aproximar o tamanho do bolo vão ficando cada vez menores, ficamos cada vez mais próximos do tamanho exato do bolo – essa é a

---

existe uma teoria rigorosa que sustenta tudo isso a fim de garantir que as coisas não corram mal. O assunto é chamado de "análise matemática", caso você esteja interessado em saber mais.

genialidade do cálculo. A ideia de imaginar o que aconteceria quando nos aproximássemos do infinito é conhecida pelos matemáticos como encontrar o limite, e o resultado aqui foi uma técnica chamada de integração, que é extremamente versátil para encontrar áreas de gráficos.

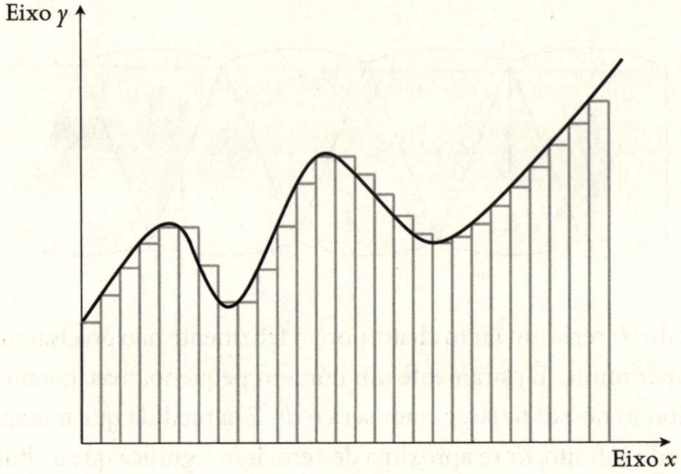

Usando a mesma abordagem, a área sob um gráfico como o apresentado pode ser aproximada usando formas simples, como retângulos – quanto mais retângulos você tiver, mais próximo estará da área exata sob o gráfico. Normalmente, os matemáticos escrevem as larguras dos pequenos retângulos como dx e, se chamarmos a curva de $f(x)$, a integral é escrita como $\int f(x)dx$.

Esses símbolos podem ser familiares para você ou não, mas não são especialmente importantes para a compreensão conceitual desse processo. Para isso, tudo o que você precisa entender é que, ao calcular a área de um gráfico, há uma técnica de cálculo chamada integração que usa infinitas aproximações – e que calcular a área sob um gráfico costuma ser muito útil.

O cálculo tem mais um conceito fundamental que ainda não abordamos. Há limites, integração e, por fim, diferenciação. Esta última é uma espécie de processo inverso à integração (essa relação é conhecida como teorema fundamental do cálculo) e utiliza limites para calcular o gradiente de uma curva.

Para ver a diferenciação em ação, vamos fazer uma viagem em um trem-bala japonês. Ele viaja a velocidades de até 320 km/h. Quanto mais rápido o trem chegar ao seu destino, mais felizes ficarão os clientes - que podem, no entanto, ser exigentes. Se o trem atingir a velocidade máxima muito rápido, todos (e o carrinho de bebidas) serão lançados para trás, esmagando-os (e os encharcando). Portanto, para evitar que isso aconteça, a companhia ferroviária deve garantir que a velocidade do trem não mude muito rapidamente. Mas como podem medir com precisão?

Aqui está um gráfico de uma abordagem para fazer o trem se mover rapidamente. Acelere rápido no início e depois vá aumentando lentamente até a velocidade máxima.

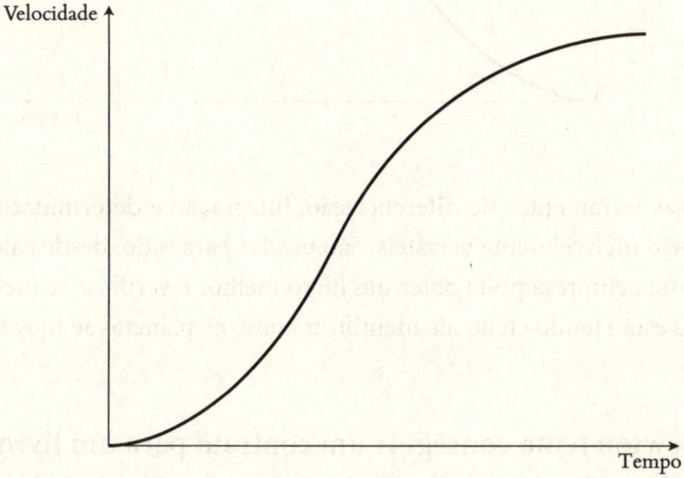

Para medir a aceleração do trem em qualquer ponto, a companhia ferroviária precisa saber a rapidez com que a velocidade do trem está mudando, o que é determinado pela inclinação do gráfico. No entanto, medir a inclinação de gráficos curvos é complicado; assim, uma maneira de aproximar é traçar uma linha reta entre dois pontos e, em vez disso, medir a inclinação dela.

Agora já temos uma aproximação, mas, quanto menor for o intervalo entre os dois pontos que escolhemos, mais próximo estaremos da inclinação exata no ponto de interesse (e, portanto, da aceleração naquele instante). Se fizermos isso até o infinito, ou seja, se encontrarmos o limite, obteremos o valor exato dessa taxa de mudança, geralmente escrita como $\frac{dv}{dt}$ para denotar a mudança de velocidade ao longo do tempo.

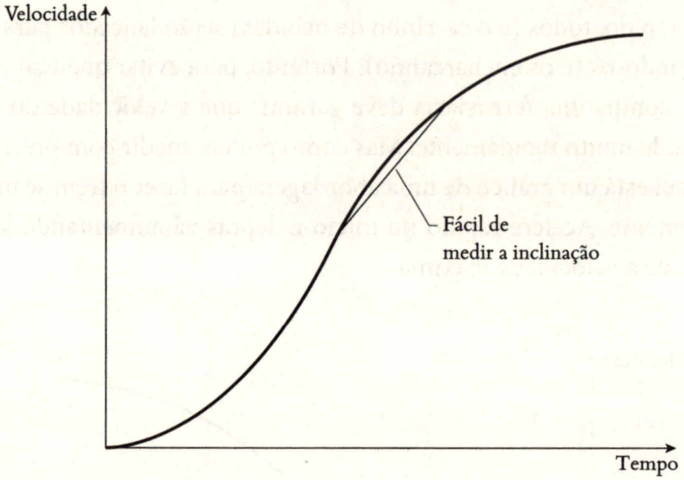

Essas ferramentas de diferenciação, integração e determinação de limite são incrivelmente versáteis. São usadas para tudo, desde calcular como uma empresa pode obter um lucro melhor e verificar se medicamentos estão tendo efeito até identificar como os planetas se movem.

Newton tenta conseguir um contrato para um livro

E isso nos leva de volta a Newton e a Leibniz. Em 1665, Newton estava prestes a fazer uma grande descoberta. Ele tinha ainda vinte e poucos anos e acabara de se formar no Trinity College, em Cambridge, onde estudou uma variedade de matérias, entre elas filosofia, matemática e astronomia. Estava pronto para se dedicar à pesquisa em Cambridge, mas uma peste havia atingido a Inglaterra e o país se via em meio ao pior surto de doença desde a Peste Bubônica de 1348. Só Londres perderia quase um quarto de sua população. E, assim, a universidade foi fechada.

Newton voltou para a sua cidade natal, Woolsthorpe, em Lincolnshire, East Midlands, onde tinha poucos laços familiares nos quais se apoiar. Seu pai morrera três meses antes de ele nascer e sua mãe o abandonara quando ele tinha apenas três anos por insistência do novo marido. Ela o enviara para a casa da avó, por isso ele se ressentia dela. Newton acreditava que sua avó era rica o suficiente para sustentá-lo, mas que tinha optado por não lhe dar apoio. Em vez disso, antes de ganhar uma bolsa de estudos, ele tinha de ser um *sizar* – uma pessoa que ganhava seu sustento servindo estudantes mais ricos. Assim, Newton estava sozinho quando voltou para Lincolnshire e ficou na casa do sr. Clark, o farmacêutico da cidade.

Matematicamente falando, ele estava no auge de sua vida. Mais tarde, escreveu que se concentrava mais durante esse período em Lincolnshire do que em qualquer outro período posterior.

Começou estudando o trabalho de gigantes matemáticos europeus do século XVII, como Frans van Schooten, René Descartes e Pierre de Fermat, entre outros. Em seus livros, aprendeu os fundamentos da matemática renascentista e do sistema de coordenadas de Descartes. Também aprendeu maneiras de calcular tangentes. Tangentes seriam cruciais para o cálculo porque representavam a taxa de variação de uma curva. Pelas suas anotações, parece que Newton passou a maior parte do tempo pensando de forma abstrata, mas, provavelmente, também tinha em mente os problemas de física que sabemos que o interessavam, por exemplo, o modo como uma maçã cai de uma árvore* ou como um planeta orbita o Sol. Ambos dizem respeito a taxas de mudança, e nenhuma matemática da época conseguia lidar adequadamente com essas situações.

Na Europa, os matemáticos anteriores a Newton descobriram formas de determinar as tangentes, mas os métodos que eles criaram não eram particularmente robustos, funcionando em algumas circunstâncias, mas não em outras. Ao entender quando esses métodos funcionavam e quando não funcionavam, Newton desenvolveu seu próprio método, que era geral. Não funcionava apenas para algumas curvas, como os métodos de seus antecessores, mas para qualquer curva. Newton já sabia, a essa altura, que as tangentes e as áreas sob curvas são coisas opostas. Assim, ao fazer progressos nas tangentes, ele também fazia progressos na determinação da área de uma curva, outra parte crucial do cálculo.

---

* Pelo que sabemos, uma maçã nunca caiu em sua cabeça.

Retratos da Royal Society de Newton (*à esquerda*) e de Leibniz (*à direita*).

Ele reuniu essas ideias em dois livros. Porém, como muitos aspirantes a escritor, inicialmente ele não teve muita sorte em encontrar uma editora. O Grande Incêndio de Londres em 1666 devastou os editores; assim, eles não podiam mais se dar ao luxo de publicar livros de matemática, que eram vistos tolamente como de "venda lenta".* No entanto, enquanto os manuscritos de Newton permaneciam adormecidos e não publicados, outra pessoa estava ocupada fazendo descobertas sobre as tangentes e as áreas sob curvas em um gráfico próprio.

Leibniz constrói uma máquina matemática

Gottfried Wilhelm Leibniz foi uma criança precoce. Em 1661, aos catorze anos, já estudava filosofia na Universidade de Leipzig. Embora pareça muito jovem, isso não era tão incomum na época. O que é mais surpreendente, dado o seu lugar na história, é que a sua universidade era fraca em matemática. O curso envolvia muito material sobre retórica,

* Felizmente, as coisas mudaram!

latim, grego e hebraico, mas era fraco quando se tratava das coisas boas. Ele teria de aprender matemática sozinho.

Leibniz terminou sua graduação de dois anos, passou a estudar direito e fez doutorado em 1667. Após a formatura, iniciou sua carreira jurídica, morando em vários lugares da Alemanha, incluindo Mainz, onde acabou se dedicando à diplomacia e se tornando secretário do político Johann Christian von Boineburg. Lançou-se de cabeça no mundo da diplomacia, culminando num plano audacioso no fim de 1671.

Ao ouvir sobre a intenção do ambicioso rei francês Luís XIV de invadir a Holanda, decidiu tentar convencer Luís a invadir o Egito. Esperava que isso ajudasse a proteger a Alemanha de qualquer guerra ou invasão potencial. Leibniz foi a Paris para estabelecer contato com o governo francês na condição de representante do seu governador local. Devido à Guerra Franco-Holandesa de 1672, demorou algum tempo até que tivesse a oportunidade de contatar o governo de Paris; por isso, nesse meio-tempo, começou a estudar matemática e física com o polímata holandês Christiaan Huygens. Embora tenha tido pouca sorte em seu plano de desviar as atenções para o Egito (Luís XIV invadiu a República Holandesa), Leibniz se encantou pela matemática.

Fez uma viagem para Londres a negócios diplomáticos em 1673 e aproveitou a oportunidade para contatar matemáticos da Royal Society e mostrar uma invenção recente, que ajuda a explicar as motivações matemáticas de Leibniz. A invenção foi a primeira calculadora capaz de realizar as quatro operações aritméticas: adição, subtração, multiplicação e divisão. Chamada de calculadora escalonada, era uma engenhoca baseada em uma série de engrenagens e mostradores que, uma vez ajustados, podiam realizar operações aritméticas. Embora o projeto fosse bom, construí-lo estava muito além das capacidades da época, e por isso as máquinas não funcionavam de maneira confiável. No entanto, o mecanismo central, conhecido como roda de Leibniz, foi usado em máquinas de calcular durante centenas de anos. A Royal Society ficou impressionada, elegendo-o membro em 1673.

Leibniz voltou-se para a geometria. Concentrou-se em melhorar os métodos de calcular a área sob uma curva. Assim como Newton, descobriu que a matemática então existente funcionava em alguns casos, mas não em outros, e conseguiu desenvolver uma teoria mais geral do

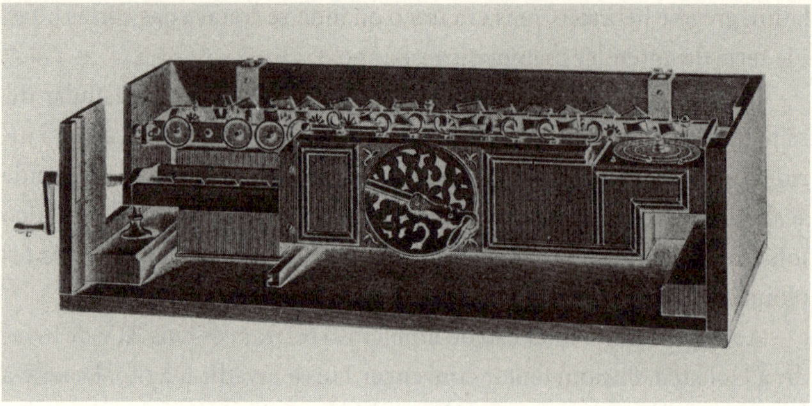
Calculadora escalonada.

cálculo. Essa abordagem era oposta à de Newton, mas igualmente eficaz. Ao fazer progressos no cálculo da área sob uma curva, Leibniz fez avanços na descoberta das tangentes.

Sua motivação era menos a física e mais a mecanização das regras da lógica. Tal como aconteceu com a sua calculadora escalonada, Leibniz aspirava a fabricar máquinas que pudessem realizar todos os tipos de cálculos. Isso o levou a descrever uma espécie de aritmética para ser usada em seus métodos de encontrar a área sob uma curva e as tangentes. Ele descobriu diversas regras de diferenciação e de integração e, ao mesmo tempo, simplificou a notação de uma maneira que não foi melhorada desde então. Em apenas algumas semanas, cunhou os símbolos e as convenções que usamos ainda hoje, centenas de anos depois. Aquele símbolo grande em forma de S que denota integração? Coisa do Leibniz. Leibniz e Newton chegaram essencialmente à mesma ideia matemática, apenas apresentada de maneiras diferentes.

O velho sarcasmo inglês

Newton e Leibniz não tinham exatamente um relacionamento amigável. No início do século XVIII, trocaram diversas cartas, mas elas consistiam principalmente em Leibniz tentando impressionar Newton, e Newton respondendo com indiferença, zombaria e franca hostilidade.

Num caso, Leibniz enviou a Newton alguns dos seus resultados sobre séries infinitas – como aquelas conhecidas na escola de Kerala. Leibniz esperava impressionar, mas, em vez disso, o que recebeu em troca só pode ser descrito como o velho sarcasmo inglês: "Três métodos para chegar a séries desse tipo já me eram conhecidos, de modo que dificilmente eu poderia esperar que surgisse um novo".[2] Em outras palavras, Newton não apenas já conhecia a matemática que Leibniz lhe enviara, mas também conhecia três outras maneiras de chegar à mesma conclusão. Leibniz chegara atrasado à festa.

O sarcasmo de Newton continuou. Em vez de terminar a carta enviando a Leibniz algo de matemática sobre a teoria subjacente que o ajudaria, ele escreveu: "A base dessas operações é bastante evidente, na verdade; mas, porque não posso dar a explicação agora, preferi ocultá-la assim: 6accdae13eff7i3l9n4o4qrr4s8t12vx".[3] Era uma provocação. A estranha sequência de letras e números era uma mensagem codificada em latim para o teorema fundamental do cálculo.

A essa altura, parece que nem Newton nem Leibniz sabiam até que ponto o outro tinha desenvolvido sua própria versão do cálculo. Isso mudou quando Leibniz publicou um artigo delineando as suas ideias em 1686 na revista científica *Acta Eruditorum*. Embora não esteja claro se e quando Newton a leu, outros matemáticos certamente a leram e deram declarações públicas de má-fé, alegando que Leibniz havia roubado as ideias de Newton. O marquês de l'Hôpital disse que, embora preferisse as notações de Leibniz, Newton deveria receber todo o crédito pelo trabalho. Outro matemático, Nicolas Fatio de Duillier, sugeriu que Leibniz havia cometido plágio, declarando que "Newton foi o primeiro, e por muitos anos o mais antigo, inventor do cálculo".

Leibniz não ficou quieto. Ele era então o primeiro presidente da Academia de Ciências de Berlim e um intelectual famoso. Ao receber uma cópia impressa de um dos livros recentemente publicados de Newton, *Opticks*, Leibniz publicou anonimamente uma crítica na qual escrevia que Newton tinha feito um "uso elegante" das ideias de Leibniz. Seu amigo Johann Bernoulli, um matemático suíço, veio em auxílio de Leibniz e atacou Newton, dizendo que ele não havia usado as técnicas de cálculo em seu livro anterior *Principia* e que, portanto, não poderia ter sido o primeiro a usá-las. Então John Keill, um matemático da Royal Society, entrou na briga. Ele defendeu o trabalho de Newton e disse que "a mesma aritmética... fora posteriormente publicada pelo sr. Leibniz nas *Acta Eruditorum* tendo mudado o nome e os símbolos".[4] Como Leibniz havia se tornado membro da Royal Society e Keill era membro dela, Leibniz pediu uma retratação à Sociedade.

Um comitê foi formado para que os membros decidissem de uma vez por todas quem tinha o direito de chamar o cálculo de seu. Infelizmente para Leibniz, porém, Newton tinha uma vantagem só sua: era o presidente da Royal Society. Em março de 1712, Newton entregou ao comitê documentos que acreditava estabelecerem que ele inventara o cálculo primeiro. Então redigiu um relatório em nome da comissão para uma circulação mais ampla. Sem surpresa, concluía: "O sr. Newton inventou-o primeiro".[5]

No entanto, esse não foi o fim da disputa. A querela deixou de ser uma questão de matemática e passou a ser uma questão de política quando Caroline, a princesa de Gales, entrou na briga.

Originária da Alemanha, Caroline ficou órfã quando era adolescente e cresceu em Hanover sob os cuidados de Sophia Charlotte, a rainha da Prússia. Leibniz foi tutor pessoal de Sophia Charlotte e ela transmitiu seus ensinamentos a Caroline. Caroline e Leibniz mais tarde se tornaram amigos. Quando Sophia Charlotte morreu, Caroline tornou-se, por sua vez, patrona de Leibniz. A sua amizade intelectual fortaleceu e persistiu até Caroline e o seu marido, George, se mudarem para Londres após a morte da rainha Anne em 1714.

Agora que Caroline estava em Londres, intelectuais proeminentes procuraram distanciá-la de Leibniz e instaram-na a apoiar Newton. O influente filósofo e clérigo Samuel Clarke se encontrou pessoalmente com Caroline para lhe explicar o trabalho dos matemáticos britânicos e levou Newton consigo.[6]

A rivalidade entre Newton e Leibniz se tornou mais desagradável porque era alimentada por ideias opostas sobre religião – Leibniz acreditava na reunificação das igrejas protestantes; Newton, não. Leibniz escreveu para Caroline atribuindo a Newton e a seus seguidores a culpa pela decadência religiosa que se via na Inglaterra. Ela mostrou a carta a pessoas em Londres, entre elas Samuel Clarke, e isso foi considerado um grande insulto.

Caroline, princesa de Gales. Pintura de Godfrey Kneller de 1716.

Caroline não tomou partido. Ela frequentemente discutia com Clarke e até com Newton enquanto continuava a trocar opiniões com Leibniz por meio de cartas. O seu desejo não era reivindicar uma vitória para Leibniz; ela trabalhava como árbitra e moderadora, tentando encontrar um terreno comum e fazer a paz entre eles. Escreveu em abril de 1716: "Estou desesperada porque pessoas de tão grande conhecimento como você e Newton não se reconciliam. O público se beneficiaria imensamente se isso acontecesse".[7] Infelizmente, a reconciliação nunca foi possível. Tanto Newton quanto Leibniz continuaram a afirmar, até a morte, que cada um deles havia sido o primeiro inventor do cálculo.

O veredito

Hoje é amplamente aceito que Leibniz e Newton trabalharam no cálculo independentemente um do outro e com base no trabalho de outros que vieram antes deles. A história se concentrou em suas histórias, apresentando-as como uma luta épica entre dois gênios e gritos de plágio espalhados indiscriminadamente. É errado afirmar que as origens do cálculo estão em Leibniz ou em Newton, pois uma coisa é certa: nenhum deles foi o primeiro. Mas também é errado dar todo o crédito à escola de Kerala.

O cálculo é uma caixa de ferramentas ampla e diversa e, como tal, tem origens amplas e diversas. O próprio Newton disse a famosa frase: "Se vi mais longe foi por estar sobre ombros de gigantes".[8] Os gigantes foram os matemáticos e professores que vieram antes dele e transmitiram seu trabalho às gerações futuras. É sempre assim que acontece em qualquer desenvolvimento da matemática. O progresso nesse assunto é uma caminhada longa e tortuosa em direção à verdade, e devemos estar atentos para levar a sério as contribuições daqueles que fizeram avanços ao longo do caminho, e não apenas as daqueles que deram os passos finais.

No início do século XIX, quando o funcionário público inglês Charles Whish trouxe ao Ocidente, pela primeira vez, o trabalho da escola de Kerala, foi recebido com ceticismo. Ele o descobriu enquanto trabalhava em Madras. Um de seus *hobbies* era colecionar manuscritos em folhas de palmeira* e, como linguista, sabia ler tanto sânscrito quanto malaiala. Num ensaio de 1834, comparou o conhecimento coletivo da matemática indiana até então, o da escola de Kerala e de outros lugares, com a matemática europeia do mesmo período. Pelo que sabemos, foi o primeiro a fazê-lo; além disso, concluiu que a matemática indiana era mais avançada. Isso desafiava enormemente a visão eurocêntrica do desenvolvimento científico e o preconceito contra os indianos. Contudo, no auge do imperialismo europeu, poucas pessoas estavam dispostas a analisar as evidências.

Mais recentemente, o matemático George Gheverghese Joseph, nascido em Kerala, chamou a atenção para isso. Ele afirma que, com muita

---

* Desses, 195 estão atualmente em posse da Royal Asiatic Society da Grã-Bretanha e da Irlanda.

frequência, as histórias da matemática se centram na Europa e destaca os perigos de transmitir a ideia de que a matemática europeia era a mais avançada do mundo. Em *Uma passagem para o infinito* (2009), ele argumenta que havia um caminho traçado pelo conhecimento desde a Índia até o Ocidente. Assim, em vez de desenvolver o cálculo na Europa de forma isolada e independente, Leibniz e Newton poderiam ter sido influenciados pela escola de Kerala. Essa alegação não é totalmente sustentada pelas evidências existentes e ainda está sob investigação. Contudo, sua ideia de que a matemática tem muitas origens abriu caminho para que os historiadores pensassem mais sobre as raízes não ocidentais da matemática.

Ainda há trabalho a ser feito para entender exatamente quem sabia o quê e quando. No entanto, revisões de nossa perspectiva da história da matemática não deveriam ser uma surpresa. Muitos acadêmicos ocidentais defenderam por muito tempo a visão tacanha e eurocêntrica de que as pessoas fora do Ocidente não tinham interesse na ciência, na matemática e no mundo. E elas tampouco deveriam ser um desafio indesejável. A ideia de que uma escola na Índia possa ter passado o bastão a Newton e Leibniz é uma possibilidade interessante. É também uma ideia que se ajustaria muito bem à forma maravilhosamente caótica como a matemática avança. Embora a matemática seja muitas vezes apresentada como sequências lógicas e organizadas de ideias, provas e teoremas, sua história nunca é tão simples.

9
NEWTONIANISMO PARA SENHORAS

No fim do século XVI, Marte estava causando alguns problemas. Os irmãos astrônomos dinamarqueses Sophia e Tycho Brahe fizeram milhares de medições incrivelmente detalhadas de corpos celestes na ilha sueca de Hven, que estava então sob domínio dinamarquês. Tycho recebia importante apoio do rei Frederico II da Dinamarca e da Noruega e construiu lá, sem dúvida, o melhor observatório do mundo. Ele estava tentando confirmar qual modelo do sistema solar estava correto: o de Ptolomeu, que colocava a Terra no centro, ou o de Copérnico, que tinha o Sol no centro. Sophia era uma das colegas de maior confiança de Tycho.

Nenhuma das visões parecia ser capaz de explicar Marte adequadamente. As previsões de onde o planeta deveria estar ao longo do ano seriam mais tarde consideradas erradas em vários níveis. A precisão era extremamente importante para os Brahe – não poderia ter sido um erro humano, poderia? Finalmente, Tycho desistiu e passou o problema de Marte para um de seus assistentes, o jovem Johannes Kepler.

Kepler era diligente e preciso, mas também tinha mais inclinação a desafiar suposições fundamentais do que seu mentor. Tanto Ptolomeu quanto Copérnico insistiam que as órbitas dos corpos celestes se formam a partir de círculos perfeitos, mas Kepler questionou se isso era realmente verdade. Ele reexaminou as observações e, para sua surpresa, a mudança para órbitas elípticas – na verdade, círculos achatados – reduzia o erro em um fator de dez. A ideia de órbitas elípticas foi inicialmente proposta pelo astrônomo da corte al-Ṣābi' Thābit ibn Qurrah

Tycho Brahe e Sophia Brahe. A dupla tinha outros oito irmãos e cerca de dez anos de diferença de idade. Sophia ficou viúva, teve um filho e estudou horticultura, química e astronomia. Ela foi educada por Tycho, mas também comprava livros de astronomia escritos em latim, que ela traduzia para o alemão.

al-Ḥarrānī, no século IX, na Casa da Sabedoria, embora ainda não fosse amplamente aceita.

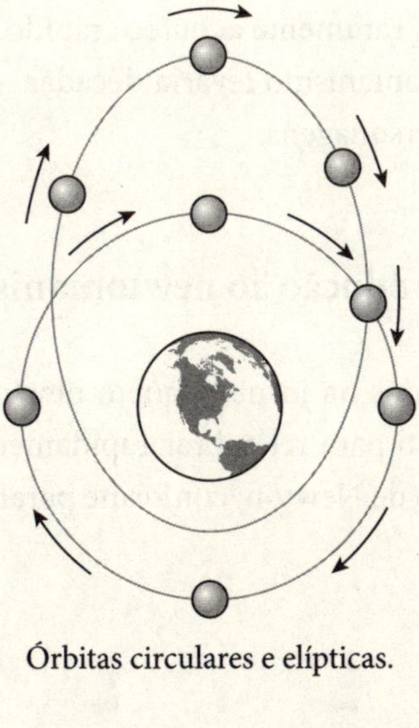

Órbitas circulares e elípticas.

Até então, a visão predominante era a de que os círculos tinham, de algum modo, uma forma divina. Porém, as órbitas elípticas estavam correspondendo às observações de Kepler. Para descobrir o porquê, o mundo precisava do cálculo.

Parte da motivação original de Newton para desenvolver a sua forma de cálculo foi compreender melhor o universo. Antes dele, muitas pessoas acreditavam que era perfeitamente razoável descrever diferentes formas de movimento de maneiras diversas. Por que as leis que descrevem o modo como os planetas se movem seriam as mesmas que determinam o modo como uma maçã cai de uma árvore? Mas Newton acreditava no contrário. "Para os mesmos efeitos naturais, devemos, na medida do possível, atribuir as mesmas causas", escreveu ele em sua *magnum opus*, os *Principia*.[1] Em outras palavras, movimento é movimento, não importa o que aconteça.

Esse princípio o levou a criar as leis do movimento que estão no cerne da mecânica newtoniana. Elas descrevem os princípios básicos que Newton acreditava regerem todo movimento. A partir delas, foi capaz de derivar a Lei da Gravitação Universal – essencialmente uma equação que descreve como os objetos agem sob a influência da gravidade. Essa equação mostrou categoricamente que Kepler estava certo: os planetas seguem órbitas elípticas porque satisfazem as leis do movimento.

A mecânica newtoniana foi uma teoria matemática extremamente poderosa que impulsionou a física por centenas de anos. A derrubada de um consenso, porém, raramente acontece rápido. Convencer os outros da utilidade do newtonianismo levaria décadas – e abarcaria um conjunto incomum de personagens.

Introdução ao newtonianismo

Antes de prosseguirmos na jornada que o newtonianismo fez, vamos reservar um momento para relembrar rapidamente o que ele envolve. As leis do movimento de Newton, conforme parafraseadas pela NASA,[2] são as seguintes:

1ª Lei. Um objeto em repouso permanece em repouso e um objeto em movimento permanece em movimento, em velocidade constante e em linha reta, a menos que seja influenciado por uma força em desequilíbrio.

2ª Lei. A aceleração de um objeto depende da massa do objeto e da quantidade de força aplicada.

3ª Lei. Sempre que um objeto exercer uma força sobre outro objeto, o segundo objeto exercerá uma força igual e oposta sobre o primeiro objeto.

A primeira Lei de Newton diz essencialmente que sempre é necessária uma força para mover um objeto estacionário ou para mudar a maneira como um objeto em movimento se move. Isso é bastante simples, mas pode deixar você se perguntando por que não implicaria que, se você rolasse uma bola pelo chão, ela continuaria rolando para sempre. As forças nem sempre são facilmente detectadas. Nesse caso, uma bola rolando na Terra seria desacelerada pelas forças de atrito e de resistência do ar. Se você empurrasse uma bola no espaço, ela continuaria se movendo para sempre.*

A segunda Lei costuma ser descrita pela famosa equação $F = ma$, denotando que a força necessária para mover um objeto é igual à sua massa vezes a aceleração que você exerce. É aqui que entra o cálculo. A aceleração é uma medida da taxa de variação da velocidade, então a equação também pode ser escrita

$$F = m\,\frac{dv}{dt}$$

Se você desenhasse um gráfico da velocidade em relação ao tempo, $\frac{dv}{dt}$ lhe daria a tangente em qualquer ponto.

A terceira lei é aquela que você conhece bem se já tiver batido contra uma parede. Claro, você aplica uma força na parede, mas dói como se a parede aplicasse força em você.**

* Ou até que outra força, como a gravidade, a afetasse.

** Não recomendamos testar. Se você ainda não teve essa experiência, simplesmente confie em nós.

Newton aplicou essas leis para ver o que acontece no caso da gravidade e dos corpos celestes, adotando outra observação feita por Kepler e combinando-a com a sua segunda Lei. A observação de Kepler tinha a ver com a relação entre o tamanho de uma órbita e o tempo que leva para completar o círculo; especificamente, o quadrado do tempo é proporcional ao cubo do tamanho. Usando essa ideia, a segunda Lei do movimento e algumas manipulações em equações, Newton derivou sua Lei da Gravitação Universal, escrita como

$$F = G\frac{m_1 m_2}{r^2}$$

Isso dá a força entre dois objetos com massa m_1 e m_2 que estão separados por uma distância r. A letra G é a constante gravitacional universal, um valor fixo relacionado à força da gravidade em nosso universo.

A partir dessa e de outras equações, Newton pôde deduzir com a maior precisão como funcionam as órbitas. À medida que um objeto em órbita se afasta, a força da gravidade diminui exponencialmente. Dobrar a distância reduz para um quarto a força gravitacional; triplicar o valor a diminui por um fator de nove, e assim por diante. Isso significa que os planetas que orbitam o Sol se afastam gradualmente antes de retornarem na outra direção, quando a gravidade está mais fraca. Em casos muito raros, se a velocidade for específica, pode haver uma órbita circular – a órbita de Vênus, por exemplo, é quase circular; caso contrário, as órbitas serão elipses. Marte, o planeta problemático de Tycho e de Sophia Brahe, é um dos exemplos mais marcantes.

Terra-(quase)-planistas

A mecânica newtoniana se popularizou rapidamente na Inglaterra. Um grupo influente na Igreja Anglicana percebeu que as ideias de Newton correspondiam às suas próprias doutrinas de que o universo era governado por leis "divinas". Os membros da Royal Society de Londres também apoiaram o trabalho de Newton e, quando ele se tornou o presidente da sociedade em 1703, seu trabalho se disseminou ainda mais.

Mas a teoria de Newton não foi recebida com aclamação universal. O matemático suíço Johann Bernoulli a rejeitou completamente, acreditando que a ideia de uma força que pudesse atuar através do espaço vazio era "ininteligível". Na França, muitas pessoas preferiam a visão de Descartes sobre o sistema solar – a de que a Terra, a Lua, os planetas e as estrelas estavam imersos num fluido invisível chamado éter. Os cartesianos acreditavam que Deus havia criado esse éter no início dos tempos. Os seguidores de Descartes criam que a razão era fundamental para o conhecimento, enquanto os seguidores de Newton tinham mais estima pelo empirismo e pela matemática.

Com a queda da aliança anglo-francesa em 1731, as tensões através do Canal da Mancha esquentaram, assim como o debate científico. Tomemos como exemplo a afirmação de Newton de que a Terra é plana. Bem, não exatamente plana, mas um pouco plana nas partes superior e inferior. Trabalhando em ideias sobre movimento e gravidade, Newton chegou à conclusão de que a Terra não poderia ser uma esfera perfeita. A rotação dela sobre seu eixo faria com que os equadores exercessem uma força externa mais forte do que nos polos, o que significava que a Terra inchava nesse local. Newton acreditava que isso tornaria a Terra um esferoide achatado, em vez de uma esfera.

A Terra tem a forma de uma esfera achatada conhecida como esferoide oblato. O desenho inferior mostra uma versão exagerada disso.

Para saber qual dos dois estava certo, Newton ou Descartes, a Academia Francesa de Ciências enviou uma missão ao equador e outra ao Polo Norte. Foi a primeira colaboração global de várias cidades para provar uma ideia científica através de experimentos.

As expedições usaram dois métodos para ajudar a determinar o formato da Terra. Primeiro, mediram a velocidade de um relógio de pêndulo em diferentes locais. Quanto mais forte for a gravidade, mais rápido o relógio funciona. Segundo, eles verificaram as estrelas. Ao medir as mesmas estrelas em cada local, as equipes puderam determinar se as observavam de ângulos que confirmariam se a Terra era uma esfera perfeita ou não.

Porém, acabou sendo muito difícil usar bem esses métodos. O grupo do Polo Norte era liderado pelo renomado matemático francês Pierre-Louis Moreau de Maupertuis. Ele havia estudado em Londres durante vários meses e era um newtoniano ansiando provar o efeito da gravidade. Contudo, como não era um astrônomo de formação, pediu ao astrônomo sueco Anders Celsius que se juntasse a ele e à sua equipe. Antes de partirem, adquiriram vários instrumentos astronômicos em Londres, incluindo um telescópio feito sob medida pelo habilidoso fabricante de instrumentos George Graham.

A expedição à Lapônia, perto do Polo Norte, apresentou desafios. Eles tiveram de fazer medições na superfície congelada do Golfo de Bótnia, o braço mais setentrional do Mar Báltico, e a falta de mapas precisos causou muitos problemas. Seus instrumentos novos eram complicados, então a equipe decidiu ficar em Torneå, no norte da Finlândia. Construíram um pequeno observatório, fizeram medições e se alojaram em casas cedidas pela população local. Depois de um inverno rigoroso, as medições foram concluídas em um ano.

Embora a expedição tenha sido difícil, não foi nada se comparada com a dos seus homólogos no equador. Os astrônomos franceses Pierre Bouguer, Charles-Marie de La Condamine e Louis Godin saíram da França com seus assistentes – alguns dos quais eram pessoas escravizadas – e dois oficiais da marinha espanhola em 1735. O grupo navegou até a costa caribenha, viajou por terra pelo Panamá e tomou outro navio até a costa pacífica peruana, chegando a Nova Granada, então território espanhol.

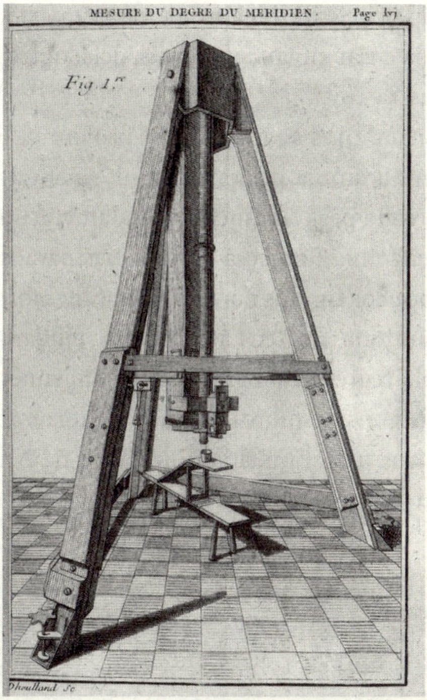

Desenho do telescópio personalizado construído por George Graham. Do livro *Grau do meridiano entre Paris e Amiens*, de Pierre-Louis Moreau de Maupertuis, publicado em 1740.

A equipe era pequena, mas os três cientistas tinham egos grandes e não se davam bem. Eles se separaram muito antes de chegarem a Quito, no atual Equador. O líder da equipe, Godin, ficou com a maior parte do dinheiro e do equipamento. Bouguer e La Condamine continuaram a viagem sozinhos. Depois de navegar pela costa peruana em um barco, registrando um equinócio solar e um eclipse lunar, Bouguer e La Condamine seguiram dois caminhos diferentes até Quito. Bouguer foi para as montanhas e andou ao longo dos vulcões andinos, e La Condamine seguiu direto para a selva tropical.

Quando os integrantes da equipe finalmente se reuniram em Quito, começaram a fazer medições, porém trabalhar em grandes altitudes não era fácil. O clima estava ruim e eles tiveram de parar e esperar por meses para poder ter uma visão clara dos pontos de referência distantes. Ursos selvagens e cobras venenosas provocaram dificuldades e alguns membros da equipe chegaram mais de uma vez perto da morte. Vários contraíram malária e um morreu por causa dela; outro perdeu a vida em uma briga de rua.

O projeto de três anos se tornou um projeto de nove anos, e eles finalmente o terminaram na primavera de 1743. Bouguer e La Condamine viajaram de volta para a França separadamente, usando o dinheiro que restava da Academia Francesa de Ciências para financiar suas viagens e deixando poucos fundos para os outros membros da equipe. Eles simplesmente abandonaram seus assistentes e ajudantes. Os oficiais da marinha espanhola regressaram graças ao financiamento da autoridade local espanhola. Alguns membros da equipe morreram na América do Sul, enquanto outros passaram até quinze anos na Amazônia tentando arrecadar dinheiro para voltar para casa.

Ilustração de *Observações astronômicas e físicas*, um livro publicado em 1748 que descreve os resultados da expedição a Quito. O globo é claramente oblato, achatado nos polos. Os oficiais da marinha espanhola que acompanhavam o grupo, Antonio de Ulloa e Jorge Juan y Santacilia, publicaram os resultados da expedição de 1748 em Madri antes que os exploradores franceses publicassem os seus na França.

Quando os dados da América do Sul e da Lapônia finalmente chegaram à Academia Francesa de Ciências, mostraram que Newton estava certo: a Terra é um esferoide oblato. Isso foi decisivo para muitos pessimistas e mostrou como a mecânica newtoniana era bem-sucedida em fazer previsões. Deu-se início então à disseminação dessas ideias por todo o continente.

Como se diz "newtonianismo" em francês?

Um proponente particularmente importante do newtonianismo foi Émilie du Châtelet. Como muitas mulheres nobres do século XVIII, du Châtelet recebeu sua educação de tutores particulares. Seus pais queriam liberdade intelectual para os filhos e a incentivaram a expressar suas opiniões sobre uma ampla gama de assuntos em casa e durante os salões semanais que organizavam. O seu pai era o mestre de cerimônia de Luís XIV no palácio de Versalhes, dando à família estatuto suficiente para viver essa vida.

Émilie du Châtelet.

Aos vinte anos, ela teve aulas com Pierre-Louis Moreau de Maupertuis, que mais tarde lideraria a expedição à Lapônia e que era um defensor do newtonianismo. Ele lhe ensinou álgebra e cálculo na versão de Newton, aumentando ainda mais seu amor pelas discussões acadêmicas nos salões.

Matemáticos como Maupertuis costumavam se reunir na biblioteca do rei ou no Café Gradot, em Paris, mas du Châtelet não tinha permissão para se juntar a eles porque era mulher. Não querendo tolerar tal exclusão, em certa ocasião ela compareceu a uma reunião vestida de homem e foi prontamente admitida.

Foi nessa época que um rosto familiar voltou à sua vida. Ela conhecera o prolífico escritor e filósofo Voltaire* no salão do seu pai quando era mais jovem, mas, devido a críticas veementes ao governo francês, foi forçado a se afastar – foi duas vezes condenado à prisão e uma vez enviado para a Inglaterra. Em 1733, voltou do exílio e eles se reencontraram.

Embora du Châtelet fosse casada, ela e Voltaire se retiraram para a propriedade do marido no nordeste da França e viveram lá como casal de 1735 a 1739. Os casos amorosos eram bastante comuns e muitas vezes tolerados, porque o casamento era considerado uma formalidade e um dever para as famílias aristocráticas da época. Voltaire elogiava sua parceira em público, citando-a como prova viva de que as mulheres eram tão capazes quanto os homens.

Em 1739, quando a Academia Francesa de Ciências anunciou um prêmio para a melhor resposta à pergunta "o que é o fogo?", du Châtelet e Voltaire apresentaram respostas de forma independente; Voltaire não sabia que du Châtelet havia enviado uma resposta até a lista de participantes ser publicada.

Nenhum deles ganhou o prêmio, mas o artigo de du Châtelet apresentava um ponto de vista notável. Ela levantou a hipótese de que a energia devia se conservar dentro de um sistema. Propôs que, se dois objetos se movendo em alta velocidade colidissem um com o outro, parte da energia se transformaria em calor, parte em som e parte permaneceria

* Seu nome de nascimento era François-Marie Arouet, mas normalmente é conhecido por esse *nom de plume*.

como energia cinética. Se se somasse tudo, propunha du Châtelet, a resultante seria igual à quantidade de energia antes da colisão dos objetos. Isso agora é conhecido como a lei da conservação da energia e é uma regra fundamental do universo. A matemática alemã Emmy Noether encontraria uma base matemática para isso 150 anos depois (ver Capítulo 12). Foi um grande salto, pois a compreensão do conceito de energia era ainda incipiente na época.

A pedido de René Réaumur, um dos seus membros, a Academia publicou o artigo de du Châtelet e o artigo de Voltaire, junto com os trabalhos vencedores. Com isso, ela se tornou a primeira mulher a ter um artigo científico original publicado.

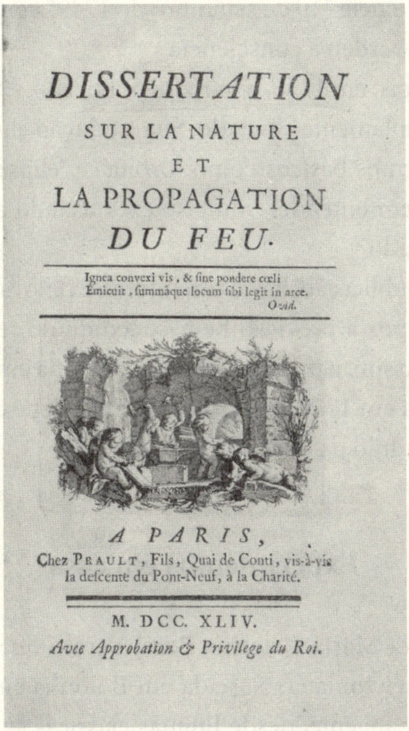
DISSERTATION

SUR LA NATURE

ET

LA PROPAGATION

DU FEU.

Ignea convexi vis, & sine pondere cœli
Emicuit, summâque locum sibi legit in arce.
Ovid.

A PARIS,

Chez PRAULT, Fils, Quai de Conti, vis-à-vis
la descente du Pont-Neuf, à la Charité.

M. DCC. XLIV.

Avec Approbation & Privilege du Roi.

Folha de rosto da *Dissertação sobre a natureza e a propagação do fogo*.

Uma das primeiras monografias de du Châtelet foi um livro de física escrito para seu filho de treze anos. Em *Lições de física*, ela compilou as ideias e as teorias de Descartes, Leibniz e Newton. Publicado originalmente em 1740, anonimamente, para esconder o fato de ter sido escrito por uma mulher, era a primeira publicação inédita sobre física escrita em francês desde 1671.

Du Châtelet era fascinada pelo trabalho de Isaac Newton descrito nos *Principia* e iniciou um projeto de tradução para o francês. Ela tinha de trabalhar e criar três filhos, o que a fez levar cerca de quatro anos para terminar. Frequentemente, seu horário mais produtivo para escrever era às quatro ou cinco da manhã.

Infelizmente, ela não viveu para vê-lo publicado. Du Châtelet engravidou do poeta Jean-François de Saint-Lambert. Deu à luz uma filha aos quarenta anos, mas alguns dias depois teve febre. Sabia que a sua hora estava próxima e então pediu que o manuscrito fosse trazido para sua cabeceira; escreveu nele "10 de setembro de 1749" como data de conclusão. Logo depois, perdeu a consciência.

Sete anos depois, em 1756, o livro foi publicado, embora apenas parcialmente. Foi amplamente elogiado. Sua tradução eliminava os jargões e ela explicava termos básicos como "órbita" e "elipse" de maneira que iniciantes pudessem entender, muitas vezes usando analogias para esclarecer o significado.

Na época da publicação, havia um interesse renovado na França pelo newtonianismo após a previsão bem-sucedida do retorno do cometa Halley em 1759. Assim, a primeira versão completa em francês dos *Principia* foi publicada em 1759. O livro de du Châtelet é considerado a tradução francesa padrão da obra até hoje.

Experimentos em casa

Na Itália, foi Laura Maria Caterina Bassi Veratti quem esteve na vanguarda da física newtoniana. Nascida em Bolonha em 1711, Bassi teve uma formação abrangente, desde línguas clássicas até filosofia natural. Seu pai organizava salões, convidando os melhores estudiosos da cidade para a sua casa. Seu tutor, o médico Gaetano Tacconi, apresentou-a a membros da comunidade acadêmica bolonhesa e ela logo se tornou conhecida como uma criança prodígio. A sua reputação foi consolidada quando um cardeal a convenceu a debater publicamente com quatro ou cinco professores. O debate foi um triunfo para ela. Ela defendeu com sucesso 49 textos sobre filosofia e física diante de dignitários, incluindo o papa Bento XIV. Os dezesseis membros da Academia de Ciências de Bolonha concordaram por unanimidade em recebê-la como membra em 1732.

A Itália era em geral mais liberal para as mulheres do que outras partes da Europa, permitindo-lhes ingressar no ensino universitário. Bassi doutorou-se em filosofia e, ao ingressar na Universidade de Bolonha, tornou-se a primeira professora universitária do mundo.

Naquela época, em Bolonha, alguns acadêmicos permaneciam cartesianos, enquanto outros eram firmemente newtonianos. Bassi estava no último grupo. Ela ministrou cursos de física newtoniana durante 28 anos, mas uma grande dificuldade era que apenas os homens tinham livre permissão para dar palestras públicas. Ela raramente conseguia permissão para dar palestras – apenas quando um visitante ilustre chegava à cidade ou um diploma era conferido a alguém. Ela recebia um salário da universidade, mas não recebia nenhuma tarefa acadêmica real para fazer.

No entanto, Bassi encontrou uma maneira de contornar isso. Ela e seu marido, o também professor Giuseppe Veratti, realizavam "conferências literárias" duas noites por semana em sua casa. Como mulher casada, ela podia trazer convidados e estudantes para dar palestras ali sem maiores consequências. Bassi construiu um laboratório caseiro para realizar experimentos, cujos resultados apresentava aos colegas acadêmicos. Muitos desses relatórios não sobreviveram, mas sabemos que abordavam eletricidade, gases, mecânica, dinâmica de fluidos e óptica.

Bassi deu início a um novo movimento para estudar as ideias de Newton. A sua fama se espalhou, e estudantes e visitantes vinham da Grécia, Espanha, Alemanha, Polônia e França. Ela apresentava os resultados de seus experimentos caseiros na Academia de Ciências de Bolonha e publicava artigos sempre que encontrava um editor. Foi a única mulher da época a anunciar publicamente resultados originais em física experimental. Tornou-se catedrática de física experimental na Universidade de Bolonha, tendo o marido como assistente. Ela pediu um aumento de salário para equipar melhor o seu laboratório doméstico. Quando a universidade disse sim, ela se tornou a professora mais bem paga da universidade, investindo o dinheiro no laboratório.

Imaginação em excesso

Considerando o trabalho de du Châtelet e de Bassi, é estranho pensar que o próximo grande desenvolvimento na difusão da mecânica newtoniana foi um livro dirigido especificamente às mulheres, sugerindo que elas precisavam de uma ajuda extra. No entanto, *Newtonianismo para senhoras*, publicado originalmente em 1737, foi um *best-seller* retumbante e chamou a atenção de mulheres e homens para os *Principia* de Newton.

O autor era um polímata italiano do século XVIII, o conde Francesco Algarotti. Ele acreditava, como era típico da época, que as mulheres tinham simplesmente "imaginação em excesso" para a matemática. Mesmo que fosse verdade que as mulheres tenham, em certa medida, mais imaginação do que os homens, dificilmente isso seria uma desvantagem. A matemática consiste em imaginar coisas que de fato não existem. Mesmo algo tão simples como um círculo – matematicamente perfeito – não existe na vida real. Por mais que você tentasse, nunca seria capaz de construir ou desenhar um. Em vez disso, você precisa usar um pouco de imaginação.

Em seu livro, Algarotti tentou tornar as ideias de Newton fáceis de ler, recorrendo a conversas fictícias entre um cavaleiro e uma marquesa, modeladas a partir dele e de du Châtelet. A localização usada como pano de fundo era inspirada na casa de campo de du Châtelet, que Algarotti visitou uma vez. Além disso, Algarotti deixou o newtonianismo um pouco romântico. "Eu não consigo parar de pensar que essa proporção nos quadrados da distância dos lugares é observada até no amor", diz a certa altura a marquesa. "Assim, depois de oito dias de ausência, o amor se torna 64 vezes menor do que no primeiro dia".[3]

Assuntos picantes.

Tal como acontece com a lei da gravitação universal, a marquesa diz que o amor também diminui no inverso do quadrado à medida que o tempo de separação se torna mais longo. A ausência faz o coração esfriar.

O livro de Algarotti não era o único sobre newtonianismo dirigido ao público em geral. *O diário das senhoras*, por exemplo, era uma publicação anual de Londres que apresentava informações importantes em estilo de calendário, como os ciclos lunares e as datas dos períodos escolares. Também incluía quebra-cabeças que se tornavam cada vez mais

Em *Newtonianismo para senhoras* (1737), seis diálogos ocorriam em cinco dias consecutivos. O cenário é semelhante a Cirey, na França, onde Algarotti conheceu du Châtelet e Voltaire.

desafiadores – e alguns exigiam cálculo para serem resolvidos. Além disso, o matemático italiano César-François Cassini de Thury escreveu um livro na década de 1740 na forma de um diálogo entre um homem e uma mulher que introduziu o debate sobre a forma da Terra. As ideias de Newton estavam se tornando populares.

Indo para os Estados Unidos

O newtonianismo então voltou seus olhos para a América. Colonizadores britânicos, franceses, holandeses e suecos desembarcaram na costa leste no início dos séculos XVI e XVII. Muitos europeus mudaram-se para os Estados Unidos para escapar às dificuldades políticas, econômicas e religiosas que enfrentavam em seus países natais. Mas os colonos também perseguiram os nativos americanos e tomaram terras para si durante décadas de guerra e massacre. Essa é uma história trágica na qual a matemática desempenha pouco papel direto, mas era o contexto em que o newtonianismo atravessou os mares nunca antes navegados.

Os primeiros estabelecimentos de ensino superior nos Estados Unidos tomaram como modelo Oxford e Cambridge. O Harvard College foi fundado por John Harvard, clérigo puritano e graduado em Cambridge, em 1636. O Yale College surgiu em 1701, criado por um grupo de dez clérigos cristãos.

No início do século XVIII, os *Principia* haviam sido publicados havia quase quinze anos, mas nenhum exemplar ainda havia chegado aos Estados Unidos. Thomas Robie, professor de matemática e filosofia natural de Harvard, reuniu as ideias constantes de artigos de periódicos publicados pela Royal Society que se baseavam nas ideias de Newton. Uma rota mais curta foi o aluno de Robie, Isaac Greenwood, que viajou para Londres e aprendeu matemática com o assistente de Newton. Depois de retornar aos Estados Unidos, começou a ensinar mecânica newtoniana e se tornou o primeiro professor de matemática e filosofia do Harvard College.

A essa altura, Yale havia se tornado uma distinta rival de Harvard e conseguiu obter cópias dos *Principia* (edição de 1713) e da *Óptica* (1704) de Newton por meio de um intermediário que ajudava a comprar livros científicos da Europa. Os presidentes de Yale, Thomas Clap e Ezra Stiles, rapidamente começaram a ensinar o trabalho de Newton na universidade, embora eles próprios não fossem matemáticos.

Assim como o newtonianismo se espalhou nos salões da Europa, algo semelhante acontecia agora nos Estados Unidos. Um salão particularmente influente, fundado na Filadélfia em 1727 por Benjamin Franklin, chamava-se Junto (da palavra espanhola *junta*, que significa reunião). A visão de Franklin era que fosse um clube de "aperfeiçoamento mútuo". Ele se reunia nas noites de sexta-feira. Com o tempo, evoluiu para a primeira sociedade erudita dos Estados Unidos, a Sociedade Filosófica Americana, em 1743. Essa sociedade tinha como objetivo promover a investigação e publicações acadêmicas tanto para as ciências como para as humanidades e convidava acadêmicos estadunidenses e estrangeiros a se tornarem membros.

Um de seus membros, David Rittenhouse, era astrônomo, matemático e uma das principais vozes científicas dos Estados Unidos. Quando menino, herdou uma cópia dos *Principia* e se tornou um defensor do newtonianismo. Ele acreditava que o newtonianismo devia ser a base do aprendizado matemático superior nos Estados Unidos e defendeu esse ponto de vista em um discurso na Sociedade Filosófica Americana em 1775. John Winthrop, matemático, astrônomo, físico e bisneto do fundador da Colônia da Baía de Massachusetts, também percebeu a importância do trabalho de Newton. Ele dava aulas em Harvard e lá estabeleceu um laboratório para testar ideias.

O newtonianismo e o empirismo cresceram como uma bola de neve nos Estados Unidos. Após um início lento, cada vez mais pessoas começaram a conhecer o trabalho de Newton e a aplicá-lo a outras disciplinas científicas, observando como princípios semelhantes se aplicavam à eletricidade e ao magnetismo. Benjamin Franklin, por exemplo, conduziu um experimento famoso no qual criou uma bateria a partir de duas garrafas carregadas que era tão poderosa que dava para assar um peru. Isso aconteceu ao mesmo tempo que Bassi anunciava os resultados de seus próprios experimentos com eletricidade.

A propagação do newtonianismo para os Estados Unidos foi parte de uma mudança que faria o país se tornar uma potência científica. Em breve declararia e lutaria pela independência política em relação à Grã-Bretanha, mas, científica e matematicamente falando, ainda manteria laços estreitos com esse país. Harvard, Yale e outras instituições foram construídas nos moldes europeus e, portanto, era fácil para elas adotarem os novos progressos matemáticos de ambos os continentes.

Na China, as coisas eram diferentes. Alguns astrônomos jesuítas que lecionavam na corte Qing traduziram a obra de Newton para o chinês no século XVIII. A Europa estava interessada em espalhar as suas ideias científicas para o Oriente como parte de uma diplomacia cultural mais ampla, que visava, em última análise, difundir o cristianismo. No entanto, a China tinha as suas próprias tradições matemáticas. A simples substituição da matemática chinesa pela matemática europeia nunca aconteceria. Em vez disso, o que se deu foi algo muito mais interessante.

10

UMA GRANDE SÍNTESE

Em meados do século XVII, a grande Dinastia Qing estava em seu auge. O império era um dos maiores que já haviam existido, estendendo-se do Himalaia à Manchúria. Era multiétnico: os manchus governavam uma população que incluía o povo mongol e o povo han. As pessoas acreditavam que o imperador era o filho do céu colocado na Terra para governar o "Reino do Meio" – China significa literalmente isso. Os que governavam ali governavam todo o mundo.

A influência intelectual da China era vasta. Os Estados tributários do Leste Asiático, que incluem hoje a Coreia, o Japão, a Tailândia e o Vietnã, eram todos fortemente influenciados pela cultura chinesa. Os governantes enviavam presentes diplomáticos e missões à China para demonstrar o seu respeito ao imperador e, em troca, recebiam proteção militar e oportunidades de comércio. A ordem mundial confucionista existia, de uma maneira ou de outra, desde o século VII, mas o neoconfucionismo, uma forma mais secular e racionalista do confucionismo, atingiu o seu apogeu durante a Dinastia Qing. E isso também se aplicava à matemática. As tradições matemáticas chinesas se espalharam pelos Estados tributários a partir da Cidade Proibida em Pequim, o centro matemático e político da Dinastia Qing.

À medida que o Renascimento na Europa dava início a um período de redescoberta, revisão e revelação matemáticas, a matemática na China também começava a mudar. Seu ponto de partida era diferente, baseado no *I Ching* e nos *Nove capítulos*, mas ela também era fortemente influenciada pela matemática árabe. O comércio constante entre os povos da China e do Oriente Médio levou a uma troca regular de ideias que ajudou a refinar as ferramentas matemáticas utilizadas em cada local. As duas tradições matemáticas evoluíam paralelamente.

A relação da China com a Europa era diferente. Os missionários cristãos europeus trouxeram consigo ideias novas (e antigas) quando visitaram a China no século XVI e foram, compreensivelmente, confrontados com o ceticismo – tanto que uma disputa resultou na condenação à morte de um grupo de matemáticos jesuítas.

Contudo, a Dinastia Qing passou por um período de evolução filosófica e se tornou mais aberta a ideias não confucionistas. Isso levou a uma espécie de "grande síntese", em que matemáticos chineses tomavam emprestadas as ideias e teorias bem-sucedidas da Europa e da Península Arábica e as fundiam com as suas próprias ideias. O resultado foi uma matemática maior do que a soma das suas partes, mas foi também uma matemática largamente ignorada pela Europa. A maioria dos intelectuais europeus tinha preconceito, ou seja, acreditava incorretamente que não havia nada a aprender com os matemáticos chineses.

A grande síntese foi a maior atualização da matemática chinesa em mil anos. Transformou a China num estado matemático muito proficiente tecnicamente. E tudo começou com um menino de sete anos apelidado de imperador Kangxi.

Eclipsado por um eclipse

Segundo outro relato, quando Xuányè nasceu, em 1654, ele seria o terceiro na linha de sucessão ao trono. Seu pai, o imperador Shunzhi, tinha outros dois filhos mais velhos do sexo masculino, mas as suas mães eram consideradas de posição social inferior. Como consequência disso, quando o imperador Shunzhi morreu de varíola em 1661, Xuányè – então com apenas sete anos de idade – foi colocado no comando e recebeu o nome real de imperador Kangxi.

No início, o imperador Kangxi, dada a sua idade, era governante apenas no nome. Sua avó, a imperatriz viúva Xiaozhuang, nomeou quatro homens poderosos para governar o império como regentes. Depois que um deles morreu, os demais passaram grande parte do tempo disputando ganhos políticos, e um matou o outro. É notável, dado esse início, que o imperador Kangxi tenha se tornado o imperador com o reinado mais longo da história chinesa e famoso por inaugurar um longo período de estabilidade e de prosperidade. Em meados do século XVII, ele era apenas uma criança e ainda não havia assumido controle total sobre seu império. Porém, foi nesse contexto que desenvolveu um fascínio por *xixue* (ensinamento ocidental), particularmente matemática e astronomia.

Sempre que se previa um eclipse solar, o imperador e seus regentes encarregavam os astrônomos do Departamento Astronômico de calcular seu momento e duração exatos. O departamento fazia parte do Ministério dos Ritos, órgão encarregado de fixar as datas de importantes rituais estatais baseados em fenômenos naturais do céu e da Terra. Nem os eclipses solares nem os lunares desempenhavam um papel importante na astrologia política chinesa, mas os astrônomos do departamento perceberam que podiam servir a um propósito diferente – os eclipses eram bons indicadores da precisão de um calendário.

Fazer calendários precisos era uma responsabilidade importante dos imperadores da China como parte de seu papel como intermediários entre o céu e a Terra. A precisão dos calendários aumentava a credibilidade do imperador. Era geralmente aceito que bons governantes conheciam os melhores horários para realizar rituais; portanto, se algo desse errado, seria uma mancha em seus históricos. O departamento coletou livros de referência de calendário escritos em latim e árabe, os quais os astrônomos estudaram e traduziram para o manchu. No entanto, os calendários chinês, árabe e europeu adotavam perspectivas diferentes. Um confronto se armava.

Na época, o diretor do Departamento Astronômico de Pequim era um missionário jesuíta chamado Johann Adam Schall von Bell. Muitos dos missionários enviados à China para difundir o cristianismo também estudavam astronomia e matemática. Schall conseguiu sua posição depois de prever corretamente o tempo e a duração de um eclipse solar sob o imperador Shunzhi – um eclipse que os astrônomos locais erraram usando os métodos árabes e chineses.

Contudo, os astrônomos chineses não se sentiam exatamente satisfeitos com o fato de um jesuíta estar no comando. Os estudiosos

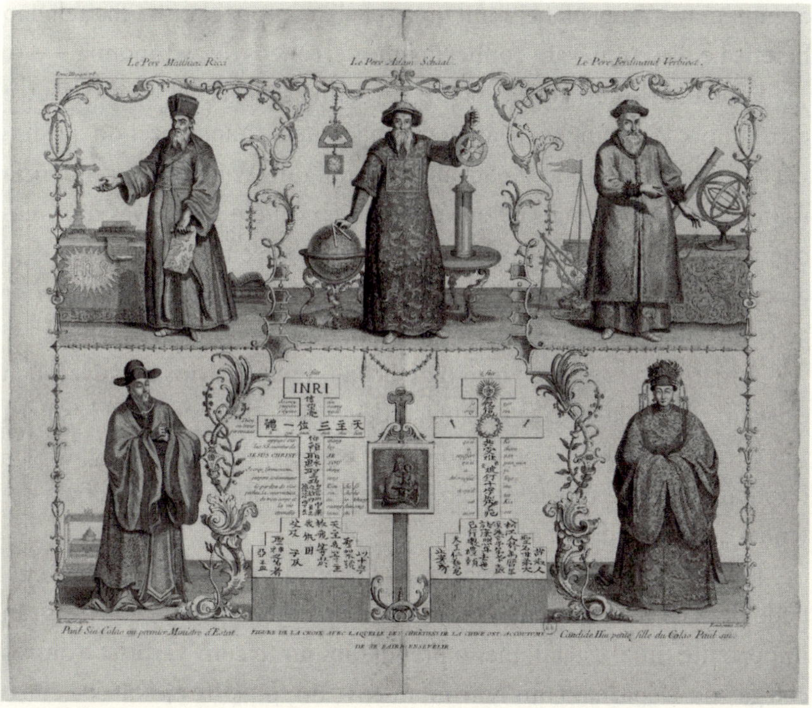

Jesuítas na China. De Jean-Baptiste du Halde, *Uma descrição geográfica, histórica, cronológica, política e física do Império da China e da Tartária Chinesa*, Paris, 1735.

confucionistas estavam particularmente preocupados, temendo que ter um estrangeiro guiando os cálculos do calendário pudesse levar ao abandono dos princípios confucionistas e ao colapso moral. O trabalho de Schall começou a ser examinado especialmente por um personagem incomum chamado Yang Guangxian.

Yang não era um astrônomo típico. Ele tinha pouca formação em matemática, mas aprendeu astrologia e leitura da sorte enquanto estava exilado de Pequim por chantagear as autoridades Ming. Quando regressou a Pequim após a queda da Dinastia Ming, começou a se autodenominar astrônomo, mas descobriu que todos os cargos mais altos estavam ocupados por jesuítas. Na tentativa de derrubar Schall, ele o acusou publicamente de escolher um dia desfavorável para o funeral do quarto filho de Shunzhi, que morreu aos três meses de idade. Então publicou um panfleto atacando o calendário ocidental e o cristianismo. Os jesuítas, argumentava Yang, planejavam uma rebelião, propagavam uma religião herética e disseminavam conhecimentos errôneos de astronomia.

Funcionários do governo Qing levaram as alegações a sério. Outro astrônomo, Wu Mingxuan, apoiou publicamente Yang, dizendo que havia defeitos no método de Schall. A família de Wu tinha ascendência islâmica e, durante mais de um milênio, serviu em sucessivas dinastias como especialistas astronômicos. No entanto, ele tinha caído em desgraça depois de um método que utilizava ter sido considerado inferior ao conhecido pelos missionários jesuítas, deixando-o sem emprego.

A maré rapidamente virou para Schall. Funcionários do governo já estavam céticos quanto aos jesuítas e o levaram a julgamento. Ele sofreu um derrame durante o processo e, por isso, seu amigo Ferdinand Verbiest, um padre jesuíta flamengo e competente astrônomo, ajudou a defender seus métodos.

Em abril de 1665, funcionários do governo consideraram Schall culpado de criar um calendário errado e de escolher a data errada para um importante ritual estatal. Eles o prenderam junto com Verbiest e outros colegas do Departamento Astronômico – no total, três jesuítas e cinco cristãos convertidos de etnia han. Schall foi condenado à morte por esquartejamento. Seus colegas receberam cem chibatadas e foram expulsos de seus cargos no departamento. Yang, por outro lado, foi nomeado astrônomo imperial pelo imperador Kangxi e seus regentes, e Wu recuperou seu cargo no departamento.

Por pura sorte, Schall foi poupado. Um grande terremoto destruiu o local de execução e um raro meteoro foi observado no céu. Os supersticiosos regentes do imperador Kangxi consideraram aquilo um presságio de que a execução não deveria ocorrer. Os missionários jesuítas foram libertados e exilados em Cantão, no sul da China. Porém, os astrônomos han não tiveram essa sorte e foram decapitados.

Yang teve um desempenho ruim enquanto estava no comando do departamento. Alegava ter inventado um novo método para calcular calendários, que chamou de Calendário de Modelagem Rápida, mas na realidade ele tinha só renomeado o antigo sistema da Grande Concordância. Ordenou que os funcionários do Departamento Astronômico seguissem esses métodos. Em 1666 e 1667, isso levou a erros, por exemplo, a previsão de que haveria dois equinócios de primavera e dois de

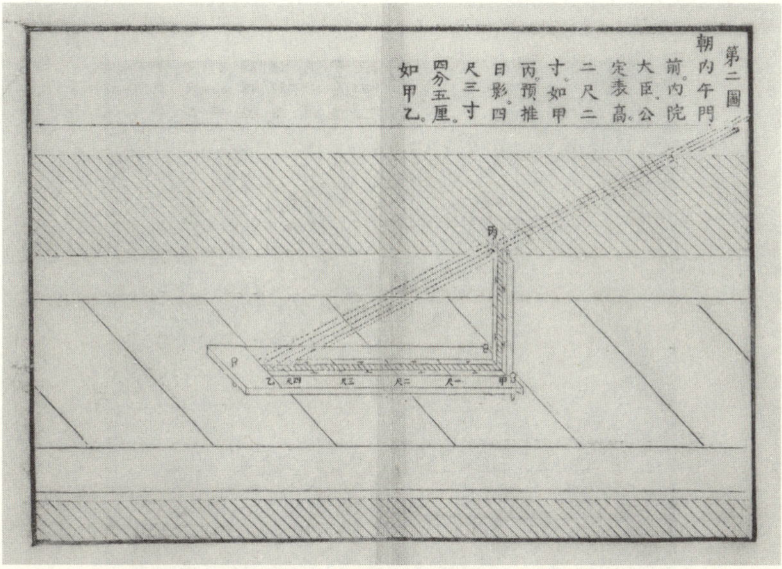

Gnômon instalado na corte em 28 de dezembro de 1668.

outono a cada ano. Em 1668, as suspeitas sobre as capacidades de Yang aumentavam e os funcionários dos tribunais chineses estavam preocupados com a precisão do calendário que a sua equipe tinha produzido para o ano seguinte.

Schall já havia morrido, mas Verbiest e os outros jesuítas exilados foram convidados a voltar a Pequim para ajudar o Conselho dos Ritos a traduzir algumas cartas do governador holandês da Batávia (hoje Jacarta). Enquanto esteve lá, os funcionários do governo decidiram fazer cálculos junto com ele, e ele detectou um erro. Yang e sua equipe usaram as horas do nascer e do pôr do sol apenas da capital da Batávia, mas Verbiest usou as horas do nascer e do pôr do sol da capital de cada província e, assim, conseguiu ver por que havia dado errado.

Ao saber do potencial problema, o imperador Kangxi concordou com Verbiest e Yang, possibilitando que cada um deles demonstrasse seus métodos realizando três testes: prevendo o comprimento da sombra produzida por um relógio de sol, prevendo a posição do sol e de alguns planetas numa determinada data e prevendo a hora e a duração de um próximo eclipse lunar. "Aquele que mais errar será considerado o que mais errou em matemática", disse Verbiest.[1]

Tapeçaria de um imperador chinês retratando padres jesuítas.
Feita sob a direção de Philippe Béhagle entre 1690 e 1710.

O imperador, então com catorze anos, convocou a dupla ao observatório de seu palácio, no qual os testes aconteceriam durante três dias diante dele e de uma multidão barulhenta. Em todas as ocasiões, Verbiest triunfou e foi recebido com aplausos. A demonstração convenceu os presentes da utilidade da matemática europeia. O imperador lembrou mais tarde que "não havia ninguém que conhecesse o método" dos cálculos em si. Ficou inspirado com isso; como ele disse mais tarde aos filhos: "Percebi que, se eu mesmo não soubesse, não poderia separar o verdadeiro do falso. Então eu fiquei muito determinado a estudar matemática".[2] Verbiest foi nomeado diretor do Observatório Imperial e do Conselho de Matemática e se tornou tutor de matemática de Kangxi.

O Ocidente encontra o Oriente

O imperador Kangxi fazia aulas de matemática diariamente. Começando com geometria euclidiana, Verbiest e outros missionários jesuítas apresentaram aritmética, álgebra, tabelas trigonométricas, lógica e os métodos europeus para prever as trajetórias da Lua e das estrelas. O imperador incorporou esse novo conhecimento às técnicas chinesas que já conhecia, utilizando frequentemente o seu ábaco para fazer cálculos mais rapidamente do que os missionários.

Os primeiros seis livros dos *Elementos* já haviam sido traduzidos para o chinês pelo padre jesuíta italiano Matteo Ricci e seu amigo estudioso chinês Paul Xu Guangqi entre 1607 e 1610. A publicação levou à criação de um novo termo, *jihe*, para designar "geometria", e os livros matemáticos chineses começaram a adotá-lo. No entanto, muitos eram céticos em relação à obra e suspeitavam que Ricci estaria escondendo algo ao não traduzir os sete livros restantes. O entusiasmo do imperador Kangxi pela matemática europeia mudou essas opiniões, dando início a uma longa e cuidadosa revisão das duas tradições matemáticas.

Uma das pessoas encarregadas disso foi Mei Wending. Mei pertencia a uma família de matemáticos talentosos e conheceu a astronomia europeia a partir da provação de Schall na prisão. A notícia se espalhou rapidamente por todo o país e, quando Mei ouviu falar dela, quis entender por si mesmo a matemática que estava por trás.

Ele estudou ativamente os textos matemáticos, tanto chineses como europeus, na esperança de determinar as vantagens e desvantagens de cada um. Por exemplo, quando se tratava de equações simultâneas, ele acreditava fortemente que a matemática europeia estava atrasada em relação às técnicas tradicionais chinesas e escreveu a um amigo: "Estou enojado com aqueles missionários ocidentais que excluem a matemática tradicional chinesa e, portanto, escrevi este livro sobre o qual até mesmo Matteo Ricci não poderia dizer um palavrão".[3] Esse livro era o *Sobre equações lineares simultâneas*, publicado em 1672, e delineava claramente quão mais desenvolvido era o estudo chinês de equações simultâneas em comparação com o da Europa.

A matemática chinesa já possuía uma forma extremamente avançada de álgebra no século XIV e grande parte dela se concentrava em aplicações práticas no comércio. Imagine uma situação em que você tivesse 125 moedas de cobre para comprar três maços de seda e dois maços de algodão. Você sabe que a seda sempre custa trinta moedas de cobre a mais do que o algodão, então precisa calcular o preço mais alto que pode pagar por cada uma. Em nossa notação atual, escrevemos:

$$3x + 2y = 125$$
$$x - y = 30$$

em que x é o custo da seda e y é o custo do algodão. Escrevemos isso com os sinais +, − e =, mas na época nem os matemáticos chineses nem os jesuítas teriam escrito o problema como uma equação. Ambos poderiam ter descrito o problema usando palavras, mas os matemáticos chineses também tinham outro método, que envolvia as varas de contagem.

Como já mencionamos, para resolver equações simultâneas como essas, os matemáticos chineses usavam varas de contagem coloridas em preto para o negativo e em vermelho para o positivo. Eles então empregavam vários métodos para mover as varas de contagem a fim de resolver as equações com eficiência.*

No estilo europeu promovido pelos matemáticos jesuítas na China, resolver o problema era muitas vezes mais árduo. Eles manipulavam os termos para colocar o problema em formas padronizadas às quais se aplicava uma regra específica, tal como al-Khwārizmī descreveu pela primeira vez. Para equações envolvendo expoentes, como x^2 ou x^3, os métodos europeus eram ainda mais complicados. Eles se baseavam no uso de palavras sob medida para os vários expoentes das incógnitas, como *radix*, *zens* e *cubus*, mas isso tornava essas equações polinomiais difíceis de expressar. Os matemáticos chineses tinham maneiras elegantes de usar varas de contagem para lidar com equações desse formato.

Considere $x^4 + 2x^3 - 13x^2 + x - 265 = 0$, por exemplo. Ela poderia ser representada usando numerais de varas, colocando os coeficientes verticalmente, das potências mais altas para as mais baixas.

* $x = 37$, $y = 7$, para o par acima, caso você esteja se perguntando.

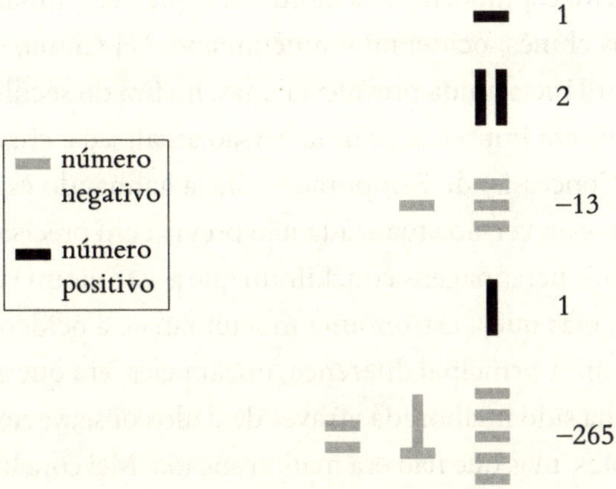

Os matemáticos chineses utilizavam então uma técnica chamada de método da incógnita celestial para resolver a equação. Naquela época, não havia na Europa nenhum método comparável de resolução de equações polinomiais. Um deles finalmente apareceu em 1819 e frequentemente recebe o nome de "método de Horner", em homenagem a William George Horner. Na China, o matemático do século XIII Qin Jiushao foi um dos primeiros a adotar essa abordagem, em 1247, embora os matemáticos do Oriente Médio tenham tido uma ideia semelhante tanto antes quanto depois de Qin, incluindo Nasir al-Din al-Tusi, da Casa da Sabedoria e do acoplamento de al-Tusi,* que escreveu sobre um método comparável àquele em 1265.

Independentemente da origem desses métodos, Mei estava certo ao acreditar que a matemática chinesa não era inferior à europeia e passaria os vinte anos seguintes buscando descobrir a melhor forma de misturar os dois. Numa das suas obras astronômicas, *A dúvida sobre o estudo da astronomia*, escreveu um diálogo entre dois estudiosos, um que não sabe nada de astronomia e um especialista. Talvez um pouco perigosamente, o estudioso ignorante foi modelado a partir de Li Guangdi, um estudioso confucionista do século XVII, e o especialista se parecia com o próprio Mei.

---

* O acoplamento de al-Tusi é uma construção geométrica que pode ser adaptada a construções mecânicas. Consiste em acoplar duas circunferências de tamanhos diferentes entre si, de modo que o rolamento de uma sobre a outra produz o desenho de uma linha reta. [N.R.]

No primeiro capítulo, os dois discutem o que denominaram sistemas astronômicos chinês, ocidental e muçulmano. Na China, o Sistema da Tripla Concordância ainda prevalecia, mas, no fim do século XV, muitos sabiam que ele era impreciso, e uma versão atualizada, chamada de Calendário de Concessão de Temporada, estava ganhando espaço. No entanto, mesmo essa versão atualizada não previa com precisão os eclipses lunares. Os dois personagens concluíram que a astronomia ocidental era mais precisa, mas que a astronomia muçulmana e a ocidental tinham a mesma origem. A principal diferença, diziam eles, era que a astronomia ocidental tinha sido melhorada através de dados observacionais obtidos com telescópios, mas que não era mais avançada. Mei concluiu: "número e princípio estão unidos" e "China e Ocidente não diferem".[4] O conhecimento matemático, como ele o enxergava, era universal.

À medida que trabalhava, Mei ampliou e atualizou esse conhecimento. O Teorema de Gougu, por exemplo, permanecia intocado desde o século III. Liu Hui, como vimos, abordou-o em seu livro, mas nenhuma prova foi dada em nenhum outro livro de matemática na China. Mei apresentou duas provas novas.

Uma das razões pelas quais Mei foi capaz de fazer tanto para atualizar e desafiar ideias antigas foi que ele fazia parte de um novo movimento que acreditava na *gewu qungli* ("a investigação das coisas"). Ao contrário de muitos estudiosos confucionistas antes dele, que simplesmente confiavam nas palavras de Confúcio e de outros sábios, Mei acreditava que, ao estudar o mundo ao seu redor, poderia descobrir princípios gerais sobre como ele funcionava. O surgimento da pesquisa baseada em evidência foi uma boa notícia para a matemática. Mei começou por reunir nove tratados sob o título *Integração da matemática chinesa e ocidental*. Ele aprendia com os matemáticos jesuítas, mas sempre teve um olhar crítico, consciente de que na matemática ocidental algumas ideias eram mais avançadas, algumas eram inferiores e outras eram apenas diferentes. Por fim, seu objetivo se tornou unir os dois sistemas matemáticos.

Em 1703, aos setenta anos, Mei teve seu trabalho notado pelo imperador Kangxi e foi convocado à Cidade Proibida. Apresentou algumas de suas ideias, entre elas as suas provas de Gougu e uma série de métodos para analisar terras. Após a audiência com o imperador, Mei compôs um poema, terminando um verso com "Antigo e moderno, chinês e ocidental são todos consistentes". Essa audiência levou à nomeação do seu neto, Mei Juecheng, como matemático da corte em 1712 e ao estabelecimento da Academia de Matemática em 1713, que seguia o modelo da Academia Francesa de Ciências.

O melhor de três mundos

Mei Juecheng e outros matemáticos formados por Mei Wending continuaram a trabalhar na fusão das matemáticas chinesa, árabe e europeia. Eles revisaram o trabalho de Mei Wending sobre o movimento da Lua e descobriram que ele fazia previsões mais precisas dos eclipses lunares do que qualquer método anteriormente conhecido. A solução era usar os melhores de todos os dados astronômicos disponíveis, independentemente de onde viessem.

O Conselho de Matemática adotava uma abordagem semelhante. Sob a direção do filho do imperador Kangxi, o príncipe Yunzhi, eles publicaram um livro de quase 5 mil páginas que combinava as diversas tradições matemáticas. Foi chamado de *Essência dos números e seus princípios compostos imperialmente*. Essa ambiciosa obra de referência fez a grande síntese da matemática, começando com a antiga astronomia chinesa e os *Nove capítulos*, passando pelos *Elementos* e pela matemática trazida pelos jesuítas, até chegar às análises e aos acréscimos de Mei Wending.

Wang Zhenyi então pegou o bastão. Ela nasceu em 1768 em uma família de estudiosos na província de Suzhou e, durante sua infância, passou muitas horas lendo na biblioteca de seu falecido avô. Ela também praticava artes marciais enquanto galopava a cavalo e aprendeu com a esposa de um general mongol a acertar alvos com arco e flecha enquanto cavalgava. Inspirada pelo amor de sua avó por escrever poemas, ela escreveu *Em defesa de mulheres viris*, no qual declarava: "Sou a favor de longas viagens e leituras, minha ambição é ainda maior do que a dos homens".

Ela direcionou sua ambição para a matemática e a astronomia. Autodidata, foi particularmente influenciada por um dos livros de Mei, *Princípios de cálculo*. Ela escreveu a sua própria versão em uma linguagem mais simples, uma que os não especialistas pudessem entender. Foi uma tarefa e tanto: "Houve momentos em que tive de largar a pena e suspirar. Mas adoro o assunto, não desisto".[5] Ela publicou seu livro em cinco volumes, *Princípios simples de cálculo*, aos 24 anos.

Os escritos de Wang sobre astronomia eram particularmente provocativos. Embora muitos astrônomos na China não gostassem do calendário ocidental, ela os incentivou a adotá-lo. "O que conta é a utilidade, não importa se é chinês ou ocidental", ela escreveu.[6] Em seus ensaios, explicou como determinar os equinócios e demonstrou como calculá-los. Traçou as órbitas dos corpos celestes e também esboçou como eles giravam em seus eixos. E descreveu como acontecem os eclipses lunares e solares. Seus livros continham observações e explicações mais detalhadas do que qualquer outro na China da época.

Assim como Laura Bassi, Wang fez experimentos ao ar livre. Uma lâmpada de cristal pendurada por um cordão, por sua vez pendurado em um pavilhão de jardim, representava o Sol. Uma mesa redonda do lado de fora representava a Terra. De um lado da mesa, Wang colocou um espelho redondo para representar a Lua e depois moveu todos os objetos para ver as relações entre eles. Ela escreveu uma explicação do eclipse solar com base em seus experimentos.

Wang foi uma escritora prolífica e divulgadora do conhecimento matemático. Ela também foi uma forte defensora da igualdade de direitos para os homens e as mulheres. Entre os manuscritos de Wang estavam críticas ao lugar das mulheres na sociedade confucionista. Ela lamentava que, nas discussões sobre ensino e ciências, as mulheres nem sequer fizessem parte da conversa; em vez disso, esperava-se que "apenas cozinhassem e costurassem". Ela resumiu tudo isso em um pequeno poema que foi encontrado depois de sua morte, em meio às suas notas não publicadas.

> Foi dado a acreditar
> que as mulheres são iguais aos Homens;
> Vocês não estão convencidos
> de que as Filhas também possam ser heroicas?[7]

Wang era uma das poucas mulheres no mundo da matemática naquela época. A abordagem que ela condensava, a de analisar e depois combinar as melhores ideias em todo o mundo para criar um corpo rico de conhecimento científico, parece bem moderna e fez com que a matemática chinesa se tornasse indiscutivelmente a mais avançada da época. Uma síntese muito pouco semelhante ocorreu na Europa. A Igreja Católica se opunha tanto às tradições confucionistas que rejeitava o conhecimento chinês em sua totalidade, qualquer que fosse o assunto. Nem as academias e as sociedades científicas europeias tentaram compreender a matemática chinesa a fundo. A matemática estava entrelaçada com a religião, a ideologia e a identidade. Não se tratava apenas de ferramentas matemáticas, mas sim de um modo de vida.

Uma exceção notável foi um dos "matemáticos do rei", Joachim Bouvet. Missionário jesuíta, foi enviado a Pequim em 1685 como parte da delegação do rei Luís XIV da França. Foi convidado para dar palestras na corte local e, durante a sua estadia, fez observações astronômicas de que se valeram tanto o imperador chinês como a Academia Francesa de Ciências. Bouvet aprendeu o alfabeto chinês e acreditava que os caracteres continham significados simbólicos importantes. Alguns missionários, incluindo Bouvet, acreditavam que muitos dos textos clássicos chineses prenunciavam acontecimentos cristãos significativos, incluindo o nascimento de Jesus. Assim, seus proponentes tinham uma visão muito diferente do conhecimento chinês em relação a grande parte da Igreja Católica. Bouvet acreditava que o *I Ching* era o livro mais antigo que existia e poderia revelar mistérios sobre o cristianismo. Foi nesse livro que ele encontrou os hexagramas que mostrou a Leibniz. No fim, porém, o seu foco na matemática chinesa não mudou o rumo na Europa.

É fascinante imaginar como a história da matemática seria diferente hoje se a matemática europeia tivesse se empenhado numa síntese de ideias semelhante à que ocorreu na China. Como vimos repetidas vezes, não existe uma matemática verdadeira. Em vez disso, o que há é um conjunto de conhecimento em constante evolução, afetado pela cultura, pela localização e pelo tempo. E os tempos certamente estavam começando a mudar.

11

A SEREIA MATEMÁTICA

Paris, 1888. As inscrições estavam abertas para o ilustre Prix Bordin, um prêmio matemático criado pela Academia Francesa de Ciências. A fim de evitar que a reputação dos candidatos influenciasse os juízes, cada inscrição era identificada apenas por uma frase. Ao analisar as inscrições, os jurados viram que uma delas estava muito acima das demais. Descrevia uma solução para um problema matemático que permanecia sem solução havia mais de cem anos e que deixou Euler e Lagrange, dois prolíficos matemáticos, coçando a cabeça.

O autor dessa inscrição estava identificado apenas pela frase "Diga o que sabe, faça o que deve, e tudo o que for será". Era o nome matemático de alguém que tinha passado a vida enfrentando discriminação, contratempos e tragédias pessoais, mas que finalmente chegava a algum lugar. Talvez tenha sido essa mentalidade que levara essa pessoa a tal ponto – junto com uma determinação inabalável e obstinada.

"Senhores", disse o astrônomo e presidente da Academia Jules Janssen, iniciando o anúncio do prêmio, "entre as coroas que estamos prestes a conceder, há uma das mais belas e difíceis de se obter e que será colocada em uma testa de mulher".[1] A vencedora do Prix Bordin daquele ano foi Sophie Kowalevski, a primeira mulher professora universitária de matemática do mundo.

Esse momento estava anunciado. Ao longo das décadas e dos séculos anteriores, as mulheres deixaram a sua marca na matemática, desafiando pontos de vista e normas. Desde o século XVII, os matemáticos na

Europa começaram lentamente a passar de amadores a profissionais, e as cátedras tiveram uma grande papel nisso. Mas as cátedras também eram ferramentas políticas dadas aos que estavam dentro do clube, e não aos que estavam fora do sistema. De alguma forma, Kowalevski conseguiu entrar nesse mundo – mas a sua entrada teria um custo.

Um pouco mais liberal

O melhor lugar para começar essa história é a região que posteriormente se tornaria a Itália. O registro mais antigo que temos de uma mulher com doutorado é de 1678. De ascendência albanesa, Elena Lucrezia Cornaro Piscopia foi uma filósofa poliglota que viveu em Veneza. Ela nasceu em uma família nobre e já criança se tornou fluente em latim, grego, hebraico, espanhol, francês e árabe. De alguma forma, ela também encontrou tempo para dominar o cravo, o clavicórdio, a harpa e o violino. Seu tutor, Carlo Rinaldini, professor de filosofia na Universidade de Pádua, também lhe ensinou matemática. Ela simpatizou com a matéria tão rapidamente que Rinaldini escreveu um livro de geometria personalizado para ela, publicado em 1668. Na adolescência, Cornaro já havia ultrapassado o conhecimento de um curso médio de graduação. O seu pai – um cardeal influente – defendeu os talentos da filha e sugeriu que ela se candidatasse a um doutorado.

Autoridades da Igreja Católica Romana inicialmente negaram o pedido porque ela era mulher, mas o bispo de Pádua acabou ficando do lado de seu pai. Cornaro defendeu seu doutorado em 1678, aos 32 anos, após passar no exame oral da Universidade de Pádua em 1678. Em vez de assumir um cargo de professora na universidade, decidiu priorizar uma vida de caridade em vez da matemática. Ela passava o tempo ajudando os pobres. Contudo, sofria de problemas de saúde e morreu com apenas 38 anos, provavelmente de tuberculose.

O título de primeira professora de matemática quase foi para outra mulher que morava na Itália: Maria Gaetana Agnesi. Nascida em Milão em 1718, Agnesi, assim como Cornaro, tinha talento para línguas. Ela falava italiano e francês aos cinco anos de idade e aprendeu grego, hebraico, espanhol, alemão e latim aos onze anos. Aos doze anos, começou a sofrer de uma doença misteriosa e crônica. Na época, suspeitava-se de que a causa fosse o estudo intenso, mas provavelmente era algum tipo de doença mental. Assim, seguindo o conselho de seu médico, Agnesi passou algum tempo numa quinta rural em Masciago, 25 quilômetros ao norte de Milão. A vida rural mais tranquila lhe permitiu desfrutar de passeios a cavalo e dançar, mas ela ainda era assombrada por violentos ataques nervosos e tentou o suicídio mais de uma vez.

Em 1733, ela se recuperou e voltou para Milão, retomando suas diversas áreas de estudo. Tornou-se proficiente em metafísica, filosofia moral e matemática, dominando o cálculo. Reuniu uma vasta biblioteca de cerca de quatrocentos livros e escreveu o seu próprio, *Instituições analíticas*, uma introdução à matemática. Ela foi meticulosa com a forma como o livro deveria ser impresso. O editor, Richini, instalou uma gráfica no andar térreo da casa de Agnesi para que ela pudesse supervisionar os detalhes. Foi especialmente cuidadosa com os símbolos do cálculo diferencial e integral, preocupada com a possibilidade de os tipógrafos não matemáticos cometerem erros.

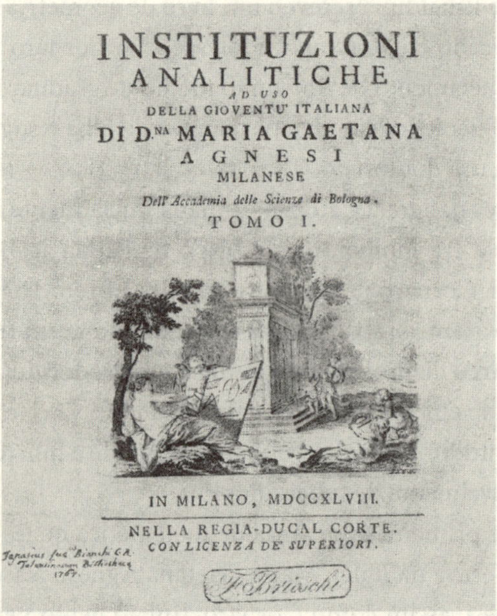
INSTITUZIONI
ANALITICHE
AD USO
DELLA GIOVENTU' ITALIANA
DI D.NA MARIA GAETANA
AGNESI
MILANESE
Dell' Accademia delle Scienze di Bologna.
TOMO I.

IN MILANO, MDCCXLVIII.
NELLA REGIA-DUCAL CORTE.
CON LICENZA DE' SUPERIORI.

Página de rosto do livro *Instituições analíticas* de Agnesi, que foi impresso em sua casa.

Dois anos após a publicação do livro, a reputação de Agnesi cresceu e seu nome se tornou conhecido pelo papa Bento XIV. O papa, que acreditava que a educação das mulheres estava no cerne da cultura católica esclarecida, escreveu: "Desde os primórdios, Bolonha deu cargos públicos a pessoas do seu [Agnesi] sexo. Parece apropriado continuar essa honrosa tradição".[2]

Em 1750, Agnesi foi nomeada para a cátedra honorária de matemática e filosofia natural na Universidade de Bolonha, conhecida como o novo "paraíso das mulheres". A universidade partilhava essa atmosfera liberal e inclusiva com a sua cidade natal, Milão. Porém, a doença voltou e seu médico a desaconselhou a aceitar o cargo. Em vez disso, ela estudou teologia e dedicou sua vida à caridade, assim como Cornaro havia feito.

Equações na parede

Sophie Korvin-Krukovskaya era uma criança prodígio. Nascida na Moscou czarista de 1850, ela se empenhou em quebrar as barreiras que impediam as mulheres de seguir uma carreira na matemática. Seu pai, Vasily, era extremamente rígido e acreditava firmemente nas normas patriarcais da Rússia daquela época. Ele pensava que as mulheres precisavam de uma escolaridade suficiente apenas para participar da boa sociedade e nada mais. Ter uma mulher instruída na família, acreditava Vasily, traria vergonha para todos os outros membros dela. Assim, o primeiro contato de Sophie com a matemática não veio do pai, mas do tio Pyotr, que visitava constantemente a casa deles, passando a fazê-lo com ainda mais frequência depois que a sua mulher foi assassinada pelos empregados.

O vínculo deles se fortaleceu com essas visitas. Pyotr conversava frequentemente com ela e, sendo um homem culto que via uma centelha na sua jovem sobrinha, discutia conceitos matemáticos, falando, por exemplo, sobre assíntotas, uma reta que se aproxima infinitamente de uma curva. Como Sophie recordaria mais tarde em suas memórias, a princípio não compreendia essas ideias, mas elas a fascinavam. "O significado desses conceitos eu naturalmente ainda não conseguia compreender, mas eles agiram na minha imaginação, incutindo em mim uma reverência pela matemática como uma ciência elevada e misteriosa que abre aos seus iniciados um novo mundo de maravilhas", ela escreveu.[3] O tio despertara seu interesse, e logo ela se depararia com outros conceitos matemáticos.

Quando ela tinha oito anos, seu pai se aposentou de seu cargo militar, o de chefe da artilharia de Moscou, e a família se mudou para uma nova casa no campo. A casa em Polibino tinha acabado de ser reformada e ainda precisava de papel de parede. Depois de decorar vários quartos, a família encomendou mais papel de parede de São Petersburgo, mas ele nunca chegou devido à "frouxidão rústica e à inércia característica da Rússia", como Sophie diria mais tarde. Após cuidadosa reconsideração, a família decidiu que o berçário não seria tão bem decorado quanto o restante da casa. Abraçando um espírito de reciclagem, resolveram a situação usando as antigas anotações matemáticas de Vasily. Para se preparar para seu trabalho como oficial do exército, ele havia estudado cálculo diferencial e integral. Aos onze anos, Sophie sentiu uma estranha atração pelas misteriosas equações na parede. Ela não tinha ideia do que significavam, mas tinha a forte sensação de que deviam significar algo "muito inteligente e interessante".[4] Parecia que os símbolos saíam da parede para falar com ela.

Embora inicialmente ela não tenha tido a oportunidade de ter aulas de matemática, um tutor, Yosif Malevich, ensinou-lhe alguns conceitos básicos de aritmética, geometria e álgebra. Ficou claro, já naquela época, que ela tinha um dom para o assunto. Malevich deu-lhe um livro de álgebra, que ela leu avidamente do começo ao fim. No entanto, seu pai ainda se opunha à educação das mulheres e por isso interrompeu a tutoria. Sophie não se deixou intimidar, estudando seu livro de álgebra sob o manto da escuridão antes que um golpe de sorte trouxesse mais uma vez a matemática para sua vida.

Um acadêmico chamado Nikolai Tyrtov era vizinho e amigo da família e, quando publicou um novo livro de física, levou um exemplar para a casa. Ela ficou hipnotizada com o livro. A seção de óptica, que analisava a física da luz, chamou especialmente a sua atenção. Senos, cossenos e tangentes – as funções da trigonometria – pontuavam as páginas. As fórmulas não se pareciam com nada que ela já tivesse visto. De forma lenta, mas segura, estudou o livro. Quando ela relatou seu progresso a Tyrtov, ele ficou impressionado e acreditou que ela era um prodígio. Ele conversou com o pai de Sophie, persuadindo-o a dar à filha uma educação matemática adequada. Na avaliação de Tyrtov, ela era o "novo Pascal".

Vasily finalmente cedeu e contratou um novo professor em 1867. Sophie recebeu uma ampla educação em matemática com Alexander Strannolyubsky, autor do primeiro manual russo para ensino e aprendizagem de álgebra. À medida que sua habilidade matemática amadurecia, ela se tornava cada vez mais obcecada pelo assunto. Ficou desesperada para se libertar do pai, que continuava a ter um forte preconceito contra as mulheres instruídas e não concordava que ela seguisse a carreira de matemática.

Sophie tinha dezoito anos quando finalmente surgiu a oportunidade de escapar do pai.

No fim da década de 1860, o niilismo, uma nova filosofia do socialismo radical, ganhava proeminência. O movimento defendia a rejeição total de toda autoridade existente, encorajando, em vez disso, o estudo e a crença na ciência. A geração mais jovem caiu no feitiço do niilismo, vendo-o como um meio de desafiar a ortodoxia. A irmã mais velha de Sophie, Anna, foi seduzida por essa nova filosofia e decidiu deixar a Rússia. Ela procurava uma oportunidade para se mudar, mas, sendo uma mulher solteira, precisava da assinatura do pai no passaporte para viajar para o exterior, e ele se recusava a dá-la. Então, buscou uma alternativa. A saída mais rápida era contrair um casamento "fictício", conhecido entre os niilistas como "casamento branco". Ao se casar com alguém que simpatizasse com a sua causa, ela poderia se mudar para o exterior e frequentar uma faculdade que aceitasse mulheres.

Anna começou a reunir pretendentes, um dos quais parecia particularmente adequado – um jovem, radical e viajado, de 26 anos, chamado Vladimir Kowalevski. Ele visitara Londres e, ao retornar, começou a traduzir o livro mais recente de Charles Darwin, *A variação de animais e plantas sob domesticação*, para o russo. Ficou tão impressionado com as ideias de Darwin e trabalhou tão rapidamente que a sua tradução saiu antes da publicação em inglês. Embora Vladimir acreditasse que ambas as irmãs devessem ser libertadas da sua família opressiva, ele se apaixonou por Sophie, e não por Anna, e por isso lhe propôs um casamento branco.

Sophie Kowalevski.

Mas seu pai não concordou. Sophie tinha apenas dezoito anos e Vladimir era oito anos mais velho do que ela. Inspirado nos romances de Dostoiévski, ela fez um escarcéu, trancando-se no apartamento de Vladimir e declarando aos pais que não sairia dali até que seu pai concordasse com o casamento. Finalmente, ele cedeu. Sophie Korvin-Krukovskaya se tornou Sophie Kowalevski e, após o seu casamento, o mundo se abriu diante dela. Estudou em São Petersburgo e em Heidelberg antes de se mudar para Berlim. Foi ali que ela conheceu Karl Weierstrass, o matemático alemão que seria fundamental para a sua ascensão à fama.

Produtivos como um par

Quando Kowalevski e Weierstrass se conheceram pessoalmente, já sabiam da reputação um do outro. Weierstrass era um matemático mundialmente famoso, e os elogios aos talentos de Kowalevski chegaram até ele pelos professores dela em Heidelberg. Para testar se os rumores eram verdadeiros, Weierstrass enviou a Kowalevski uma série de problemas matemáticos normalmente destinados aos alunos (homens) mais experientes. Ela os resolveu tranquilamente. Weierstrass ficou impressionado. Kowalevski tinha apenas uma formação matemática mínima em comparação com o resto de seus alunos, mas a habilidade dela era tão evidente que ele a colocou sob sua proteção. Nas palavras de Kowalevski, essa decisão teve "a influência mais profunda possível em toda a minha carreira na matemática".[5]

Sob a tutela de Weierstrass, a primeira grande descoberta matemática de Kowalevski teve a ver com a forma dos anéis de Saturno. Quase um século antes, o polímata francês Pierre de Laplace sugerira que Saturno tinha um grande número de anéis sólidos, mas ninguém conseguia descrever uma forma exata que se adequasse às observações astronômicas. Kowalevski sugeriu uma nova abordagem: os anéis poderiam ser feitos de material fluido em vez de sólido. Usando séries infinitas – semelhantes àquelas estudadas em separado por Mādhava, Leibniz e Newton –, ela mostrou que, se os anéis fossem feitos de algo fluido, teriam a forma de um ovo em vez de ovais perfeitamente simétricas, como se pensava anteriormente. Embora os astrônomos tenham descoberto mais tarde que os anéis de Saturno eram, na verdade, feitos quase inteiramente de pequenos pedaços de gelo, os métodos matemáticos que ela desenvolveu tiveram muitas outras aplicações no campo da geometria.

Kowalevski rapidamente acumulou um volume de pesquisas originais. Se ela fosse homem, teria sido mais do que suficiente para conseguir um doutorado, mas na Universidade de Berlim as mulheres eram efetivamente impedidas de obtê-lo. Um dos requisitos para obter um doutorado era que os doutorandos tinham de se submeter a uma *viva voce*, uma defesa oral de seu trabalho diante de um grupo de especialistas. As mulheres não podiam participar. Depois de um tempo, Weierstrass decidiu juntar três dos artigos matemáticos de Kowalevski, incluindo aquele sobre os anéis de Saturno, e enviá-los para a Universidade de Göttingen. Em Göttingen, os doutorandos podiam se formar *in absentia*, ou seja, sem comparecer para defender as suas teses – desde que elas fossem consideradas suficientemente boas. Göttingen achou que o trabalho de Kowalevski certamente o era, e assim, no verão de 1874, ela finalmente obteve seu doutorado.

Duas décadas mais tarde, uma pesquisa com uma centena de professores eminentes na Alemanha delineou as visões sobre mulheres no mundo acadêmico. Pouco menos da metade eram positivas. Para a época, era um progresso. Mas um terço dos entrevistados ainda achava que as mulheres não deveriam estudar. As mulheres muitas vezes tinham de inventar formas criativas de contornar esse preconceito.

Tomemos como exemplo o caso de Monsieur LeBlanc, um nome escrito no fim de uma carta recebida pelo matemático sardo Joseph-Louis Lagrange. Lagrange era newtoniano e professor fundador de análise matemática da École Polytechnique, uma escola de engenharia nos arredores de Paris fundada em 1794. Monsieur LeBlanc parecia ser um aluno do curso de Lagrange e estava escrevendo algumas perguntas. Embora Lagrange não tenha reconhecido o nome, ele enxergou um talento suficiente demonstrado na carta para levá-lo a sério. Ele respondeu e, posteriormente, os dois se tornaram amigos por correspondência.

Monsieur LeBlanc também escreveu uma carta a Adrien-Marie Legendre, outro membro do corpo docente de matemática da École Polytechnique, contendo uma tentativa de provar o último teorema de Fermat – que teve, durante muito tempo, um *status* mítico entre os matemáticos devido à sua simplicidade enganosa. Existem números inteiros que se encaixam perfeitamente na equação $x^2 + y^2 = z^2$, tais como 3-4-5 e 5-12-13, e eles são conhecidos como triplas pitagóricas (embora talvez fosse mais preciso chamá-los de triplas Gougu). Você pode pensar que existiriam números semelhantes para $x^3 + y^3 = z^3$ ou $x^{14} + y^{14} = z^{14}$, mas, na verdade, como Fermat conjecturou, não existem números inteiros que satisfaçam a equação $x^n + y^n = z^n$, em que n é maior que 2. Ele escreveu num dos seus cadernos: "Fiz uma demonstração verdadeiramente maravilhosa dessa proposição e essa margem é estreita demais para escrevê-la".[6] Infelizmente, ninguém jamais encontrou essa prova – se é que ela existiu.

Monsieur LeBlanc trabalhou no último teorema de Fermat, especialmente no caso em que $n = p$, em que p é um número que não divide xyz sem deixar resto, e o provou para cada primo p menor que 100. Ele claramente impressionou Lagrange e Legendre, e eles quiseram conhecer LeBlanc. Contudo, ficaram chocados ao descobrir que Monsieur LeBlanc era, na verdade, uma mulher: Sophie Germain.

Germain era filha de um rico comerciante e cresceu lendo livros na biblioteca da família. Seus pais se opunham veementemente a que ela estudasse matemática e costumavam confiscar as roupas quentes e as luzes de seu quarto para evitar que estudasse à noite. Desafiadora, ela se enrolava em um lençol e estudava à luz de velas. Por fim, seus pais perceberam que haviam perdido a batalha e permitiram que ela continuasse a estudar.

Escolas especializadas, como a École Polytechnique de Paris, cidade onde ela morava, não aceitavam alunas mulheres na época. Mesmo assim, ela conseguiu obter as anotações das aulas de Lagrange, tendo-as pedido diretamente a ele, e estudou matemática por conta própria. Quando Lagrange descobriu quem ela realmente era, ficou tão impressionado com o seu conhecimento que continuaram a discutir matemática, e ele se tornou seu tutor. Germain passou por uma série semelhante de acontecimentos com o matemático alemão Carl Friedrich Gauss, que também estava interessado no último teorema de Fermat. "Infelizmente, a profundidade do meu intelecto não se iguala à voracidade do meu apetite", escreveu M. LeBlanc, "e sinto uma espécie de temor em incomodar um homem de gênio quando não tenho outro direito à sua atenção além de uma admiração necessariamente compartilhada com todos os seus leitores".[7] Em contraste com a humildade de sua carta, a afirmação de Germain a Gauss era notável: ela disse que havia provado o último teorema de Fermat em sua totalidade.

Seria Germain quem resolveria o problema? Gauss respondeu: "Estou muito feliz que a aritmética tenha encontrado em você um amigo tão capaz". No entanto, ele disse que, embora a prova dela fosse boa, só funcionava para um caso específico, e não para outros números.[8] Ela, porém, fez alguns avanços. Sua prova funcionava apenas no caso especial em que $n = p - 1$, em que p é um número primo de forma $p = 8k + 7$ para qualquer número inteiro k. No entanto, os métodos que ela descobriu seriam a base das tentativas de decifrar o último teorema de Fermat durante as centenas de anos seguintes. (O teorema foi resolvido em 1995.)

Um tipo particular de número primo apareceu em suas explorações do último teorema de Fermat e hoje ele leva o seu nome. Um número primo p é um primo de Germain se $2p + 1$ também for primo. Por exemplo, 11 é um número primo de Germain porque $2 \times 11 + 1 = 23$ também é um número primo. Os primos de Germain foram importantes para a criptografia. A resistência ao ataque de alguns sistemas de criptografia depende da escolha de um bom número primo, e os primos de Germain são uma escolha particularmente boa.

Germain continuou trabalhando com matemática. Quando soube que Napoleão estava prestes a invadir a Prússia em 1807, temeu que Gauss, que estava em Berlim, pudesse ser morto durante a invasão. Germain pediu a um amigo, o general Joseph-Marie Pernety, que fosse proteger Gauss. Pernety disse a Gauss que devia sua vida à Mademoiselle Germain, e isso fez Germain revelar seu verdadeiro nome em sua próxima carta a Gauss. Em 20 de fevereiro de 1807, ela escreveu: "Temendo o ridículo atribuído a uma estudiosa, assumi anteriormente o nome de LeBlanc ao comunicar-lhes essas notas". Gauss respondeu em 30 de abril de 1807: "Como posso descrever meu espanto e admiração ao ver meu estimado correspondente, M. LeBlanc, metamorfoseado nessa pessoa célebre?". Gauss se mostrou simpático à situação dela e escreveu: "Quando uma mulher, por causa de seu sexo, nossos costumes e preconceitos, encontra infinitamente mais obstáculos do que os homens para se familiarizar com os complicados problemas [da teoria dos números] e ainda assim supera esses grilhões, penetrando no que há de mais oculto, ela possui sem dúvida a mais nobre coragem, o talento extraordinário e um gênio superior".

Conhecendo a sereia

O marido de Sophie Kowalevski, Vladimir, terminou sua pesquisa de doutorado na Universidade de Jena enquanto ela estava em Berlim e se tornou especialista em hipopótamos. Mas era difícil encontrar trabalho na Europa Central para tais especialistas esotéricos em megafauna subsaariana, e a dupla passava a maior parte do tempo completamente falida. Ela se candidatou a empregos na Alemanha, mas nenhuma universidade sequer consideraria uma candidata mulher. Decepcionada, voltou para a Rússia e decidiu concentrar suas energias no casamento.

Até então, o casal vivia quase sempre separado, mas, conforme foram se aproximando geograficamente, também se aproximaram romanticamente. Começaram um negócio imobiliário na esperança de ganhar dinheiro suficiente para se tornarem financeiramente independentes e prosseguirem com os seus interesses acadêmicos. Depois de um tempo, entregaram os pontos e começaram a se dedicar a outros trabalhos. Sophie Kowalevski virou escritora de ficção, de resenhas de teatro e de reportagens de ciência popular para jornais. No entanto, sem emprego na matemática, ela não teve outra escolha senão interromper seu trabalho científico. O casal teve uma bebê, conhecida por seu apelido, Foufie, mas o marido continuou tendo dificuldades para encontrar trabalho, e os dois foram forçados a declarar falência.

Em janeiro de 1880, Pafnuty Chebyshev, um eminente matemático russo, convidou Sophie Kowalevski para dar uma palestra em São Petersburgo. Ela não havia desistido do sonho de se tornar uma matemática profissional, então agarrou a oportunidade. Ela traduziu uma parte inédita de sua tese do alemão para o russo durante a noite e proferiu a palestra no dia seguinte. Foi um momento decisivo: o momento em que os seus sonhos ficaram muito próximos.

Ao ouvir a sua apresentação, Gösta Mittag-Leffler, ex-aluno de Weierstrass e agora professor de matemática na Universidade de Helsinque, ficou enormemente impressionado e determinado a encontrar um emprego em sua Suécia natal para ela. Ele assumiria o cargo de professor de matemática na University College de Estocolmo no ano seguinte e esperava poder usar sua influência em benefício de Sophie. Os dois começaram a se corresponder e, em 1881, ela escreveu que estava obcecada por um problema que era belo e elusivo, um problema que ela chamava de "sereia matemática".

O problema é um que os bailarinos resolvem intuitivamente o tempo todo. Quando fazem uma pirueta, girando sobre um pé, conseguem alterar a maneira como se movem ajustando a posição dos braços ou da outra perna. À medida que giram, podem acelerar ou desacelerar com um mínimo de ajuste corporal. As variáveis – forma, aceleração e velocidade – são fáceis de compreender. O ajuste em um muda o outro. Ao dominar as relações entre as variáveis, os bailarinos conseguem cronometrar suas rotações com perfeição. Os matemáticos, porém, não tinham essa sorte. Mesmo um pião que não fosse completamente redondo não poderia ser descrito matematicamente. Parecia muito aleatório e muito difícil de expressar em uma equação.

Kowalevski decidiu determinar a matemática de um pião. Ela escreveu: "Essa pesquisa me pareceu tão interessante e envolvente que, por enquanto, me esqueci de todo o resto e me entreguei a esse trabalho com todo o fervor de que sou capaz".[9] Desesperada para voltar a pesquisar matemática, ela se mudou de novo para Berlim, agora com a filha de poucos anos. Já fazia algum tempo que seu casamento estava em dificuldades, e ela não contou ao marido sobre a mudança.

Ela retomou seu trabalho com Weierstrass e passou mais dois anos em Berlim. Enquanto isso, Gösta se casou com uma mulher de uma família muito rica cujo dote lhe permitiu lançar um jornal matemático, *Acta Mathematica*, em 1882, e construir uma elegante casa de campo no norte de Estocolmo. Ele fundou uma biblioteca particular de matemática, e sua influência na comunidade matemática se espalhou.

Na primavera de 1883, a vida de Sophie Kowalevski foi atingida por uma tragédia. Em sua ausência, Vladimir entrou em depressão e tirou a própria vida. Kowalevski ficou arrasada. O homem que mais a ajudara estava morto, e o sentimento de culpa a levou a tentativas de morrer de fome.

Gösta entrou em contato na hora certa. Ele agora tinha influência suficiente para garantir a Kowalevski um cargo de professora na Universidade de Estocolmo, e isso lhe deu uma razão para viver. Ela se recompôs, aceitou o cargo e relançou o sonho de sua vida de se tornar uma matemática profissional. Foi o início de um novo capítulo, mas não foi nada fácil. Por ser mulher, não recebia salário. Em vez disso, ela tinha de cobrar pessoalmente mensalidades de seus alunos. Recebia respostas mistas de colegas e de observadores. O dramaturgo August Strindberg afirmou que "uma professora é um fenômeno pernicioso e desagradável – até, pode-se dizer, uma monstruosidade".[10] Ao relatar a sua chegada, um jornal de Estocolmo a descreveu como "uma princesa da ciência". A resposta dela: "Veja só! Me tornei uma princesa! Seria melhor se me tivessem dado um salário".[11]

Ela continuou a lecionar em Estocolmo, deixando a filha na Rússia com o cunhado. Em maio de 1884, escreveu: "Acho que seria uma fraqueza imperdoável da minha parte se eu me deixasse influenciar, mesmo que ligeiramente, pelo desejo de parecer uma boa mãe aos olhos das velhas de Estocolmo".[12] Seus colegas matemáticos logo foram conquistados por suas habilidades. Em 1883, ela publicou artigos de matemática sobre as propriedades da luz e eles atraíram muita admiração. Os alunos da universidade também achavam que ela era uma excelente professora. Assim, em julho de 1884, foi nomeada professora de matemática na University College de Estocolmo. Ao consegui-lo, Kowalevski fez história.

Tornando-se profissional

Como professora, Kowalevski tinha a liberdade de se dedicar ao pião, sua sereia matemática. Seu trabalho se baseava no de dois matemáticos que tentaram resolver o problema um século antes – e fizeram alguns progressos. Em 1758, o matemático suíço Leonhard Euler elaborou as equações que descrevem a situação em que o ponto em que o pião gira é igual ao seu centro de gravidade (à esquerda no diagrama). Com essas equações, dadas a velocidade inicial e a posição, seria possível descobrir onde o topo posteriormente giraria. Joseph-Louis Lagrange então ampliou as equações para abranger qualquer pião simétrico. A tarefa que faltava era ampliar as equações ainda mais para o caso em que o pião não fosse simétrico. Mas isso se revelou muito difícil para qualquer um deles.

Três exemplos de piões. O movimento de um objeto em rotação depende da sua forma. O objeto à esquerda possui um ornamento simétrico no topo; o centro de gravidade está no eixo do movimento. O objeto do meio também possui um ornamento simétrico, mas aqui o centro de gravidade não está no eixo, e sim no centro do ornamento. O objeto da direita possui um ornamento assimétrico devido ao pequeno peso colocado em um dos lados. O centro de gravidade não se alinha com o eixo nem está contido no próprio objeto.

Ao longo de um ano, Kowalevski dedicou todo o seu tempo de pesquisa a resolver o problema da sereia matemática. Sua descoberta ocorreu quando ela tentou descrever o caminho que um ponto em um pião percorre e se deparou com uma ferramenta chamada "funções teta". Embora as funções teta não fossem novidade na matemática, ela percebeu que poderia usá-las para simplificar o problema. O trabalho de Euler e Lagrange conseguia lidar apenas com uma parte mutável da equação ou variável, representando a maneira como um objeto simétrico gira. Mas, quando você passa para o caso assimétrico, precisa de duas variáveis para descrever como tal objeto se move. É aqui que entram as funções teta. A sua principal característica é que elas podem combinar diversas variáveis, o que faz parecer que há menos partes mutáveis. Usando funções teta, Kowalevski conseguiu reduzir as duas variáveis a uma e depois aplicar algumas das técnicas que Euler e Lagrange tinham desenvolvido. Assim que reconheceu a aplicabilidade das funções teta à sereia matemática, soube que estava no caminho certo. Ela escreveu uma carta compartilhando o resultado e falando de seu desejo de avançar ainda mais.

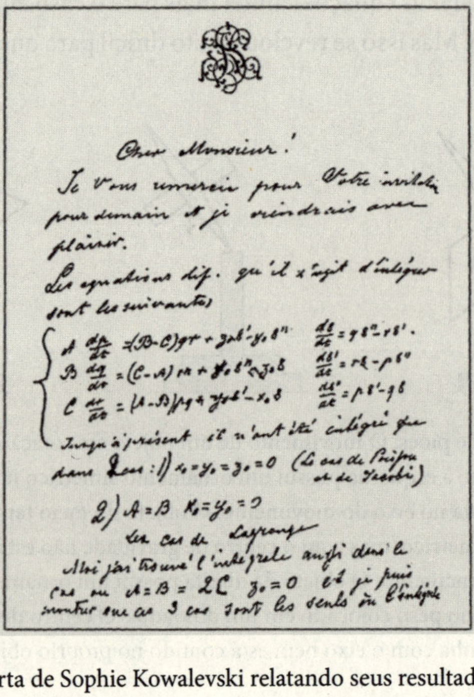

Cher Monsieur!

Je vous remercie pour votre invitation pour demain et je viendrais avec plaisir.

Les équations dif. qu'il s'agit d'intégrer sont les suivantes

$$\begin{cases} A\frac{dp}{dt} = (B-C)qr + z_0\gamma' - y_0\gamma'' & \frac{d\gamma}{dt} = q\gamma'' - r\gamma' \\ B\frac{dq}{dt} = (C-A)rp + x_0\gamma'' - z_0\gamma & \frac{d\gamma'}{dt} = r\gamma - p\gamma'' \\ C\frac{dr}{dt} = (A-B)pq + y_0\gamma - x_0\gamma' & \frac{d\gamma''}{dt} = p\gamma' - q\gamma \end{cases}$$

Jusqu'à présent ils n'ont été intégrées que dans 2 cas: 1) $x_0 = y_0 = z_0 = 0$ (le cas de Poisson et de Jacobi)

2) $A = B$ $x_0 = y_0 = 0$ le cas de Lagrange

Moi j'ai trouvé l'intégrale aussi dans le cas où $A = B = 2C$ $z_0 = 0$ et je puis montrer que ces 3 cas sont les seuls où l'intégrale

Carta de Sophie Kowalevski relatando seus resultados.

A notícia logo se espalhou. Os membros da Academia Francesa de Ciências ficaram entusiasmados ao saber da descoberta e decidiram escalar o problema para a seleção do prestigiado Prix Bordin daquele ano, na esperança de instigá-la a submeter seu trabalho. Em 1886, a tarefa foi anunciada sucintamente:

> PRIX BORDIN
> (Questão a ser resolvida até o ano de 1888)
> "Melhore, em algum ponto importante, a teoria do movimento de um corpo rígido."

Em disputa estava um enorme prestígio matemático e 3 mil francos (cerca de 100 mil reais em dinheiro de hoje). Cerca de uma dúzia de pessoas participaram da competição; a inscrição era anônima. Uma excelente equipe de matemáticos renomados foi selecionada para formar o painel de jurados.

O prazo final era 1º de junho de 1888. Contudo, Kowalevski sofreu outra perda: sua amada irmã Anna morreu aos 44 anos, em outubro de 1887, e, de luto, Kowalevski perdeu o prazo. Felizmente, o comitê da Academia Francesa foi compreensivo. Embora o prêmio tenha sido apresentado como um concurso aberto, eles escolheram esse problema específico tendo em mente especificamente o trabalho de Kowalevski. Ninguém mais havia chegado perto de resolvê-lo com o próprio conhecimento e, por isso, estavam dispostos a esperar. Quando ela enviou seu manuscrito incompleto e solicitou uma prorrogação, recebeu a resposta: "Como esses Acadêmicos [os avaliadores do Prix Bordin] tiram férias, das quais têm grande necessidade, é certo que eles não sairão de férias antes do mês de outubro". Foi-lhe concedida uma prorrogação de três meses e ela conseguiu submeter seu trabalho dentro desse prazo.

Quando os avaliadores se reuniram naquele outono, os jurados ficaram tão impressionados que não apenas concederam o prêmio àquela inscrição, mas também aumentaram o prêmio em dinheiro para 5 mil francos (mais de 160 mil reais hoje). O trabalho dela tinha um lema escrito tanto no envelope quanto no próprio trabalho: "Diga o que sabe, faça o que deve, e tudo o que for será".

Grand prix

Por recomendação de Chebyshev, Sophie Kowalevski se tornou a primeira mulher membra da Academia Russa de Ciências – embora tenha sido nomeada apenas como associada, ao contrário dos seus colegas homens, que eram membros plenos.

Kowalevskaya morreu de pneumonia em 1891, com apenas 41 anos. Ela enfrentou muitos desafios em sua vida e os superou, e também houve desafios em seu legado. O influente matemático Felix Klein consistentemente desdenhava e prejudicava o trabalho dela enquanto estava viva, alegando que tudo o que fazia era imitar a matemática do seu supervisor, Karl Weierstrass. Em 1926, ele repetiu essas afirmações em sua história da matemática do século XIX, deixando a impressão de que o trabalho dela não era original: "Seus trabalhos são feitos ao estilo de Weierstrass e por isso não se sabe quanto de suas próprias ideias está neles".[13] Klein acreditava que a principal contribuição dela era deixar Weierstrass mais confiante em suas próprias ideias.

Quase oitenta anos depois, o prolífico matemático e escritor Steven Krantz, em *Histórias e anedotas de matemáticos e da matemática*, repetiu o boato de que ela teve um caso com seu colega casado, Gösta Mittag-Leffler, apesar de as evidências serem ínfimas, e escreveu: "Ela morou na casa de Mittag-Leffler por algum tempo, e havia rumores de que eles eram íntimos (ela *não* era sua esposa)". Ele também enfatiza a sua aparência física, descrevendo-a como uma "mulher excepcionalmente bonita", cuja "atração física sem dúvida contribuía para chamar a atenção". O livro inclui uma imagem de uma mulher desconhecida vestida em uma fantasia, com a legenda "a adorável Sonja Kowalewska vestida como uma gatinha".[14]

Outros também deram ênfase indevida à aparência de Kowalevski. Numa carta a Kowalevski, Weierstrass menciona que ela convenceu o químico alemão Robert Bunsen a mudar sua opinião sobre não deixar nenhuma mulher entrar em seu laboratório, embora não sejam dados detalhes específicos sobre como isso se deu.[15] Alguns historiadores sugeriram que foi a sua beleza que mudou a opinião de Bunsen, em vez de, digamos, as suas capacidades de raciocínio e inteligência. E. T. Bell, um matemático e escritor do século XX, incluiu-a inesperadamente em seu *Homens da matemática*, descrevendo-a como uma "jovem deslumbrante"[16] e perpetuando a imagem dela como alguém cuja aparência era mais importante do que a sua capacidade matemática. Como escreve a historiadora Eva Kaufholz-Soldat, a representação de Kowalevski como uma espécie de *femme fatale* foi repetida por muitos dos seus biógrafos.[17]

Alguns escritores também sugeriram um "relacionamento" romântico entre Kowalevski e Weierstrass. É verdade que Weierstrass nutria sentimentos românticos por ela, mas não há evidências convincentes de que fosse correspondido. Essas representações contribuem para a impressão geral de que parte do sucesso de Kowalevski se deveu à sua capacidade de usar a aparência para manipular outros grandes matemáticos e cientistas, em vez de simplesmente o seu talento matemático.

Atualmente, há poucas evidências de que Kowalevski estivesse romanticamente envolvida com Mittag-Leffler ou Weierstrass, mas, mesmo que isso se confirmasse, não deveria mudar a visão que temos dela como uma matemática por mérito próprio. A matemática nunca esteve e nunca estará à parte das relações pessoais, assim como qualquer outra profissão. É mais fácil elogiar publicamente o trabalho das pessoas de quem você gosta do que de pessoas de quem você não gosta. Ou contar a um amigo sobre uma vaga ou nomear um colaborador para membro de uma sociedade profissional. Isso é compreensivelmente comum e torna ainda mais difícil a entrada de alguém de fora, como Kowalevski.

Kowalevski teve sucesso em um sistema que não foi criado para ela, mas não devemos reduzir sua história apenas a uma história de luta. Desde os primeiros momentos em que pôs os olhos nas equações matemáticas coladas nas paredes de sua infância, sentiu um profundo fascínio pela matemática e sua capacidade de descobrir verdades ocultas, e isso a motivou mais do que qualquer outra coisa. Como ela escreveu: "Parece-me que o poeta só precisa perceber aquilo que os outros não percebem, olhar mais profundamente do que os outros olham. E o matemático deve fazer a mesma coisa".[18]

Essa ideia de olhar mais profundamente do que qualquer um antes é importante. Ideias matemáticas bem estabelecidas podem, por vezes, passar uma imagem de completude, como se não houvesse mais nada a dizer. No entanto, quando um ou dois matemáticos intrépidos se dispõem a olhar um pouco mais de perto, às vezes há mais para ver do que se poderia imaginar. E foi exatamente isso o que aconteceu quando o "Copérnico da geometria", entre outros, reexaminou as regras fundamentais das formas que Euclides e outros haviam estabelecido milhares de anos antes. Tudo começou com uma história sobre Gauss.

12

REVOLUÇÕES

Há uma história envolvendo o matemático alemão Carl Friedrich Gauss que é mais ou menos assim: em 1821, ele estava numa montanha, montando o seu recém-inventado heliotrópio – um instrumento para refletir e focar a luz solar a grandes distâncias. O instrumento fornecia aos topógrafos pontos precisos de referência para calcular ângulos entre coisas diferentes. Nesse caso, as coisas eram os picos de três montanhas: Hohen Hagen, perto de Göttingen; Brocken, nas montanhas do Harz; e Inselsberg, na floresta da Turíngia (ver mapa a seguir). O triângulo resultante era enorme; seu lado mais longo tinha cerca de 110 quilômetros de comprimento – exatamente como ele havia planejado. Esses três picos de montanhas ajudariam Gauss a questionar a própria natureza dos triângulos.

Gauss sabia que a Terra era curva* e que, assim, os ângulos do triângulo não deveriam somar 180 graus; somariam mais. Mesmo nessa escala montanhosa, a diferença seria minúscula, mas, como escreveu a um colega, Olbers, em 1º de março de 1827, "a honra da ciência exige que se compreenda claramente a natureza dessa desigualdade".[1]

"Geometria" significa literalmente "mensuração da Terra". No entanto, na Europa do início do século XIX, a geometria ainda estava fortemente baseada nos *Elementos* de Euclides e nos postulados que ele escrevera milhares de anos atrás. Um deles, conhecido como postulado

* "Um esferoide oblato!", grita Newton da plateia.

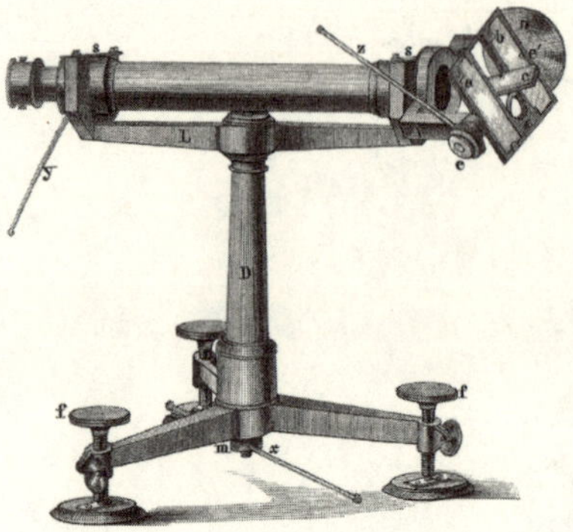
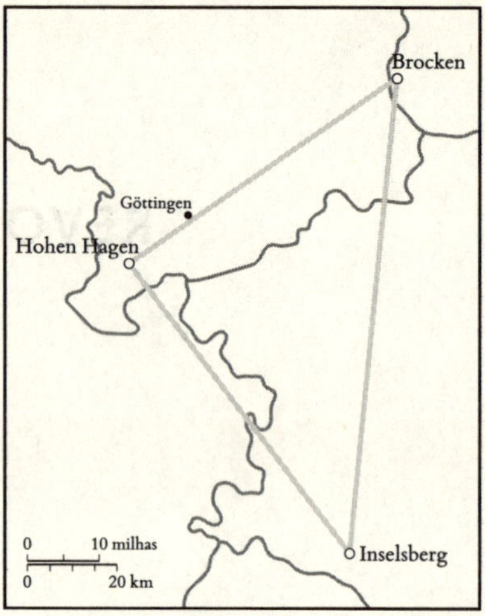

Heliotrópio de Gauss (*c.* 1822) (*à esquerda*). O grande triângulo de Gauss (*à direita*).

das paralelas, afirma essencialmente que os ângulos de um triângulo sempre somam 180 graus, o que é verdade em um plano, mas não em uma superfície curva como a da Terra. Claramente, algo estava errado. O que se seguiu foi uma mudança lenta, mas radical, na geometria e em suas implicações, uma reescrita completa das geometrias, formas e espaços que seriam matematicamente possíveis. Essas mudanças lançariam as bases para a maior reviravolta na física do universo desde Newton.

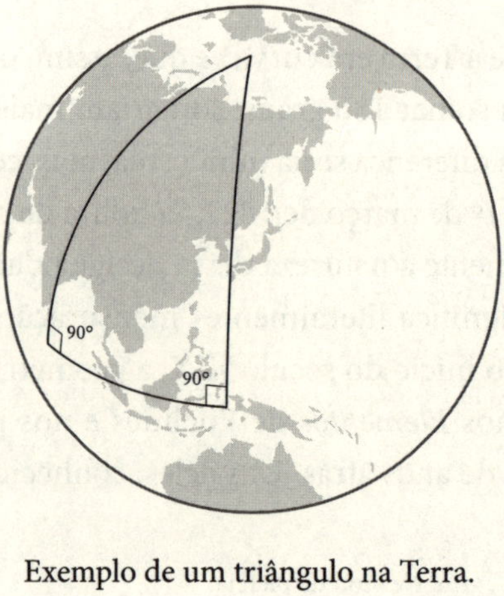

Exemplo de um triângulo na Terra.

Euclides viraliza

Por mais de um milênio, os *Elementos* de Euclides foram o texto matemático mais importante da Europa. Desde que o tratado de treze livros foi escrito, por volta de 300 a.e.c., ficou atrás apenas da Bíblia em termos de número de edições publicadas. Foi traduzido repetidas vezes e havia até versões de bolso e *pop-up*.

Versão de Billingsley dos *Elementos* de Euclides (1570).

O livro começa com os cinco postulados que descrevem os pressupostos básicos de conceitos geométricos, tais como pontos, retas e distância, os quais abordamos no Capítulo 1. Os primeiros quatro postulados eram bastante simples, por exemplo: "Uma linha reta pode ser traçada de qualquer ponto a qualquer outro ponto", mas havia algo no quinto – o postulado das paralelas – que irritou os matemáticos durante milênios. Afirma-se que, se forem traçadas duas linhas que cruzam uma terceira de tal maneira que a soma dos ângulos internos de um lado seja menor que dois ângulos retos, as duas linhas devem inevitavelmente se cruzar naquele lado se forem estendidas o suficiente. É um pouco difícil de imaginar, então talvez seja melhor desenhar. No diagrama a seguir, as duas linhas com setas, afirma o postulado, em algum momento se encontrarão.

Outra maneira de dizer isso é: se as duas retas cruzarem a terceira de modo que a soma seja 180 graus, ou seja, se elas forem paralelas, elas nunca se encontrarão.

Pode parecer intuitivo, mas esse quinto postulado era mais complicado do que os outros quatro. Durante anos, muitos matemáticos, tanto no Oriente Médio como na Europa, incluindo Ḥasan Ibn al-Haytham (c965-c1040), Omar Khayyam (1048-1131), Giovanni Girolamo Saccheri

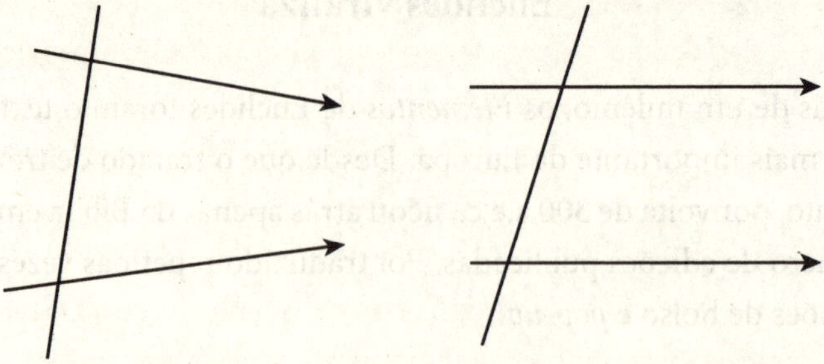

(1667-1733) e Johann Heinrich Lambert (1728-1777), tiveram esperanças de que haveria uma maneira de deduzir isso a partir dos primeiros quatro postulados, mas seus esforços foram em vão. Excepcionalmente, esse foi um caso em que a melhor abordagem parecia ser simplesmente desistir.

Uma pessoa que fez a coisa certa e desistiu foi János Bolyai. Mas a dele não é uma história simples. Bolyai faz parte de um trio de matemáticos que tiveram ideias semelhantes em momentos semelhantes. A relação exata entre eles é confusa – como um triângulo com ângulos que não somam 180 graus – e ilustra bem as maneiras pelas quais as ideias matemáticas frequentemente se desenvolvem.

Nascido na cidade húngara de Kolozsvár (hoje na Romênia) em 1802, János se mostrou promissor em matemática desde a juventude. Acontece que seu pai, Farkas Bolyai, era o melhor amigo de um colega de Gauss e lhe perguntou se seu filho poderia ir morar com ele para aprender matemática. Era um pedido incomum, e Gauss o recusou. Em vez disso, com poucas opções disponíveis para estudar matemática, János Bolyai foi estudar engenharia militar na Academia de Engenharia de Viena aos dezesseis anos. Concluiu o curso de sete anos em quatro e ingressou no exército.

Nas horas vagas, começou a trabalhar na substituição do postulado das paralelas por outra coisa. Seu pai havia trabalhado nisso antes dele, mas acabou sendo a ruína de sua existência. "Pelo amor de Deus, peço-lhe que desista", escreveu-lhe o pai. "Não o tema menos que as paixões sensuais porque ele também pode consumir todo o seu tempo e privá-lo da saúde, da paz de espírito e da felicidade na vida".[2] János acabou desistindo, mas não da maneira pela qual seu pai esperava. Ele desistiu do postulado das paralelas como um bloco de construção, mas começou a construir uma versão da geometria sem ele. Em 1823, anunciou ao pai que tinha "criado um mundo novo e diferente do nada".[3] János Bolyai percebeu que, se o postulado das paralelas não fosse válido, poderia haver um tipo de geometria completamente diferente. Ele a chamou de "geometria absoluta".

Imagine a superfície de uma sela ou de uma batata frita que vem empilhada.* Como uma linha reta é definida como a distância mais curta entre dois pontos, em tais superfícies as linhas retas parecem curvas e os triângulos ficam achatados, o que significa que a soma dos três ângulos é menor que 180 graus. Imaginar o que acontece em superfícies como essas ficou mais tarde conhecido como geometria hiperbólica. Para nós, isso pode parecer apenas diversão para a imaginação, mas foi muito difícil para as pessoas entenderem na época. Os postulados de Euclides e a geometria que eles produziam eram sacrossantos. Qualquer coisa sugerindo que outras geometrias pudessem existir era um desafio à ortodoxia euclidiana. Talvez por isso o pai de János não tenha ficado muito impressionado.

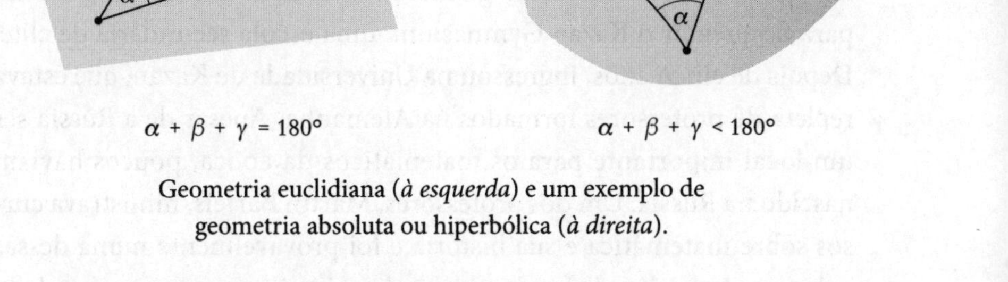

Geometria euclidiana (*à esquerda*) e um exemplo de geometria absoluta ou hiperbólica (*à direita*).

Alguns anos depois, János foi enviado para Arad, na Romênia, e lá encontrou seu ex-professor de matemática da Academia de Engenharia

* Você sabe qual é: aquela que vem em uma lata cilíndrica grande.

de Viena, Wolter von Eckwehr. Ele lhe entregou um manuscrito com suas ideias, mas von Eckwehr não fez nenhum comentário e nem mesmo o devolveu. O pai de János se acostumou mais com as ideias do filho nos sete anos que se passaram desde que as viu pela primeira vez e sugeriu que a obra fosse publicada como um apêndice a seu próximo livro. Farkas também mandou um relatório sobre as ideias do filho ao seu velho amigo Gauss. Contudo, longe de ser o esperado momento de triunfo, Gauss respondeu friamente que todo o conteúdo da obra coincide "quase inteiramente com as minhas meditações, que ocuparam parcialmente a minha mente durante os últimos trinta ou trinta e cinco anos".[4] Em 1824, Gauss escreveu a um colega afirmando que estava vendo uma "geometria curiosa, bastante diferente da nossa, mas totalmente consistente".[5] Gauss estava de fato trabalhando no mesmo problema.

János ficou arrasado ao saber que Gauss já sabia de algo semelhante, e o incidente desencadeou uma antipatia duradoura pelo homem. No entanto, apesar da autoconfiança de Gauss, ele também não foi o primeiro a descobrir essa nova geometria. Devia haver algo no ar daquela época que incentivava sutilmente os matemáticos a desafiar antigas ideias geométricas. Nikolai Lobachevsky havia chegado a ela antes dos dois.

Quando linhas paralelas se encontram

Nikolai Lobachevsky estudou matemática primeiro em Kazan, na Rússia, quando ele e seu irmão ganharam bolsas de estudo do governo para frequentar o Kazan Gymnasium, uma escola secundária de elite. Depois de cinco anos, ingressou na Universidade de Kazan, que estava repleta de professores formados na Alemanha. Apesar de a Rússia ser um local importante para os matemáticos da época, poucos haviam nascido na Rússia. Um dos professores, Martin Bartels, ministrava cursos sobre matemática e sua história e foi provavelmente numa dessas aulas que Lobachevsky se deparou pela primeira vez com o postulado das paralelas.

Lobachevsky se formou na Universidade de Kazan com um mestrado em física e matemática e começou a lecionar lá. Dirigiu a construção de um novo observatório astronômico que se tornou um dos mais bem equipados da Rússia. Em 1816, voltou sua atenção para os axiomas de Euclides e decidiu tentar usar o mundo ao seu redor para compreendê-los melhor. Somente a geometria do universo, pensava ele, seria capaz de lhe dizer algo sobre os fundamentos da geometria.

Lobachevsky decidiu olhar para três estrelas, duas das quais estavam relativamente próximas e uma muito mais distante, e tentou calcular a soma dos ângulos entre elas. Lidar com uma distância tão grande, no entanto, não era fácil – mesmo num dos melhores observatórios da Rússia. Ele conseguiu fazer medições e demonstrar que a soma dos ângulos no triângulo de estrelas era inferior a 180 graus, mas a diferença era extremamente pequena – tão pequena que ele retirou as medições de um manuscrito que estava escrevendo sobre os fundamentos da geometria e, em vez disso, optou por um argumento teórico. Esse argumento o levou à mesma posição desconfortável a que Bolyai chegaria mais tarde, a qual indicava que o postulado das paralelas de Euclides não se sustenta. Incapaz de prová-lo com dados, Lobachevsky chamou esse mundo matemático de geometria "imaginária".

Primeiro, apresentou o seu trabalho à Academia de Ciências de São Petersburgo, mas foi rejeitado, o que não foi nenhuma surpresa – em muitos aspectos, o trabalho era escandaloso. Um mundo em que o postulado das paralelas não se sustenta pode parecer mais uma obra de arte de Escher do que a nossa percepção da realidade. Na geometria euclidiana, dados uma reta e um ponto, existe uma única reta paralela que pode ser traçada através desse ponto; na geometria hiperbólica, no entanto, existem infinitas. Isso era tão chocante para as pessoas da época quanto a ideia de que o Sol não gira ao redor da Terra o foi para as pessoas no século XVI.

Lobachevsky não se intimidou com essa rejeição e começou a chamar o seu trabalho de pangeometria, postulando-o como uma teoria geométrica geral que incluía a geometria de Euclides como um caso particular. Ele publicou o trabalho no jornal de sua universidade, *The Kazan Messenger*, em 1829. Como as ideias eram revolucionárias, passaram-se décadas até que fossem aceitas na Rússia. Contudo, como vimos no caso de Bolyai e Gauss, houve outros que chegaram a conclusões semelhantes. Foi Lobachevsky, porém, quem mais tarde se tornaria conhecido nos círculos matemáticos como o Copérnico da geometria.

Bolyai, Gauss e Lobachevsky só descobriram um lado da história. Em seu trabalho, exploraram a geometria hiperbólica em uma superfície em forma de sela. Vivemos na superfície de uma esfera, onde a geometria se comporta não apenas de forma "não euclidiana", mas também com um tipo de curvatura diferente daquela que o trio encontrou. Seria Bernhard Riemann quem daria atenção para essa forma geométrica conhecida como curvatura positiva.

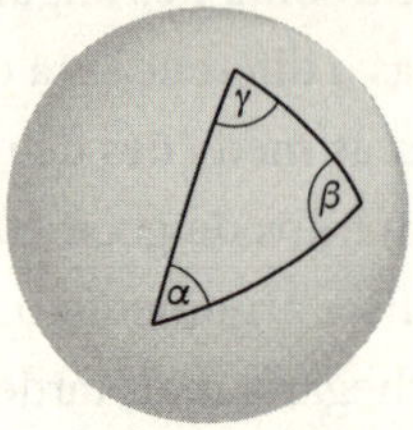

$\alpha + \beta + \gamma > 180°$

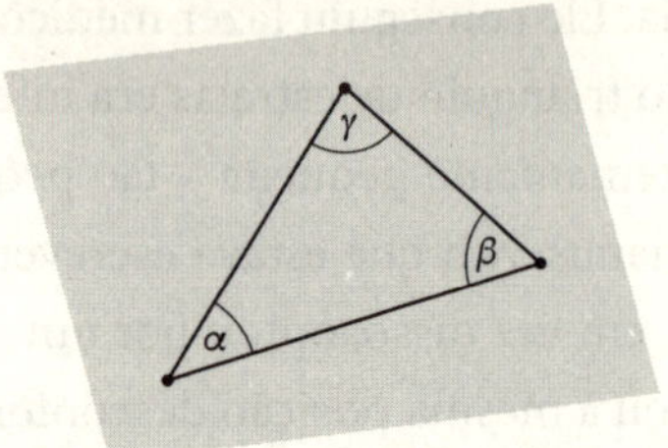

$\alpha + \beta + \gamma = 180°$

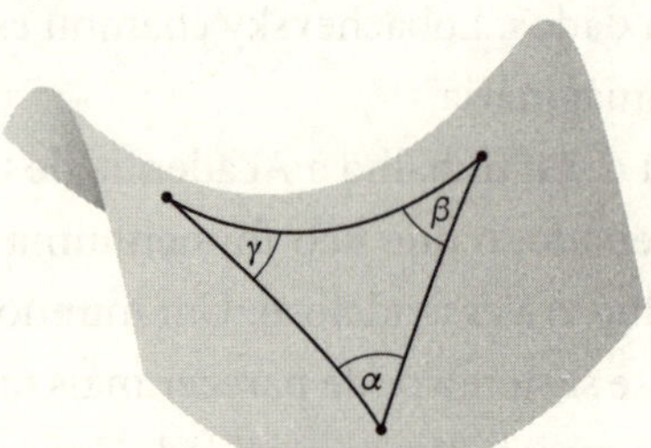

$\alpha + \beta + \gamma < 180°$

Curvatura positiva (*topo à esquerda*), curvatura zero (*topo à direita*) e curvatura negativa (*abaixo*).

Em 1854, Gauss supervisionava o pós-doutorado de Riemann na Universidade de Göttingen. Riemann explicou que havia uma geometria que funcionava de forma oposta à geometria "hiperbólica" de Bolyai e Lobachevsky. Em vez de os ângulos de um triângulo somarem menos de 180 graus, eles somavam mais. Gauss tinha ciência desse tipo de geometria, mas Riemann foi o primeiro a realmente explorar as suas implicações matemáticas.

A geometria elíptica viola não apenas o postulado das paralelas, mas três dos outros postulados de Euclides. Recapitulando: o primeiro postulado diz que, dados dois pontos, existe uma única linha reta que os liga. No entanto, imagine desenhar uma linha que segue a distância mais curta entre os polos norte e sul, ou seja, uma linha reta. Na geometria euclidiana, deveria haver apenas uma opção, mas, na verdade, qualquer uma das linhas de longitude funcionaria. Não é só que não existe mais uma única linha ligando dois pontos – em alguns casos, na geometria elíptica, existem infinitas!

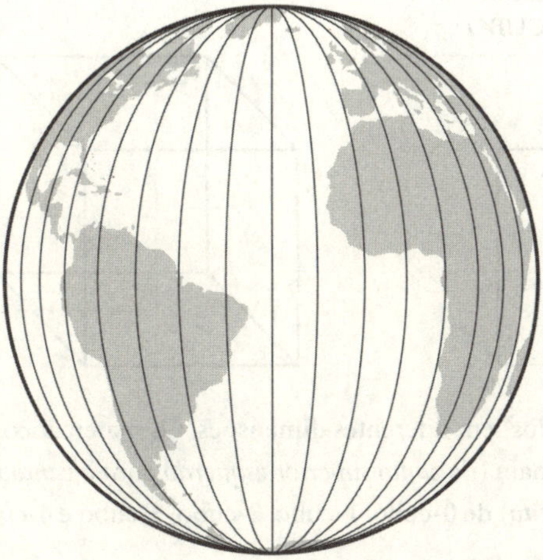

Além disso, Riemann notou que muitas ideias na geometria podem ser generalizadas para dimensões superiores (e inferiores). Considere as ideias de um quadrado e de um cubo. Se você colocar um quadrado em ângulo reto em cada lado de outro quadrado, acabará tendo um cubo; mas por que parar aí? Se você colocar um cubo em cada face de um cubo e ligá-los, você terá outra forma – um tesserato. Você precisa de quatro dimensões para criá-lo, mas, matematicamente falando, isso não é um problema. Esse fato levou os matemáticos a uma ideia mais generalizada de quadrado, que pode ser aplicada em dimensões superiores.

A Universidade de Göttingen logo se tornaria um centro de geometria não euclidiana, e Felix Klein seria um dos líderes do movimento. Foi Klein quem classificou as diferentes geometrias novas como elípticas e hiperbólicas.

Também foi o primeiro a descrever uma estranha forma de dimensão superior conhecida como garrafa de Klein, que é construída colando

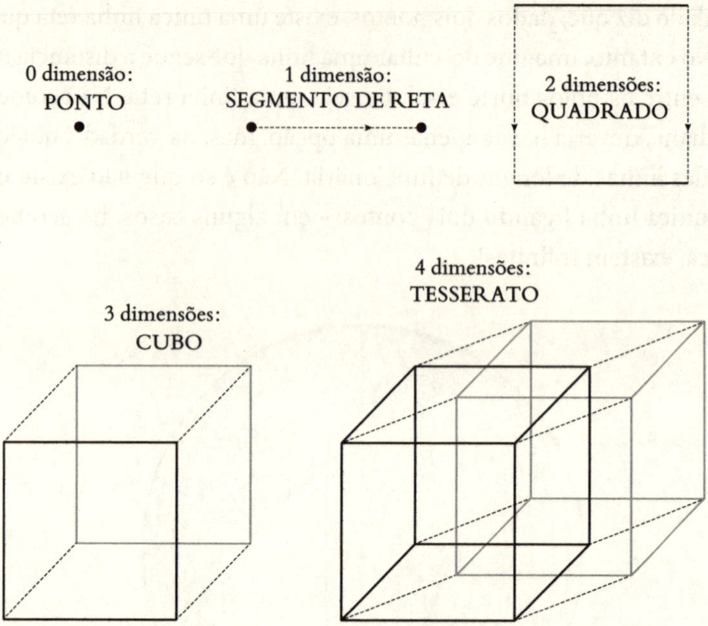

"Quadrados" em diferentes dimensões. Os matemáticos às vezes os chamam (*do canto superior esquerdo para o canto inferior direito*) de 0-cubo, 1-cubo, 2-cubo, 3-cubo e 4-cubo.

as duas extremidades de um cilindro em "orientação reversa". Girando o cilindro ao ligá-lo, é possível criar uma forma que tenha apenas um lado. Ela não pode ser construída em três dimensões, mas, se você tiver quatro dimensões, é possível. A garrafa de Klein é uma versão em maior dimensão da faixa de Möbius, esta talvez mais conhecida. A superfície de uma faixa de Möbius é criada torcendo um retângulo e colando duas das bordas. O resultado é uma superfície plana com apenas um lado. Se você pudesse dirigir nela, acabaria passando por toda a superfície sem nunca ter de pegar o carro e passar para o outro lado.

David Hilbert, outro matemático de Göttingen, propôs em 1899 um novo conjunto de postulados para substituir os de Euclides. Entre os vinte novos axiomas de Hilbert, havia um sobre paralelas. Em vez de descrever linhas paralelas universalmente, como Euclides havia tentado, a versão de Hilbert do postulado das paralelas começava assim: "Em um plano...". Em outras palavras, presumia-se que linhas paralelas

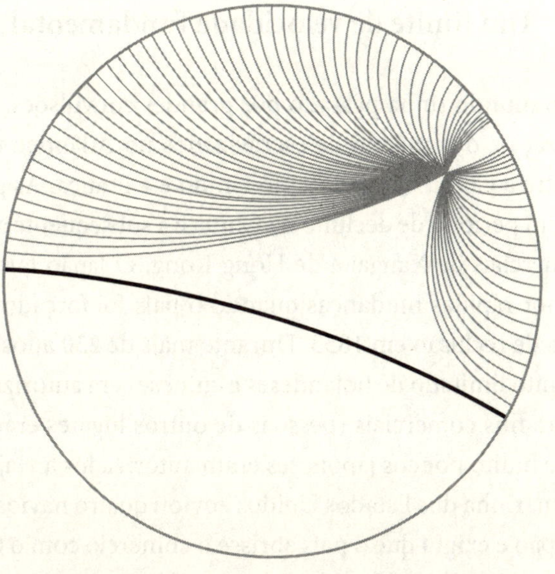

Existem infinitas linhas paralelas que passam por um único ponto na geometria hiperbólica.

existiam num plano bidimensional, mas, em dimensões superiores e em outras superfícies, não havia razão para supor que elas existissem. Hilbert inaugurou uma nova era na matemática que culminou em um discurso proferido, em 1900, no recém-criado Congresso Internacional de Matemáticos (ICM). Ele reuniu 23 problemas abertos, aqueles que considerava mais importantes de resolver, e anunciou dez deles no ICM. Seu discurso ajudou a definir a direção da pesquisa matemática das décadas seguintes.

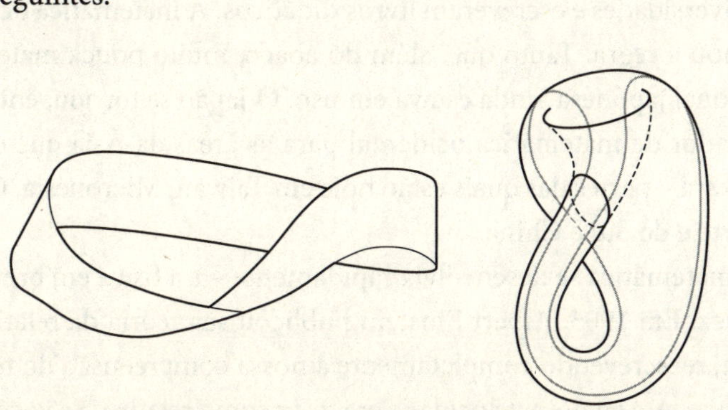

Faixa de Möbius (*à esquerda*) e garrafa de Klein (*à direita*).

Um limite de velocidade fundamental

Em 1900, o mundo tinha passado por grandes convulsões, tais como a industrialização, o comércio de escravizados no Atlântico e as guerras do ópio entre a China Qing, o Reino Unido e a França. As guerras exacerbaram um período de declínio na China e a subsequente abertura dos portos comerciais de Xangai e de Hong Kong. O Japão também estava passando por rápidas mudanças quando o país foi forçado a pôr fim à sua política de reclusão em 1853. Durante mais de 250 anos, apenas um número muito limitado de holandeses e chineses era autorizado a visitar o Japão para fins comerciais (pessoas de outros lugares eram proibidas de entrar) e muito poucos japoneses eram autorizados a viajar para fora do país. A marinha dos Estados Unidos enviou quatro navios de guerra à costa do Japão e exigiu que o país abrisse o comércio com o Ocidente. O regime que governava o Japão foi surpreendido por aquela imensa força militar, o que deu início a um enorme debate sobre os métodos ocidentais e se deveriam ser adotados.

A geometria de Euclides já havia chegado ao Japão pelas traduções chinesas dos *Elementos*. Porém, até então não existiam instituições acadêmicas especializadas em matemática; logo, poucas pessoas a entendiam. Tornou-se política oficial do governo priorizar o aprendizado de *yosan* (matemática ocidental) em detrimento de *wasan* (matemática japonesa). No fim do século XIX e início do século XX, o governo japonês enviou estudiosos para os Estados Unidos, Reino Unido, França e Alemanha. Eles voltaram e formaram associações acadêmicas, ensinaram em universidades e escreveram livros didáticos. A matemática ocidental se tornou a regra. Tanto que, além do ábaco, muito pouca matemática tradicional japonesa ainda estava em uso. O Japão se tornou, então, um exportador de matemática ocidental para as áreas da Ásia que outrora colonizara – partes das quais estão hoje em Taiwan, Micronésia, Coreias do Norte e do Sul e China.

A matemática se desenvolvia rapidamente – e a física em breve teria a sua vez. Em 1905, Albert Einstein publicou sua teoria da relatividade restrita, reescrevendo completamente a nossa compreensão do tempo e do espaço. Até então, a velocidade era vista como relativa. Se você lançar uma bola de um carro em movimento, a bola se moverá na velocidade em que você a lançou mais a velocidade do carro; no entanto, experimentos e explorações anteriores deram dicas de que a luz não se comportava dessa maneira – a sua velocidade no vácuo é sempre constante, não importa o que aconteça.

Essa observação deixou muitos físicos perplexos, mas o momento iluminado de Einstein foi parar de pensar nela como uma inconveniência e, em vez disso, vê-la como um limite de velocidade fundamental do universo. Escrever as equações o levou a resultados incríveis; por exemplo, ele mostrou como energia e matéria podem ser cambiadas por meio da relação $E = mc^2$, em que E é energia, m é massa e c é a velocidade da luz no vácuo. Também o levou à estranha conclusão de que o espaço-tempo não era uma entidade única e homogênea, mas se deformava para acomodar esse limite de velocidade universal.

Isso certamente o levou aos domínios das geometrias não padronizadas, mas foi quando acrescentou a gravidade à sua teoria que ele realmente se viu imerso nela – as suas teorias simplesmente não se sustentariam de outra forma. Em sua teoria geral da relatividade, Einstein afirmou que a gravidade é o resultado de objetos massivos curvando o espaço-tempo, e essas curvaturas significam que os objetos no espaço-tempo aplicam forças aceleradoras uns sobre os outros relacionadas à sua massa. Entre este livro e você, essa força é minúscula. Mas, entre a Terra e você, essa força é o que mantém você no chão. Apoiando o raciocínio matemático de Einstein estava a geometria que Riemann desenvolvera. Einstein deu os saltos conceituais necessários nas suas teorias da relatividade, mas teria sido muito mais difícil se essa matemática já não tivesse sido elaborada. Em última análise, a sua abordagem girava em torno de axiomas. Concluir logicamente o princípio de que a luz tem um limite de velocidade o levou à relatividade restrita e a outras coisas. Mas a física e a matemática também tinham muitos outros axiomas. E, do processo de descobrir quais eram realmente básicos o suficiente para serem axiomas e quais poderiam ser deduzidos, surgiu um dos teoremas mais inspiradores de todos os tempos.

As equações do universo

Emmy Noether nasceu em 1882 na cidade bávara de Erlangen, onde seu pai era matemático na universidade local. Ela inicialmente pensou que queria ser professora de francês e inglês, mas logo mudou para a matemática. Depois de concluir o doutorado, conseguiu um emprego no Instituto de Matemática de Erlangen. Tal como aconteceu com Sophie Kowalevski no início de sua carreira, o trabalho de Noether não era remunerado. Durante os estudos, teve o apoio financeiro de sua família, e continuou a tê-lo quando foi trabalhar no instituto. Sua grande oportunidade surgiu quando David Hilbert e Felix Klein, ambos trabalhando na Universidade de Göttingen, pagaram-lhe para ajudá-los em problemas decorrentes da teoria geral da relatividade de Einstein. E, quando ela chegou lá, apresentou-lhes o que hoje é conhecido como teorema de Noether.

Para entender quão impressionante é o teorema, imagine escrever todas as equações que descrevem o universo – um número verdadeiramente desconcertante, envolvendo um número aparentemente improvável de disciplinas científicas. E, independentemente do que sejam, o teorema de Noether nos diz algo sobre todas elas.

Seu teorema diz que, se as leis da física se aplicam igualmente em todo o universo, logo o momento sempre se conservará. E diz que, se as leis da física de hoje forem as mesmas de amanhã, a energia também se conservará. Mesmo que não saibamos exatamente quais são as equações do universo, o teorema de Noether nos fala sobre suas consequências. Antes de Noether, a conservação do momento e da energia eram suposições. Agora, ela podia ser deduzida.

A prova de Noether para seu teorema foi um *tour de force* construído usando as ferramentas de um assunto conhecido como cálculo de variações. Pense nele como uma generalização do cálculo que não se aplica apenas a funções matemáticas que atuam sobre números, mas também a funções matemáticas que atuam sobre as próprias funções. Noether conseguiu usar essa abordagem para captar matematicamente a essência das leis e simetrias físicas sem nunca ter de entrar nos detalhes do que elas eram. Ela poderia, então, manipular essas expressões para provar o seu teorema, revelando a ligação fundamental entre elas.

Era uma conquista incrível, mas que não a levaria por um caminho fácil numa carreira na matemática. Depois que ela defendeu seu doutorado na Universidade de Erlangen, Hilbert ansiava conseguir um cargo para ela na Universidade de Göttingen, que contava com muitos matemáticos importantes e era então o crescente epicentro da matemática na Europa graças à presença de Hilbert e Klein. Mas sua proposta de nomeação foi recebida com protestos por parte de outros acadêmicos, que pensavam que não havia lugar na academia para mulheres. Irritado, Hilbert disse aos superiores da universidade que analisaram a candidatura: "Não vejo como o sexo da candidata seria um argumento contra ela... Afinal, somos uma universidade, não uma casa de banhos!".[6] Por fim, Hilbert conseguiu um cargo para Noether como uma espécie de assistente convidada - outro cargo não remunerado. Na universidade, e não na casa de banhos, muitos matemáticos gostavam de nadar e conversar na piscina exclusiva para homens. Noether não foi autorizada a se juntar a eles, mas dizem que começou a nadar lá mesmo assim.

Quatro anos depois, em 1923, Noether se tornou professora com uma bolsa, ou seja, uma ligeira melhoria, pois o cargo tinha uma pequena remuneração. No entanto, em 1933, os nazistas subiram ao poder na Alemanha, e rumores começaram a circular de que Noether, que era judia, seria demitida do cargo. Muitos matemáticos e estudantes de pós-graduação escreveram cartas em protesto. Deram testemunho das excelentes habilidades de pesquisa matemática de Noether e elogiaram seu compromisso com o ensino. Um dos colaboradores de Noether, Helmut Hasse, escreveu: "Estou convencido de que a senhorita Noether é uma das principais matemáticas da Alemanha. Especialmente para a geração mais jovem, seria uma perda muito grande se a senhorita Noether fosse forçada a se mudar para o exterior".[7] Até 31 de julho, chegaram cartas de todo o mundo, incluindo de Copenhague, Viena, Cambridge, Bolonha, Zurique, Osaka e Tóquio. Alguns meses depois, Noether recebeu a confirmação do Ministério Prussiano da Ciência, Arte e Educação Popular de que seria demitida. No entanto, ela já havia planejado a sua fuga.

Noether recebeu ofertas para se mudar para Oxford e Moscou, mas acabou aceitando uma oferta de Bryn Mawr, na Pensilvânia - a única faculdade para mulheres na época com um programa de doutorado em matemática. Lá, ela se encontrou pela primeira vez com várias colegas

Matemáticos em Nikolausberg, perto de Göttingen, em julho de 1933.
(*Da esquerda para a direita*) Ernst Witt, Paul Bernays, Helene Weyl, Hermann Weyl, Joachim Weyl, Emil Artin, Emmy Noether, Ernst Knauf, pessoa não identificada, Chiungtze Tsen e Erna Bannow.

mulheres. Tornou-se amiga de Anna Pell Wheeler, chefe do Departamento de Matemática, que desempenhou um papel importante em levá-la para os Estados Unidos. Wheeler sabia quão difícil podia ser a situação das mulheres na matemática. "Existe tamanha objeção às mulheres que eles preferem um homem mesmo que ele seja inferior tanto em formação como em pesquisa", escreveu ela.[8] Wheeler já havia estudado em Göttingen e, por isso, falava alemão, o que pode ter ajudado a aumentar o apelo.

As duas se tornaram amigas e colaboradoras. Os anos de Noether em Bryn Mawr foram dos mais felizes; ela se sentia mais valorizada profissionalmente lá do que em seu país natal. Com o apoio de Wheeler e de outras, ela se dedicou ao ensino. Seu inglês era rudimentar, mas ela superava a barreira mudando ocasionalmente para o alemão se suas tentativas iniciais de explicação não funcionassem. Ela foi convidada para dar palestras no Instituto de Estudos Avançados (IAS, em inglês) de Princeton, um novo instituto de pesquisa criado com o objetivo de reunir as maiores mentes da época. Embora fosse apenas para homens, abriram uma exceção para Noether e a convidaram (embora só como "visitante", e não como "professora") a dar palestras semanais na escola de matemática.

Quando ela estava na Alemanha, a experiência de Noether lhe rendeu um grupo de seguidores que ficaram conhecidos como os meninos de Noether. Alguns vinham de longe para aprender com ela. Entre eles estava o estudante chinês Chiungtze C. Tsen, que partiu da China Qing para Göttingen depois de ganhar uma bolsa para estudar na Europa. Ele provaria um resultado básico sobre funções envolvendo curvas que veio a ser conhecido como teorema de Tsen. Também entre eles estava Teiji Takagi, do Japão, que estudou principalmente com Hilbert como parte do esforço do país para compreender melhor a matemática ocidental, mas ele foi um dos que escreveram cartas de protesto quando ameaçaram Noether de perder o emprego. Noether adorava ensinar; muitas vezes não seguia planos de aula rígidos e preferia conversas abertas. Certa vez, quando a universidade estava fechada, conduziu as discussões em um café. Em Bryn Mawr, ela conquistou um conjunto de seguidores igualmente devotos. Contudo, dessa vez os seguidores de Noether eram mulheres jovens, entre elas Olga Taussky, que publicaria mais de trezentos artigos de pesquisa em matemática.

Noether passaria apenas alguns anos em Bryn Mawr. Ela morreu em 1935, aos 53 anos, dias depois de ser submetida a uma cirurgia para a remoção de um tumor. Contou apenas aos amigos mais próximos que estava doente e, por isso, sua morte foi um choque para muitos. Quando a notícia se tornou pública, surgiram homenagens, incluindo uma de Albert Einstein, que escreveu no *New York Times*: "A *Fräulein* Noether foi a gênia matemática e criativa mais significativa até agora desde o início do ensino superior feminino".[9]

Quando Noether deixou a Alemanha, ela era uma matemática famosa e renomada. Embora não esteja claro se ela sabia muito sobre Bryn Mawr antes de ingressar na universidade, todos lá certamente sabiam muito sobre ela. Bryn Mawr estava interessada em ajudá-la e isso foi conseguido através de um programa gerido pelo Instituto de Educação Internacional dos Estados Unidos para auxiliar acadêmicos alemães exilados. Muitos outros acadêmicos exilados foram convidados para diversas instituições. No entanto, eram numerosos os lugares que não aceitavam pessoas de ascendência judaica. Outros se recusavam a apoiar qualquer pessoa da Alemanha. Essa relutância era um reflexo das sociedades em geral, que estavam longe de ser abertas e inclusivas. Noether fez muito para mudar a visão sobre as mulheres na matemática, expandindo enormemente o que as pessoas acreditavam ser possível. No entanto, a diversidade na matemática ainda teria um longo caminho a percorrer. Uma grande expansão do número de pessoas que teriam a oportunidade de estudar e continuar estudando acabaria por acontecer, embora fosse uma conquista difícil.

13

Quando o astrônomo iniciante Benjamin Bannaker ficou sabendo do que foi dito sobre suas previsões e seus cálculos pelo astrônomo consagrado David Rittenhouse, ficou, compreensivelmente, um tanto irritado.

Era o início da década de 1790, e Bannaker estava tentando publicar um almanaque que incluía horários de eclipses e do alinhamento de planetas no céu. Andrew Ellicott, famoso por mapear partes da área a oeste dos Montes Apalaches, nos recém-nomeados Estados Unidos da América, apoiou o esforço. Ele fez com que outras pessoas o lessem na esperança de conseguir endossos para Bannaker. Um desses endossos veio de Rittenhouse, que conhecemos brevemente no Capítulo 9 como defensor do newtonianismo. Ele já estava estabelecido no campo da astronomia e havia escrito seus próprios almanaques. Ficou claramente impressionado com o trabalho de Bannaker. Ele descreveu os cálculos como "suficientemente precisos". Também disse que era um "desempenho muito extraordinário", mas moderou a sua visão de quão extraordinário era o desempenho com as seguintes palavras: "considerando a cor do autor".[1]

Bannaker nasceu em Maryland. Sua mãe, Mary, era uma mulher negra livre e seu pai, Robert, um ex-escravizado da Guiné. Existem relatos conflitantes sobre a ascendência mais distante de Benjamin, mas uma sugestão é que seu avô materno pode ter sido membro do povo dogon na África Ocidental. A religião dos dogon dá detalhes sobre o sistema solar que são impossíveis de discernir a olho nu, como os anéis de Saturno e as luas de Júpiter. Não se sabe exatamente como os dogon fizeram essas descobertas. O avô de Bannaker morreu antes de ele nascer, mas é possível que tenha transmitido esse conhecimento para a sua esposa (a avó de Bannaker), que então o passou para ele, desencadeando um fascínio pela astronomia.

Os primeiros detalhes da vida de Bannaker são um tanto confusos. Acredita-se que, quando menino, frequentou uma escola e aprendeu a ler, escrever e fazer cálculos, mas que provavelmente parou de estudar quando atingiu idade suficiente para trabalhar na fazenda da família. Aos 21 anos, conseguiu recriar completamente a mecânica de um relógio de bolso emprestado, esculpindo em madeira versões em escala dos componentes. O relógio de madeira batia as horas e continuou a funcionar até a sua morte, mais de cinquenta anos depois. O relógio era particularmente incrível considerando que tão poucas pessoas nas Américas controlavam o tempo de hora em hora. David Rittenhouse e vários outros estadunidenses fabricaram relógios elegantes para famílias ricas, mas ainda eram uma raridade. Bannaker também ficou fascinado pela forma como os planetas e as estrelas se moviam e comprou um pequeno telescópio para estudá-los mais de perto.

Aos vinte e tantos anos, Bannaker perdeu grande parte de sua paixão pela astronomia, talvez devido a um episódio romântico com um fim trágico. Ele trabalhou em uma fazenda até que, com quase cinquenta anos, conheceu a família Ellicott. Eram *quakers*, acreditavam na igualdade racial e lhe deram um emprego em uma fábrica de sua propriedade. Enquanto estava lá, pegou emprestados livros de astronomia e rapidamente dominou a álgebra, a geometria, os logaritmos e a trigonometria que eles continham – tanto que, apenas um ano depois, ele escrevia as suas próprias previsões de eclipses solares. A família reconheceu sua habilidade matemática e Andrew Ellicott lhe pediu que ajudasse no levantamento do terreno. Bannaker fez cálculos astronômicos para os levantamentos e calculou vários pontos que poderiam ser usados para definir os limites do distrito federal. Em 1791, Bannaker abandonou esse trabalho e começou a escrever seu almanaque astronômico para o ano seguinte. No entanto, inicialmente, nenhuma editora aceitou o livro, e Andrew Ellicott interveio para ajudá-lo.

Rittenhouse, que também era contra a escravidão, endossou abertamente o trabalho de Bannaker. Um motivo para incluir a raça em sua avaliação era que queria neutralizar a visão predominante de que os negros tinham inteligência inferior à dos brancos. Contudo, Bannaker queria que o seu trabalho fosse avaliado apenas com base no mérito – e o elogio indireto de Rittenhouse o incomodou. Dizem que ele respondeu: “Fico irritado ao descobrir que o assunto da minha raça é tão enfatizado. Ou o trabalho está correto ou não está. Nesse caso, acredito que esteja perfeito”.[2]

O trabalho de Bannaker estava realmente correto e, com a ajuda dos endossos de Rittenhouse e de outros, ele conseguiu um contrato para publicar almanaques astronômicos para os seis anos seguintes. O projeto foi um sucesso comercial e contou com 28 edições publicadas em cinco estados diferentes.

O retrato de Benjamin Bannaker apareceu na capa de uma edição de seu almanaque de 1795.

Nos anos 1800, nos Estados Unidos, poucos negros tinham oportunidade de estudar matemática. Muitas faculdades privadas não tinham regras explícitas que proibissem os negros, mas muito raramente admitiam algum, e, embora várias instituições proporcionassem aos clérigos negros uma educação cristã, não ofereciam uma oportunidade de formação acadêmica suplementar. Em 1857, a Suprema Corte, composta exclusivamente de homens brancos, declarou que os negros não eram e nunca poderiam se tornar cidadãos estadunidenses. Isso pôs lenha na fogueira que levou à Guerra Civil Americana e à subsequente e contínua luta pela emancipação.

Após esse período, os Estados Unidos se tornaram uma potência política e matemática. As universidades estadunidenses se tornaram mundialmente conhecidas como centros de pesquisa da nova matemática, particularmente a matemática necessária para a era da informação. No entanto, muitas instituições continuaram a ser fortalezas quase impenetráveis para os matemáticos negros. Quebrar as barreiras não seria fácil.

Direitos civis

Na década de 1870, as leis Jim Crow criaram um sistema educativo que separava as pessoas "de cor" das pessoas brancas, dando uma base legal para a discriminação por raça. Essas leis foram contestadas por grupos como a Associação Nacional para o Avanço das Pessoas de Cor (NAACP) e ativistas como Oliver Brown e Linda Carol Brown, mas acabaram por permanecer em vigor durante cerca de cem anos. As instituições de ensino superior hoje conhecidas como HBCUs (faculdades e universidades historicamente negras) foram criadas para atender às necessidades dos negros estadunidenses e chegariam a mais de uma centena, permitindo que milhares de pessoas tivessem acesso a uma educação que de outra forma não lhes estaria disponível. As HBCUs estavam longe de ser perfeitas; havia poucos negros em posições de liderança e gestão, mas elas prestaram um serviço particularmente importante até que a Lei dos Direitos Civis dos Estados Unidos de 1964 proibisse a discriminação com base em raça, cor, religião, sexo e origem.

Um matemático que teve sucesso numa HBCU foi Elbert Frank Cox. Nascido em 1895 e originário do estado de Indiana, Cox era um violinista talentoso que também tinha perspicácia intelectual em matemática e física. Ele seguiu os passos de seu pai ao ingressar na Universidade de Indiana, predominantemente branca, em 1913, para estudar matemática. Isso era raro, mas não completamente inédito. Terminou sua graduação com nota máxima em todos os trabalhos, embora esses resultados tenham ficado ofuscados no histórico: as palavras "DE COR" estavam impressas nele – a norma para graduados negros naquela época.

Cox foi para a França para servir no exército dos Estados Unidos durante a Primeira Guerra Mundial. Ao retornar, lecionou matemática em escolas públicas no Kentucky e na Carolina do Norte. Cox era um excelente professor e recebeu uma bolsa que lhe permitiu ingressar na Universidade Cornell para fazer seu doutorado em matemática.

O fundador da Cornell, Ezra Cornell, havia sido um dos primeiros oponentes da escravidão e, assim, a universidade aceitava alguns estudantes afro-americanos todo ano. Em Cornell, Cox conheceu seu orientador, William Lloyd Garrison Williams, que estava indo para a Universidade McGill, no Canadá. Williams notou a sua capacidade e Cox o visitou em Montreal, finalizando lá sua tese de doutorado e depois a depositando quando retornou aos Estados Unidos. Em sua tese, trabalhou com a solução de um tipo de equação relacionada aos números de Bernoulli. Esses números, que aparecem em muitas áreas diferentes da matemática, receberam o nome de Jacob Bernoulli, matemático suíço do século XVII, mas foram descobertos de forma independente, na mesma época, pelo matemático japonês Seki Takakazu.

A tese de Cox foi aprovada em 1925; ele foi o primeiro negro do mundo a defender um doutorado em matemática. Embora tenha sido um momento marcante, Cox precisou lutar para publicar o seu trabalho. Williams instou Cox a enviar a sua tese para uma universidade fora dos Estados Unidos para que fosse publicada, mas universidades no Reino Unido e na Alemanha a recusaram unicamente por causa da raça de seu autor. Por fim, ele a enviou para o Japão, onde a Universidade Imperial de Tohoku reconheceu a sua qualidade e publicou-a no *Tohoku Mathematical Journal* em 1934.

Após uma breve passagem pela West Virginia State College, Cox foi contratado em 1930 pela HBCU Universidade Howard em Washington DC. Nesse período, ele dava aulas e orientava alunos; depois, passou a ministrar um programa de ciências da engenharia e treinamento militar nos últimos anos da Segunda Guerra Mundial. Presidiu o Departamento de Matemática de Howard de 1957 a 1961 e publicou dois artigos ao longo de sua carreira, um sobre equações específicas e suas soluções e o outro, uma análise matemática de três maneiras diferentes de avaliar alunos. A maior parte de seu tempo foi gasta dando aulas para a geração seguinte de matemáticos. Ele certamente parecia ter talento para isso, porém, como professor de uma HBCU, tinha muito pouco poder de escolha. Os professores de HBCUs tendiam a ter cargas de trabalho docente muito mais altas, e o apoio financeiro inadequado significava que era quase impossível encontrar tempo para continuar pesquisando.

Foto dos membros do "Círculo Euclidiano" em 1916. O grupo foi formado para que pessoas do Departamento de Matemática da Universidade de Indiana discutissem e compartilhassem ideias. Cox (*primeira fila, da esquerda para a direita*) foi o primeiro estudante afro-americano a ingressar nele.

Embora as HBCUs tenham contribuído para aumentar os níveis educacionais dos negros nos Estados Unidos, os cargos de pesquisa e os doutorados ainda lhes eram em grande parte proibidos. Assim, Cox trabalhou com um de seus colegas, Dudley Weldon Woodard, o segundo afro-americano a defender um doutorado em matemática, a fim de criar um programa de mestrado em Howard. Dizem que Cox orientava mais estudantes de mestrado do que qualquer outra pessoa na universidade, e a dupla formou um grupo de jovens matemáticos talentosos que estavam prontos para fazer doutorado. Tudo o que precisavam era de um programa de doutorado. Cox, infelizmente, não viveu para ver o seu sonho realizado, mas foi fundamental para torná-lo possível. Como afirmou um obituário de 1969 no *Washington Post*: "Cox ajudou a construir o departamento a tal ponto que o programa de doutorado se tornou uma etapa óbvia".[3] Seu prestígio como matemático pesquisador junto às pessoas que atraiu para Howard fez com que se estabelecesse ali um programa de doutorado e, em 1976, o doutorado em Howard foi finalmente criado – o primeiro doutorado em matemática de todas as HBCUs.

Educação para todos

Washington DC, onde está localizada a Universidade Howard, também foi o lar de uma das primeiras mulheres negras a defender um doutorado em matemática, Euphemia Lofton Haynes. No entanto, sua carreira não tinha foco em pesquisa matemática ou em uma instituição específica, mas em igualdade racial. Ela desempenhou um papel crucial num movimento mais amplo dos Estados Unidos, tentando corrigir o racismo sistêmico que impedia a igualdade de acesso à educação.

Haynes nasceu em 1890 em uma família rica que fazia parte dos chamados "400 de Cor", líderes comunitários em Washington DC que ajudavam a unir pessoas de cor durante a segregação. Ela frequentou uma das primeiras escolas secundárias para estudantes afro-americanos nos Estados Unidos. Fundada em 1870, muitos dos formandos da M Street High School já haviam se tornado líderes negros em Washington DC e outros lugares. Como oradora da turma de 1907, ela proferiu um discurso com as seguintes palavras: "pois uma pessoa inteligente está bem equipada para resolver os problemas da vida… Devemos ter algum objetivo definido na vida e sermos capazes de desempenhar a posição em que nos encontrarmos com competência".[4] Após a formatura, ela frequentou o Smith College para estudar matemática e psicologia, depois foi para a Universidade de Chicago, que tinha uma visão um pouco mais liberal do que outras universidades brancas da época. Entre 1870 e 1940,

45 afro-americanos fizeram o doutorado lá. Era ainda um número pequeno, mas era mais do que em qualquer outro lugar do país.

Haynes terminou seu mestrado em Chicago e depois se tornou professora de matemática no Miner Teachers College. Paralelamente, fez cursos de pós-graduação em matemática na Universidade de Chicago e começou a escrever uma tese de doutorado na área de geometria algébrica. No entanto, a intenção dessa tesa nunca havia sido catapultá-la para uma carreira em pesquisa matemática. Seu orientador, Aubrey Edward Landry, muitas vezes colocava aos alunos problemas abertos que não faziam parte das pesquisas convencionais, mas que eram adequados para aqueles que faziam doutorado e que depois desejavam dar aulas. Após a formatura, ela presidiu o departamento do Miner Teachers College e também conseguiu um emprego de meio período como professora na Universidade Howard.

Euphemia Lofton Haynes.

Euphemia Lofton Haynes e seu marido, Harold.

Em 1954, a decisão da Suprema Corte dos Estados Unidos em Brown *v.* Board of Education decretou que direitos escolares desiguais deveriam ser eliminados, e assim começou o longo processo de dessegregação. Foi introduzido um currículo de quatro vertentes: duas destinadas a preparar os alunos para a faculdade, uma para operários e uma para aqueles considerados academicamente atrasados em relação a seus pares. As pontuações dos testes de QI ou a opinião de um professor eram usadas para direcionar os alunos a uma determinada vertente e, uma vez atribuídas, era muito difícil mudá-las. Os testes de QI captam alguns elementos da inteligência, mas as pontuações também são afetadas por fatores socioeconômicos não relacionados a eles. Haynes argumentava que o sistema de formação levava à discriminação e estava em "oposição direta ao ideal americano".[5]

Haynes atuou no conselho escolar de Washington DC e defendeu a eliminação do sistema de vertentes. Ela falou perante o conselho em 1964 e criticou o sistema; ele servia "como um *apartheid* para separar os desfavorecidos". Haynes foi eleita presidenta do conselho escolar naquele mesmo ano, e o sistema de formação foi extinto em 1966, após o caso Hobson *v.* Hansen. O caso concluiu que o sistema de formação privava muitos estudantes negros e pobres de uma educação igualitária, ao mesmo tempo que favorecia os estudantes brancos da classe média, e que deveria ser abolido.

Como vencer um duelo

Cox, Haynes e Woodard defenderam seu doutorado e depois mudaram o foco para o ensino e a melhoria das condições e do acesso à educação para estudantes negros. Isso possibilitou que futuros matemáticos negros tivessem carreiras mais amplas de pesquisa em matemática.

David Blackwell aspirava a ser professor do ensino fundamental e estudou na Universidade de Illinois, em Urbana-Champaign. Ele se destacou em matemática e terminou o doutorado em 1941, com apenas 22 anos. Em algum momento, decidiu fazer pesquisa em vez de dar aulas. Anos depois, disse em uma entrevista que nunca se interessou realmente por fazer pesquisa em si: "Tenho interesse em entender, o que é uma coisa bem diferente. E, muitas vezes, para entender algo você tem que estudar sozinho, porque ninguém mais fez aquilo".[6]

No entanto, havia barreiras colocadas em seu caminho. Blackwell ingressou no Instituto de Estudos Avançados (IAS) de Princeton com uma bolsa de estudos de um ano. Normalmente, os bolsistas eram também nomeados membros honorários do corpo docente da Universidade de Princeton, mas Princeton nunca teve um aluno negro, muito menos um membro negro no corpo docente. Princeton se queixou ao IAS dizendo que estava abusando de sua hospitalidade ao nomear um membro negro. Muito disso foi escondido de Blackwell por colegas que o protegiam. "Aparentemente, houve um grande alvoroço por causa disso, mas não ouvi uma palavra sequer", disse ele mais tarde.[7]

Terminada a bolsa, ele fez mais de uma centena de candidaturas em busca de outro emprego. Também saiu para o mundo e visitou pessoalmente 35 faculdades para perguntar se havia alguma coisa disponível. Ele recebeu ofertas de emprego de apenas três. Assumiu um cargo na Southern University e permaneceu lá por um ano. Inicialmente, a UC Berkeley parecia promissora. O chefe do Departamento de Matemática, Griffith C. Evans, tentou convencer o reitor da universidade de que seria uma boa decisão contratar Blackwell, mas Evans voltou atrás depois, alegando que a presença de Blackwell tornaria as coisas difíceis se ele e sua esposa convidassem membros do departamento para jantar. Sua esposa teria dito que não "queria aquele escurinho em casa".[8]

Então, Dudley Woodard lhe ofereceu um cargo permanente na Universidade Howard. Blackwell ficou particularmente feliz com isso e mais tarde se lembrou de sua nomeação: era "a ambição de todo estudioso negro daquela época conseguir um emprego na Universidade Howard".[9] Ele logo se tornou um matemático pesquisador proficiente e publicou vinte artigos em apenas alguns anos sobre uma variedade de tópicos. Ainda com menos de trinta anos, foi promovido a professor efetivo em 1947. Durante os verões, buscava estímulo para além dos limites da academia e se tornou consultor da RAND Corporation, um *think tank* político. Foi ali que conheceu o estatístico Meyer Abraham "Abe" Girshick e que, sem dúvida, fez algumas de suas pesquisas matemáticas mais importantes.

A dupla passou muito tempo estudando a tomada de decisões em duelos, assunto com o qual os matemáticos já haviam lidado. Évariste Galois, matemático francês do século XIX, que desenvolveu um campo da álgebra hoje conhecido como teoria de Galois, participou de um duelo famoso quando estava no auge de sua capacidade matemática. No dia anterior, ficou acordado a noite toda resolvendo seus trabalhos de matemática e escrevendo cartas aos colegas delineando novas ideias. Quando a manhã chegou, havia deixado um conjunto de trabalhos impressionante, que os matemáticos desenvolveriam nos anos seguintes. Entretanto, aquilo lhe foi de pouca utilidade naquele dia: ele foi baleado no abdômen e morreu pouco depois.

Blackwell e Girshick foram os primeiros a analisar matematicamente as táticas de um duelo. Tentaram determinar quando seria o momento ideal de atirar. Eles consideravam que as regras do duelo eram:

- Cada pessoa possui uma arma carregada com uma única bala.
- Ao ouvir o grito de "fogo!", os duelistas podem caminhar um em direção ao outro.

- Eles podem disparar a qualquer momento após o grito.

A chance de ganhar depende do tempo e da precisão. Se atirar muito cedo, você corre o risco de ser impreciso, mas, se esperar demais, pode levar um tiro antes de atirar. Situações como essas são consideradas jogos de soma zero – a sua perda é o ganho do seu oponente e vice-versa.

O estudo de Blackwell e Girshick ficou conhecido como o "dilema dos duelistas". A matemática que desenvolveram pode ser vista como uma versão mais sofisticada do trabalho realizado anteriormente por Gombaud e Pascal. Contudo, em vez de um simples jogo de azar, a estratégia agora tinha de ser levada em consideração. Linhas de pensamento semelhantes se tornaram populares como meio de compreender outros cenários de alto risco entre adversários, por exemplo, entre os lados durante a Guerra Fria.

Doze anos após sua tentativa inicial de se tornar membro do corpo docente da UC Berkeley, Blackwell finalmente ingressou como professor efetivo no novo Departamento de Estatística, que acabara de se separar do Departamento de Matemática. Tornou-se professor titular em 1955 e presidente do Departamento de Estatística da UC Berkeley no ano seguinte. Em Berkeley, Blackwell se tornou um dos pioneiros de uma nova área de pesquisa matemática conhecida como teoria da informação, que surgiu logo após a invenção do transistor em 1947 e deu início à era da informação.

Talvez o personagem mais conhecido nesse campo seja Claude Shannon, frequentemente apelidado de pai da teoria da informação. Entre muitas coisas, Shannon criou uma medida para a quantidade de informação em uma mensagem, definindo-a como o número de dígitos binários – ligado e desligado – necessários para codificá-la. Em outras palavras, a informação contida em uma mensagem é o número de *bits* necessários para armazená-la. Essa ideia simples ficou conhecida como entropia de Shannon. Destaca-se a sua semelhança com a entropia na física termodinâmica, uma medida das diferentes combinações possíveis que um grupo de átomos pode formar.

Shannon descobriu que as informações enviadas através de um canal de comunicação poderiam ser medidas de forma semelhante. Obedecendo a certos critérios, ele conseguiu descrever matematicamente a

David Blackwell lecionando na UC Berkeley (*à esquerda*) e seu retrato (*à direita*).

taxa de transmissão máxima possível para um canal e como usar parte dessa taxa para corrigir potenciais erros que poderiam se acumular nele. Blackwell aprendeu o teorema da capacidade de transmissão de Shannon e investigou como ele funcionava em toda uma classe de diferentes tipos de canais, incluindo uma forma particular de comunicação envolvendo múltiplos canais, agora conhecida como canal Blackwell.

Ele não parou por aí. Blackwell logo aplicou suas habilidades a outras áreas da teoria da informação e a um tipo de programação de computadores conhecido como programação dinâmica, junto com uma matemática mais abstrata. Prolífico, publicou mais de noventa artigos e livros ao longo de sua vida. Recebeu doze doutorados honorários e atuou na American Mathematical Society como vice-presidente. Em 2014, quatro anos após a morte de Blackwell, Barack Obama, então presidente dos Estados Unidos, concedeu-lhe postumamente o Prêmio Nacional da Medalha de Ciência de 2014 – a mais alta distinção do país para cientistas. A medalha foi dada em reconhecimento às suas incríveis conquistas, possibilitadas por pioneiros como Bannaker, Cox, Woodard e Haynes.

14

MAPEANDO AS ESTRELAS

Corria o ano de 1800, e a polícia celestial procurava um suspeito que havia desaparecido. Os astrônomos Franz Xaver von Zach e Johann Hieronymus Schröter, um húngaro e o outro alemão, formaram um grupo de mais de vinte cientistas de toda a Europa que funcionava como uma espécie de vigilância da vizinhança do cosmos. O suspeito desaparecido era um planeta que eles acreditavam estar em algum lugar entre Marte e Júpiter.

Essa crença surgiu quando William Herschel descobriu Urano em 1781. Ele fazia parte de uma dupla de astronomia com sua irmã, Caroline Herschel. Juntos, descobriram muitos objetos celestes, embora ela não tenha participado desse caso específico. A descoberta colocou em destaque uma lei matemática que havia sido proposta décadas antes. A lei de Titius-Bode afirmava que os planetas orbitam o Sol em lugares cuja distância dobra quanto mais distantes eles estão. A descoberta de Urano estava de acordo com a sequência de lugares, mas, se a lei fosse válida, também deveria haver um planeta entre Marte e Júpiter. E a polícia celestial estava determinada a encontrá-lo.

No entanto, eles mal haviam começado a busca quando foram pegos de surpresa – ou, pelo menos, foi o que pareceu. O padre e astrônomo italiano Giuseppe Piazzi avistou o que inicialmente pensou ser um cometa, mas logo passou a acreditar ser o planeta desaparecido e lhe deu o nome Ceres. Mas Ceres era pequeno demais para ser um planeta; na verdade, era um daqueles novos asteroides que os Herschel vinham

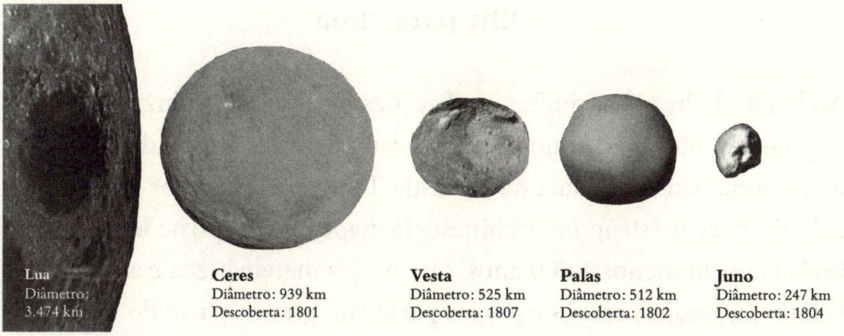

discutindo.* Após esse revés inicial, a polícia celestial retomou a busca. Nos anos seguintes, vários outros asteroides foram encontrados em locais similares, incluindo Palas, Vesta e Juno,** mas nenhum planeta.

A polícia celestial finalmente chegou à conclusão de que não havia planetas entre Marte e Júpiter, mas sim um cinturão de asteroides. Muitos pensaram que o cinturão seria formado pelos restos de um planeta destruído, o que significaria que a lei de Titius-Bode ainda era válida. Anos mais tarde, a descoberta de Netuno em 1846 no lugar "errado" acabou com a lei.

A busca por um planeta entre Marte e Júpiter pode ter sido vã, mas a busca em si deixou duas coisas claras. Primeiro, os astrônomos precisavam de mais dados. Havia muito mais para descobrir no sistema solar e fora dele – caso procurassem. E, em segundo lugar, eles precisavam usar matemática para analisar dados recolhidos a partir de observações e de novas técnicas fotográficas. O registro e a análise de dados astronômicos se tornariam dois dos mais importantes desenvolvimentos científicos do século XX e dariam início a uma colaboração internacional de cem anos para mapear os céus e ir à Lua. E no centro de tudo estaria uma nova função: a do "computador humano".

* Embora tenha sido classificado em 1867 como asteroide, ele seria novamente reclassificado em 2006 como planeta-anão.

** Todos são asteroides... por enquanto.

Olhe para cima

Ao longo da história, muitas civilizações e culturas produziram mapas impressionantes do céu noturno. O exemplar mais antigo desse tipo de mapa ainda existente data da Dinastia Tang na China, por volta do século IX, mas os astrônomos chineses já mapeavam as posições das estrelas havia pelo menos 1.500 anos. Os antigos matemáticos e astrônomos babilônios, maias, árabes e gregos passavam grande parte do tempo esquadrinhando e desenhando o céu noturno. No século XIX, tornou-se possível capturar verdadeiramente um instante do universo graças à invenção da fotografia. Inicialmente, essa era uma tecnologia extremamente especializada e cara, mas, na virada do século XX e com o desenvolvimento de técnicas fotográficas mais baratas e fáceis, as possibilidades de fotografar o céu noturno realmente se abriram.

O oficial naval francês e diretor do observatório de Paris Ernest Mouchez viu o potencial dessas novas técnicas fotográficas. Ele passou a década anterior pesquisando o Paraguai, o Brasil e a Argélia e observando o trânsito de Vênus desde a Île Saint-Paul, no Oceano Índico. Durante esse período, aprendeu fotografia em chapa seca, uma técnica que simplificou muitas das partes mais complicadas da fotografia. Em 1882, o Grande Cometa ficou visível no céu, inicialmente no Cabo da Boa Esperança e no Golfo da Guiné, onde era tão brilhante que podia ser visto durante o dia. O cometa também era visível no hemisfério norte, mas não tão claramente, e isso fez Mouchez refletir.

Mouchez juntou-se a David Gill, um astrônomo escocês radicado na África do Sul. Em 1887, anunciou um novo projeto no Congresso de Paris, uma conferência internacional de astronomia, utilizando a fotografia de placa seca para fotografar e mapear todo o céu noturno. Esse plano tinha um alcance mais ambicioso do que qualquer coisa que já havia sido feita. Por isso, no congresso, Mouchez e Gill pediram ajuda a todo o mundo. Vinte e dois observatórios atenderam ao chamado, incluindo os da Europa, África, Ásia e América do Sul.

Havia dois componentes relacionados ao projeto, o *Catalog astrographique* ("Catálogo astrográfico") e o *Carte du ciel* ("Mapa do céu"). O objetivo era fotografar e mapear todas as estrelas mais brilhantes que 11,0 de magnitude, aproximadamente. A escala de magnitude é um tanto contraintuitiva: números inferiores e negativos representam objetos que são mais brilhantes do que números mais altos. A Estrela Polar tem uma magnitude de cerca de 2. Então, levando em conta as peculiaridades da escala, isso significa que o projeto estava procurando catalogar todas as estrelas com um brilho de $\frac{1}{3.981}$ Estrela Polar.*

Os observatórios usavam placas de vidro, telescópios, ampliadores e tempos de exposição semelhantes para tentar garantir uniformidade ao medir as partes específicas do céu atribuídas a cada observatório. Cada fotografia tinha cerca de 13 × 13 centímetros de tamanho e capturava um pequeno segmento de 2,1° × 2,1° do céu. O objetivo era que o projeto obtivesse os dados em dez a quinze anos.

No fim, levou algo em torno de cem anos. Os milhões de estrelas e objetos celestes fotografados tinham de ser analisados manualmente e computadores humanos foram reunidos para ajudar a analisar os dados. Os indivíduos que trabalhavam nesses projetos se tornavam matemáticos astronômicos qualificados e muitos deles desenvolveram técnicas que mais tarde seriam utilizadas na astronomia.

Computadores de Harvard

Um astrônomo, Edward Charles Pickering, e o observatório do Harvard College que ele dirigia foram um grande trunfo para o *Catalog astrographique* e o *Carte du ciel*. Pickering ficou famoso por suas notáveis imagens da Lua, capturando-a com tantos detalhes que pareciam mais pinturas feitas por um alienígena do que uma fotografia tirada da Terra. Como diretor do observatório, ele tinha acesso ao maior telescópio dos Estados Unidos na época e, após uma doação, ficou responsável também por um segundo telescópio poderoso – mas isso lhe trouxe um pequeno problema.

O telescópio foi dado ao observatório por Mary Anna Palmer Draper. Ela era uma astrônoma amadora rica, assim como o seu marido, Henry, que foi a primeira pessoa a fotografar a Lua, em 1840. Quando

* Falamos que era estranho!

Henry morreu repentinamente, Mary doou o telescópio ao observatório e criou um fundo de homenagem para ajudar a pagar o trabalho realizado com ele. Pickering e sua equipe não precisaram de mais incentivos e tiraram um grande número de fotografias usando o telescópio, mas logo ficaram para trás na análise. No total, eles tinham 120 toneladas de chapas fotográficas do céu que precisavam ser processadas.

Pickering teve de contratar mais pessoas para ajudar no processamento. Entre seus funcionários em casa havia uma mulher chamada Williamina Fleming, que começou a trabalhar como empregada doméstica depois que o marido a abandonou, deixando-a sozinha para sustentar o filho pequeno. A esposa de Pickering, Elizabeth, notou que Fleming era extremamente perspicaz e sugeriu que ela poderia ajudar. Fleming aprendeu as ferramentas básicas de análise astrofotográfica com Pickering e começou a trabalhar no observatório como uma computadora remunerada – embora recebesse metade do que recebia um homem em posição semelhante. Ela logo se destacou na função e assumiu outras responsabilidades, ajudando a supervisionar a equipe na função de curadora de fotografias astronômicas. Assim, ela se tornou a primeira mulher a possuir um título formal da Universidade de Harvard.

A maioria das fotografias e gravações ainda era feita por astrônomos do sexo masculino, mas a análise matemática se tornou um trabalho de mulheres. Pickering contratou cerca de oitenta computadoras. O custo foi um dos principais motivos para sua decisão; no entanto, as computadoras de Harvard se tornaram pioneiras no campo da astronomia, desenvolvendo métodos importantes para analisar e classificar o que viam. Havia padrões nas imagens, e essas mulheres começaram a encontrá-los.

Antonia Maury, sobrinha de Mary Anna Palmer Draper e Henry Draper, foi uma das mulheres que se juntaram à equipe de Pickering e Fleming. Maury havia aprendido astronomia na faculdade com a primeira estadunidense a descobrir um cometa, Maria Mitchell.* Ela sabia como catalogar objetos celestes rapidamente e transmitiu esse conhecimento ao observatório. Uma das primeiras tarefas de Fleming no observatório foi melhorar a forma como as estrelas eram classificadas com

* A primeira mulher de que se tem registro foi Maria Margaretha Kirch, em Berlim, no início do século XVIII.

base nos comprimentos de onda da luz – espectros – registrados a partir delas. Esses comprimentos de onda eram registrados com um espectroscópio, um instrumento que divide a luz do telescópio nos comprimentos de onda que a compõem. A presença ou ausência de diferentes comprimentos de onda atua como uma espécie de assinatura química da estrela, permitindo aos astrônomos descobrir os elementos presentes nela. Fleming criou um sistema – o sistema Fleming-Pickering – para classificar estrelas com base na quantidade de hidrogênio que elas continham.

Maury também usava espectros em seu trabalho. Pickering descobriu a primeira estrela binária – um par de estrelas ligadas gravitacionalmente uma à outra – e pediu a Maury que descobrisse qual era a sua órbita. Ao analisar os padrões dos espectros, ela conseguiu calcular como a estrela binária se movia.

Annie Jump Cannon se juntou ao grupo e reinventou a forma como as estrelas eram classificadas com base em espectros. Ela desenvolveu seu forte interesse pela astronomia por conta de sua mãe, Mary Jump. Na infância de Annie, a dupla usava um antigo livro de astronomia para identificar as constelações que viam do sótão da casa delas. Mary incentivou a filha a frequentar o Wellesley College, em Massachusetts, para estudar física e astronomia, o que ela fez antes de se tornar uma das computadoras de Harvard. Jump Cannon categorizou pessoalmente 350 mil estrelas – mais do que qualquer outra pessoa – e assumiu a direção da equipe após a morte de Pickering. Seu legado mais duradouro foi incorporar a temperatura estelar ao sistema de classificação de Fleming-Pickering. Esse novo sistema ficou conhecido como classificação espectral de Harvard, e ainda hoje é usado.

Outra membra da equipe, Henrietta Swan Leavitt, descobriu que estrelas específicas chamadas de variáveis cefeidas pulsam em relação ao seu brilho, uma observação conhecida como lei de Leavitt. A lei de Leavitt possibilita calcular o brilho real de uma variável cefeida, e, quando comparado com o quanto brilha a estrela, pode ser usado para determinar a que distância ela está. As variáveis cefeidas são agora consideradas um dos indicadores mais importantes de distâncias galácticas e extragalácticas, e a formulação da lei de Leavitt levou a uma maior compreensão do universo, por exemplo, do seu tamanho.

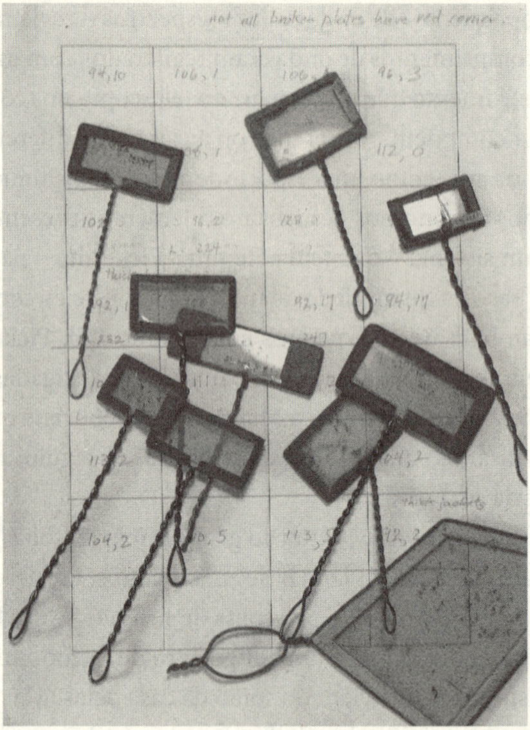

Placas de vidro eram usadas pelas computadoras de Harvard como ferramentas para comparar o brilho de diferentes objetos capturados em placas fotográficas.

Gösta Mittag-Leffler, o mesmo homem que ajudou Sophie Kowalevski, pretendia indicar Leavitt para o prêmio Nobel por sua descoberta; infelizmente, ela morreu antes que ele apresentasse a indicação. Quando soube dessa indicação, o então diretor do observatório de Harvard, Harlow Shapley, escreveu a Mittag-Leffler tentando receber o crédito. Essa era uma história muito comum entre as computadoras de Harvard, que às vezes eram chamadas depreciativamente de "o harém de Pickering". Muito raramente recebiam qualquer crédito em publicações do Harvard College Observatory. Em protesto, Maury o deixou em 1891, e, quando Pickering pediu que ela voltasse, ela respondeu: "Não creio que seja justo que eu deva passar o trabalho para outras mãos até que possa ser considerado um trabalho feito por mim. Elaborei a teoria à custa de muita reflexão e comparações complexas e acho que eu deveria receber todo o crédito pela minha teoria".[1]

Processamento de dados no Observatório de Harvard (*acima*); Pickering e as computadoras (*abaixo*). As mulheres eram, em geral, proibidas de fazer observações telescópicas, embora houvesse algumas exceções.

Maury retornou ao observatório e, em 1897, publicou um catálogo de classificações intitulado "Espectros de estrelas brilhantes fotografados com o telescópio Draper de onze polegadas como parte do Henry Draper Memorial e discutido por Antonia C. Maury sob a direção de Edward Charles Pickering". Essa foi a primeira publicação do observatório do Harvard College a ter o nome de uma mulher como autora. No entanto, apesar de Fleming ter recebido o papel oficial de curadora em 1899, foi apenas em 1908 que o seu nome foi incluído em qualquer dos catálogos de estrelas e de espectros produzidos por Harvard.

É difícil negar a contribuição das computadoras de Harvard. Elas documentaram e analisaram milhões de estrelas e reescreveram as normas de como elas deviam ser categorizadas. Embora a equipe de Harvard nunca tenha aderido oficialmente aos projetos do *Catalog astrographique* e do *Carte du ciel* – Pickering acreditava que eram ambiciosos e demorados demais para os astrônomos –, o projeto de Mouchez e Gill adotaria as técnicas e padrões desenvolvidos por ela.

> VACANCIES exist at Royal Observatory for girl computers, J.C. standard: commencing salary £9 p.m. plus COLA at present £2/16/8; hours 9-1 and 2-3 30; neatness and accuracy in figures essential.—Apply in writing to Secretary. 8031

Um anúncio de "computadoras femininas" da década de 1940 na África do Sul.

Só mais algumas fotos

As computadoras de Harvard não eram o único grupo de calculadores e analistas humanos. Grupos parecidos de pessoas foram recrutados para trabalhar no *Catalog astrographique* e no *Carte du ciel*. Algumas eram mulheres, como as do observatório de Gill, na África do Sul, embora muito poucos detalhes sobre elas tenham sido registrados. No observatório do Vaticano, uma equipe de freiras realizava as análises, e havia muitas mulheres nos observatórios de Adelaide, Sydney, Melbourne e Perth. No entanto, mesmo com um grande número de computadores humanos, o ambicioso projeto de Mouchez e Gill saiu do controle. As primeiras fotografias foram tiradas em 1891; as últimas só seriam tiradas em 1950, e mesmo assim muitas dessas imagens ficaram sem processamento durante anos.

Grande parte do atraso foi causada simplesmente pelo escopo muito grande do projeto. Ele também foi vítima das consequências dos acontecimentos mundiais. No México, por exemplo, o arquiteto, engenheiro e primeiro diretor do Observatório Astronômico Nacional, Ángel Anguiano, foi convidado a participar do projeto, mas a guerra civil eclodiu em 1910, levando à Revolução Mexicana. No mesmo período, a Primeira Guerra Mundial impôs atrasos na obtenção dos suprimentos necessários para a captura das imagens.

Anguiano criou o Observatório Astronômico Nacional do México.

O *Catalogue astrographique* foi finalmente concluído em 1987, cem anos após o início do projeto. De início, em termos puramente científicos, estava longe de ser um sucesso – quando foi concluído, já tinham sido desenvolvidos métodos fotográficos e analíticos mais avançados –, mas ele abriu caminho para outros projetos globais e ambiciosos. O *Carte du ciel* nunca foi concluído.

Na década do ano 2000, houve um renascimento do interesse por dados e imagens de ambos os aspectos do projeto. Os catálogos impressos foram convertidos em um formato legível por máquinas, criando um rico estoque de dados históricos e, através de comparações com catálogos de estrelas mais modernos produzidos por telescópios satélites, esses dados foram usados para ajudar a determinar o movimento de milhões de estrelas.

A corrida pelo espaço

Computadores humanos já existiam antes dessa explosão astronômica. Durante décadas, astrônomos e matemáticos contrataram assistentes para realizar cálculos. O cientista Alexis Claude Clairaut, do século XVIII, descobriu como alocar partes dos cálculos para que pudessem ser feitos em paralelo, dando início a um movimento em que muitas pessoas diferentes poderiam trabalhar para obter uma resposta simultânea. Os caminhos de muitos objetos celestes foram registrados dessa forma. O corpo de comunicações dos Estados Unidos montou uma equipe que calculava padrões climáticos e trabalhava em turnos intensivos de duas horas. Inicialmente, as mulheres raramente trabalhavam como computadoras, mas isso começou a mudar em meados do século XIX. No século XX, a grande maioria dos computadores humanos eram mulheres.

Equipes de computadoras surgiram para tudo, desde realizar análises estatísticas até calcular as tensões na barragem de Afsluitdijk, na Holanda. No entanto, foram as duas guerras mundiais que realmente aumentaram a demanda por computadores e transformaram a função em mais uma profissão. Os computadores de ambos os lados trabalhavam durante longos períodos em cálculos a fim de produzir tabelas de navegação e grades de mapas, analisar códigos e prever as trajetórias de mísseis.

Quando começou a corrida espacial entre os Estados Unidos e a União Soviética, as computadoras foram mais uma vez necessárias para realizar cálculos importantes. Já em 1951, uma equipe de matemáticas projetou o primeiro computador digital da União Soviética. As computadoras femininas da União Soviética também trabalharam em cálculos para catálogos astronômicos, processando informações espectrais e criando bancos de dados. Pelageya Shajn, por exemplo, descobriu mais de 150 novas estrelas variáveis, além de quarenta novos planetas menores e um cometa, que recebeu seu nome. Sofia Romanskaya realizou 20.700 observações da rotação da Terra. Evgenia Bugoslavskaya escreveu um livro sobre astronomia fotográfica e Nadezhda Sytinskaya redigiu reflexões sobre a Lua.

Do lado dos Estados Unidos, e celebrado no livro e no filme *Estrelas além do tempo*, de 2016, um grupo de mulheres afro-americanas foi igualmente central na corrida espacial; Katherine Johnson estava na vanguarda. Ela começou sua carreira no Comitê Consultivo Nacional para Aeronáutica, que mais tarde passou a fazer parte da NASA. Foi inicialmente membra de uma equipe que realizava cálculos relacionados às caixas-pretas de aviões, mas, um dia, foi designada temporariamente para auxiliar a equipe de pesquisa de voo composta apenas de homens brancos. Seu conhecimento de matemática e de geometria era tamanho que ela foi designada permanentemente para a Divisão de Orientação e Controle. Ali, ela ajudou a trabalhar nos cálculos que foram usados para colocar Alan Shepard no espaço e John Glenn em órbita – os primeiros norte-americanos a realizar esses feitos* – e nos trajetos que as missões Apolo percorreriam até a Lua.

A ciência dos foguetes, em princípio, não deveria ser tão difícil. Escrever equações que regem um foguete indo para o espaço ou ao redor da Lua é bastante simples usando as leis da gravidade e do movimento. Contudo, resolver de fato as equações se revela praticamente impossível em muitos casos. Devem ser usados métodos numéricos para aproximar soluções. Para uma viagem à Lua, são necessários milhares e milhares de aproximações ao longo da trajetória para haver certeza de que nada vai dar errado. Como disse Katherine Johnson: "Eles estavam indo para a Lua. Calculei o caminho que levaria até lá. Você determinou a posição na Terra, quando começou a viagem e onde estaria a Lua em um determinado momento. Dissemos a eles quão rápido viajariam e que a Lua estaria lá quando eles chegassem".[2]

Uma das técnicas numéricas utilizadas foi o método de Euler. O princípio fundamental é simples: em vez de tentar resolver a equação diferencial geral, calcule seus valores em alguns pontos específicos e ligue os pontos. O resultado é uma aproximação da solução real, mas, quanto menores forem as lacunas entre os pontos, mais próximo se estará da resposta verdadeira. No entanto, aqui reside o revés. Precisão é obviamente importante quando se viaja para a Lua – você não vai querer errar! –, mas cada cálculo leva tempo, e, se for necessária muita precisão, poderá levar décadas para concluir a análise.

---

* Yuri Gagarin, da União Soviética, foi a primeira pessoa no espaço e em órbita. Valentina Tereshkova foi a primeira mulher no espaço.

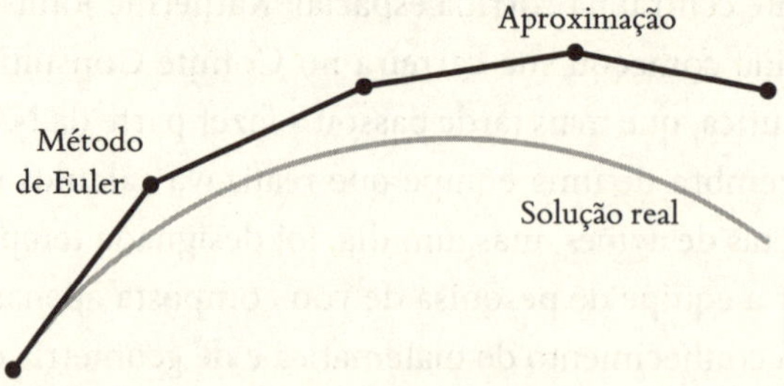

O método de Euler se aproxima da solução real a cada novo cálculo.

Não é de admirar que, quando surgiu uma nova tecnologia que prometia acelerar enormemente os cálculos, ela foi adotada rapidamente. Quando o IBM 7090 chegou, a empresa disse que poderia realizar centenas de milhares de adições e subtrações em um único segundo. Se usado do modo correto, ele aceleraria enormemente os cálculos necessários para levar as pessoas ao espaço. Muitas das computadoras perceberam a importância da nova tecnologia e se requalificaram como

Controle de missão durante a primeira órbita de John Glenn.

programadoras de computador. Evelyn Boyd Granville, da IBM, por exemplo, trabalhou em muitos dos cálculos da NASA, incluindo aqueles feitos para calcular o ponto de entrada e a janela de lançamento para a primeira órbita de John Glenn. No entanto, algumas pessoas suspeitaram da tecnologia. Antes de voar, John Glenn exigiu: "Peça à garota para verificar os números". A "garota" era Katherine Johnson.

A matemática é uma ferramenta importante quando se trata de voos espaciais. As aproximações são boas o bastante, desde que se conheçam as margens de erro. Não é preciso atingir um alvo exato. Talvez a margem de manobra seja de apenas alguns milímetros, talvez mais. Embora a precisão seja importante, a perfeição não o é. No entanto, isso não é verdade para grande parte da matemática, na qual o objetivo é descobrir relações exatas entre coisas específicas. Podem ser propriedades de formas e funções matemáticas, ou mesmo o ponto na reta numérica em que algo acontece. O número exato para essas coisas pode ser matematicamente importante, mesmo que seja espantosamente enorme.

15

MOENDO NÚMEROS

$10^{10^{10^{34}}}$ é um número tão grande que é virtualmente impossível apreendê-lo. Começa com um e é seguido por vários zeros, mas se, de alguma forma, você conseguisse escrever um zero para cada átomo do universo, ainda não estaria perto de escrever esse número. Nem de longe.

Suponha que você tenha começado a escrever $10^{10^{10^{34}}}$ no início dos tempos, quando o universo surgiu. E suponha que você fosse tão bom em escrever zeros, tantos que, uma vez a cada segundo que se passou desde o Big Bang, você acrescentasse à sua contagem o mesmo número de zeros que o número de átomos existentes no universo. Infelizmente, mesmo assim você ainda não estaria perto de terminar de escrever esse número. Na verdade, seria mais justo dizer que você nem teria realmente começado.

Tudo bem, você pode pensar consigo, *até onde consegui chegar?*

Bem, se você escrevesse seu progresso até agora como uma fração, seria 1 sobre um número tão grande que teria mais dígitos do que átomos no universo. Na verdade, se você tivesse começado a escrever esse número no início dos tempos…

$10^{10^{10^{34}}}$ é um número incompreensivelmente grande. Ele se enquadra em um ramo da matemática conhecido como teoria dos números. Em sua essência, a teoria dos números é exatamente o que ela parece ser: a busca por uma teoria que dê sustentação aos números. Mas os números podem ser estranhos. Aprender o básico é uma das coisas mais fáceis que se pode fazer em matemática, mas, quando você se aprofunda um pouco mais, os números muitas vezes se tornam excessivamente complicados. É provável que não haja uma matéria em matemática que tenha maior disparidade entre a simplicidade de algumas ideias e conjecturas e a dificuldade em prová-las. Isso muitas vezes fez com que os problemas da teoria dos números parecessem sedutoramente simples, mas, como gerações de matemáticos seduzidos podem atestar, nada está mais longe da verdade.

Tomemos a conjectura de Goldbach como exemplo. Essa conjectura, proposta pelo matemático alemão Christian Goldbach em 1742, baseia-se num padrão tão fácil que quase qualquer pessoa com um pouco de curiosidade por matemática poderia perceber: todo número par maior que dois parece ser a soma de dois números primos. Por exemplo, 8 é igual a 3 + 5; 90 é igual a 7 + 83; e 123.345.678 é igual a 31 + 12.345.647. Qualquer número par, analisado por qualquer pessoa, se enquadra nesse padrão. A conjectura – de que todo número par maior que dois funciona assim – vem circulando há quase trezentos anos, mas ninguém foi capaz de prová-la. Isso deixa aberta a possibilidade de que existe um número par extraordinariamente grande que não pode ser separado em dois primos. E essa seria apenas uma típica teoria dos números – algo que parece verdadeiro até encontrarmos um contraexemplo enormemente grande.

O número dez elevado a dez elevado a dez elevado a 34 que abre este capítulo é dessa forma, embora não se trate da conjectura de Goldbach, mas de uma propriedade mais intrínseca dos números primos que veremos mais adiante. Quando o teórico dos números Stanley Skewes o encontrou, na década de 1930, o matemático G. H. Hardy descreveu-o como "o maior número que alguma vez serviu para qualquer propósito definido em matemática".[1] O número chegou até o *Livro de recordes do Guinness*.

Um número grande como esse, que serve a algum propósito matemático, estava destinado a surgir em um assunto como a teoria dos números. E ele se enquadra num dos períodos mais emocionantes e expansivos da história da teoria dos números, um período que está ancorado em Oxford e em Cambridge, no Reino Unido, mas que também atraiu matemáticos de outros lugares para algumas das maiores colaborações matemáticas da história.

O matemático conhecido como Hardy-Littlewood

Godfrey Harold Hardy, conhecido como G. H. Hardy, e John Edensor Littlewood eram matemáticos formidáveis por mérito próprio. Mas foi juntos que tiveram maior sucesso, publicando mais de uma centena de artigos sobre a teoria dos números e análises matemáticas (que inclui o estudo dos limites, diferenciais e integrais que discutimos no Capítulo 8). Antes de Hardy e Littlewood, a matemática na Inglaterra estava estagnada, especialmente se comparada à da Europa continental, mas, juntos, eles conseguiram mudar essa situação.

A dupla iniciou a colaboração em 1910, e as suas personalidades não poderiam ser mais diferentes: Hardy era extrovertido e sociável, Littlewood era tão reservado que nem comparecia a conferências acadêmicas. Littlewood era tão discreto que, na verdade, havia algumas pessoas que duvidavam da sua existência. Ele enfrentou a depressão ao longo de toda a sua vida, o que contribuiu para a sua natureza retraída. Juntos, a produção de Hardy e Littlewood foi variada e significativa.

Embora a dupla matemática não tenha conseguido realmente provar o que veio a ser conhecido como a primeira conjectura de Hardy-Littlewood,* essa conjectura é uma parte extremamente importante da matemática. Uma conjectura decente pode concentrar mentes, dar origem a novas ferramentas ou ideias e transformar a tarefa de resolver um problema em uma outra. Obtêm-se respostas interessantes somente quando se formulam perguntas interessantes. A primeira conjectura de Hardy-Littlewood é sobre números primos: um número que só é divisível por 1 e por ele mesmo. Assim, 5 é um número primo porque só pode ser dividido por 5 e 1, mas 6 não o é porque pode ser dividido por 1, 2, 3 e 6. Os números primos são extremamente importantes na matemática e especialmente na teoria dos números.

A primeira conjectura de Hardy-Littlewood dá uma estimativa de quantas vezes ocorrem pares de números primos que estão separados por um número fixo k. Assim, por exemplo, no caso de $k = 2$, a conjectura estima a distribuição de números primos separados por dois, como

* Há também uma segunda conjectura de Hardy-Littlewood. As duas conjecturas foram anunciadas ao mesmo tempo, mas pensa-se que, se uma delas for verdadeira, a outra será falsa.

3 e 5; 5 e 7; e 11 e 13. Eles são conhecidos como primos gêmeos e pensamos que provavelmente haja um número infinito deles, mas na verdade não temos certeza. Resolver a primeira conjectura de Hardy-Littlewood resolveria a conjectura dos primos gêmeos, que permanece invicta há mais de 150 anos (como um rápido aparte, os números primos separados por quatro, como 3 e 7, são chamados de primos primos, e os números primos separados por seis, como 5 e 11, são chamados de primos *sexy*. *Sexy* = seis. Em nome de todos os matemáticos, pedimos desculpas).

Outra de suas importantes contribuições é o que hoje é conhecido como método do círculo de Hardy-Littlewood. É uma estratégia para descobrir o comportamento de certas funções matemáticas. No caso de Hardy e Littlewood, essa estratégia era a função de partição.

As partições simplesmente investigam de quantas maneiras um número pode ser escrito como uma soma de inteiros. O número 4, por exemplo, pode ser escrito como 4; 3 + 1; 2 + 2; 2 + 1 + 1; ou 1 + 1 + 1 + 1. Então, dizemos que 4 pode ser particionado de cinco maneiras distintas. A ideia principal do método do círculo de Hardy-Littlewood é traduzir questões que envolvem adições em questões que envolvem exponenciais. A abordagem se provou não apenas inovadora e eficaz, mas também extremamente poderosa. Após seu anúncio, teóricos dos números se reuniram para aprender essa técnica e, para onde olhassem, encontravam usos para ela. Desde então, centenas de artigos foram escritos utilizando esse método, incluindo a prova de uma versão mais fraca da – mas relacionada à – conjectura de Goldbach.

O sucesso deles como uma dupla foi tamanho que Harald Bohr, matemático, jogador internacional de futebol e irmão de Niels, resumiu a questão em 1947, dizendo que havia três grandes matemáticos na Inglaterra: "Hardy, Littlewood e Hardy-Littlewood".[2]

As regras da colaboração Hardy-Littlewood foram acordadas na forma de axiomas. O primeiro axioma era que, quando um escrevia ao outro, não importava se o que escreviam estava certo ou errado; o segundo era que não havia obrigação de ler ou responder às cartas uns dos outros; o terceiro era que deveriam tentar evitar trabalhar no mesmo detalhe; e o quarto era que todos os artigos teriam os nomes de ambos, não importava o que acontecesse. É bom ter regras tão claramente definidas e é difícil contestar os resultados, mas nós, os autores, não podemos deixar de sentir que, se tivéssemos seguido o primeiro e o segundo axiomas ao escrever este livro, é altamente improvável que você o estivesse lendo agora.

A capacidade de colaboração de Hardy e Littlewood também se estendia a outras pessoas, especialmente quando eles deram as boas-vindas a um recém-chegado da Índia a Cambridge.

Matemática direto de Deus

Em 1913, Hardy recebeu uma carta incomum. Com carimbo postal da Índia, foi escrita por um funcionário de 23 anos do Departamento de Contabilidade da autoridade portuária de Madras e descrevia a peculiar situação em que ele se encontrava. O missivista explicou que tinha pouca educação formal em matemática, mas que mesmo assim estava se dedicando ao assunto. "Os resultados que obtenho são considerados pelos matemáticos locais como 'surpreendentes'". No entanto, os matemáticos locais não conseguiam compreender os seus "voos mais altos", escreveu ele, e, por isso, não sabia como proceder. Após alguns parágrafos de explicações matemáticas, a carta foi assinada "Atenciosamente, S. Rāmānujan".[3] Em anexo havia quase uma dúzia de páginas falando sobre suas ideias – e elas eram extraordinárias. Hardy disse que foi "certamente a [carta] mais notável que já recebi... Uma coisa era óbvia: o missivista era um matemático da mais alta qualidade, um homem de originalidade e poder totalmente excepcionais".[4]

A infância de Srinivāsa Rāmānujan foi marcada pela tragédia. Ele nasceu em Erode, no sul da Índia, em 1887, e aos dois anos contraiu varíola, que o deixou com cicatrizes por todo o corpo. Aos seis anos, tinha perdido dois irmãos e uma irmã e, um ano mais tarde, perdeu o avô devido à lepra. O estresse extremo fez com que Rāmānujan desenvolvesse comichões e furúnculos – condições que se repetiriam ao longo da sua vida. Matematicamente falando, porém, a história era diferente. Aos onze anos, Rāmānujan já se destacava em matemática. Dois estudantes universitários locais, mais velhos, que estavam hospedados em sua casa, descobriram-no quando perceberam que nada do que sabiam poderiam lhe ensinar. Aos treze anos, estava descobrindo seus próprios teoremas em trigonometria. Isso era ainda mais incrível tendo em conta o estado de então da educação: naquela altura, mesmo entre os homens de idade escolarizada da casta brâmane de Rāmānujan, apenas cerca de 11% eram alfabetizados.

Mais tarde, na adolescência, ele recebeu uma bolsa universitária, mas, como dedicava todo o seu tempo ao estudo da matemática, foi reprovado nas outras disciplinas (entre elas, inglês, grego, história romana e fisiologia) e a sua bolsa foi interrompida, o que significou que não recebeu mais educação universitária. Implacável, continuou a estudar matemática por conta própria. Começou propondo e resolvendo problemas em periódicos de matemática. Um de seus artigos sobre os números de Bernoulli foi aceito para publicação pelo *Journal of the Indian Mathematical Society*, em 1911, e ele começou a ganhar reconhecimento na Índia por seu trabalho. Por fim, conseguiu um emprego no Departamento de Contabilidade e iniciou sua correspondência com Hardy. Rāmānujan apresentava em sua carta uma mistura de ideias, muitas vezes contendo uma combinação do antigo, do familiar e do absolutamente surpreendente.

Veja esta equação, que estava em uma das páginas:

$$\int_0^\infty \frac{1+\left(\frac{x}{b+1}\right)^2}{1+\left(\frac{x}{a}\right)^2}\cdot\frac{1+\left(\frac{x}{b+2}\right)^2}{1+\left(\frac{x}{a+1}\right)^2}\ldots dx=\frac{1}{2}\pi^{\frac{1}{2}}\frac{\Gamma\left(a+\frac{1}{2}\right)\Gamma(b+1)\Gamma\left(b-a+\frac{1}{2}\right)}{\Gamma(a)\Gamma\left(b+\frac{1}{2}\right)\Gamma(b-a+1)}$$

Rāmānujan estava claramente fazendo cálculo – Hardy percebeu pelo uso da notação ∫ alongada de Leibniz no lado esquerdo. Mas a fórmula e os símbolos à direita eram completamente inesperados, produzindo um resultado que Hardy nunca tinha visto. Hardy falou a Littlewood sobre a carta e juntos examinaram a matemática nela. Conforme liam, ficavam mais e mais impressionados com a habilidade e a originalidade de Rāmānujan. Em sua resposta, Hardy pediu a Rāmānujan que lhe enviasse mais coisas, acreditando que, como o trabalho era tão espetacular, ele devia conhecer os teoremas que o sustentavam e que não havia escrito na página. Hardy o descreveu como alguém que "esconde muita coisa na manga".[5]

Hardy convidou Rāmānujan para Cambridge para que pudessem trabalhar juntos. Embora inicialmente tenha recusado a proposta, Rāmānujan finalmente cedeu e se juntou a Hardy e a Littlewood na Inglaterra, deixando a sua jovem esposa para trás com seus pais e trazendo cadernos cheios de ideias. Ele já havia enviado a Hardy mais de cem teoremas em suas cartas, mas havia muitos mais que ainda não havia compartilhado. Em todo o seu trabalho, alguns resultados estavam errados, alguns já eram conhecidos, mas o resto eram novas descobertas. Ao longo de cinco anos, ele publicou suas descobertas em colaboração com Hardy e Littlewood.

Assim como Hardy e Littlewood tinham personalidades contrastantes, Rāmānujan e Hardy-Littlewood também as tinham. Rāmānujan confiava muito na intuição. Ele era religioso e acreditava que muitos de seus *insights* vinham diretamente da deusa de sua família, Namagiri. Isso às vezes o fazia pular etapas nas demonstrações e deduções, na crença de que já sabia que os resultados estavam corretos. Hardy e Littlewood preenchiam algumas lacunas – e o método funcionava. Rāmānujan conseguia descobrir fórmulas completamente surpreendentes com regularidade, sendo talvez uma das mais famosas a seguinte série para o pi.

$$\frac{1}{\pi}=\frac{2\sqrt{2}}{9{,}801}\sum_{k=0}^{\infty}\frac{(4k)!(1{,}103+26{,}390k)}{(k!)^4\,396^{4k}}$$

Os números do lado direito parecem surgir do nada e não têm nada a ver com o próprio pi. No entanto, essa é uma das séries conhecidas mais rápidas para aproximar o pi. O grande Σ significa que é uma somatória, por meio da qual se calcula o valor da expressão quando $k = 0$ e a acrescenta ao valor da expressão quando $k = 1$ e $k = 2$, e assim por diante. Depois de calcular apenas alguns termos dessa série, você obtém rapidamente um valor extremamente preciso para o pi. Tanto é verdade que ela ainda sustenta vários algoritmos em uso hoje para calcular o pi com muitas casas decimais.

A vida de Rāmānujan foi tristemente interrompida. Ele teve problemas de saúde ao longo de toda a vida e, pouco depois dos trinta anos, contraiu tuberculose e foi diagnosticado com uma grave deficiência de vitaminas – ele consumia uma dieta vegetariana restrita que não se

Srinivāsa Rāmānujan.

achava com facilidade na Grã-Bretanha. Retornou à Índia como herói nacional, mas morreu com apenas 32 anos em 1920.

Ainda hoje, estamos apenas começando a compreender o impacto da matemática de Rāmānujan. Investigando o seu trabalho em décadas posteriores, Jean-Pierre Serre e Pierre Deligne foram os pioneiros em uma ferramenta importante na teoria dos números chamada de representações de Galois, que lhes valeu a medalha Fields, um dos mais prestigiados prêmios em matemática.* Os avanços decorrentes dela levaram finalmente à resolução do último teorema de Fermat, uma conjectura que demorou mais de 350 anos para ser provada, por Andrew Wiles, em 1995. Poucos meses antes de morrer, Rāmānujan escreveu uma última carta a Hardy, na qual delineou uma nova teoria de equações invulgarmente simétricas conhecidas como funções teta simuladas. Elas permaneceram misteriosas durante décadas, mas agora estão começando a ser usadas na teoria das cordas e na descrição de buracos negros.

Esse é um padrão bem estabelecido na matemática. Sondar algo em uma área leva a resultados que são úteis para outras áreas. E isso foi particularmente verdadeiro para uma das colaboradoras menos conhecidas de Hardy e Littlewood, Mary Lucy Cartwright.

---

* As primeiras medalhas Fields foram concedidas em 1936.

Da colaboração surge o caos

No início de 1938, o governo do Reino Unido percebeu que precisava de alguma assistência em matemática. A guerra estava chegando à Europa e o desenvolvimento do que em breve se tornaria um radar tinha encontrado um obstáculo. Os engenheiros do Departamento de Investigação Científica e Industrial (DSIR) suspeitaram que poderia haver problemas com as equações das ondas de rádio de alta frequência; por isso, escreveram à Sociedade Matemática de Londres em busca de assistência. É claro que o radar era extremamente secreto e por isso não era mencionado no memorando, mas, matematicamente, o problema era intrigante. Cartwright já estava familiarizada com "equações diferenciais de aparência questionável",[6] então atendeu à convocação.

Cartwright era uma estrela em ascensão na matemática. Ela havia começado sua carreira em 1919, estudando matemática no St. Hugh's College, em Oxford. Depois de alguns anos de resultados decepcionantes em exames de matemática, ela começou a mudar essa situação no terceiro ano, após frequentar aulas noturnas ministradas por Hardy. Em 1923, conseguiu um diploma de primeira classe na universidade – a primeira mulher a fazê-lo. Ela acabou se tornando aluna de Hardy e fez um doutorado. Então, continuou como pesquisadora de matemática no Girton College, em Cambridge, antes de Hardy e Littlewood a recomendarem para uma cadeira de assistente. Ela se tornou professora lá em 1935. Foi ali que descobriu o pedido de ajuda do governo. Ela mostrou o memorando a Littlewood e eles se uniram para ver se conseguiam encontrar uma solução.

Cartwright considerava Littlewood um colaborador pouco convencional. Ele ficava mais disposto a falar durante caminhadas, desenhando figuras imaginárias nas paredes pelo caminho, mas essa não era a melhor maneira de discutir ideias matemáticas. Ela se deparou com os axiomas de colaboração que Hardy e Littlewood haviam estabelecido e, em vez disso, começaram a trabalhar juntos por meio de cartas, e com grande efeito. "A senhorita Cartwright é a única mulher em minha vida para quem escrevi duas vezes no mesmo dia", escreveu Littlewood mais tarde.[7]

O problema que o governo do Reino Unido estava enfrentando tinha especificamente a ver com os amplificadores usados no radar, que

Mary Cartwright (*à esquerda*), e Cartwright no Congresso Internacional de Matemáticos em 1932 em Zurique (*à direita*). Muitas das mulheres no retrato eram esposas de matemáticos.

muitas vezes falhavam. Os soldados que os utilizavam pensavam que tinha algo a ver com a fabricação, mas Cartwright e Littlewood descobriram que a matemática que os sustentava estava errada. O físico Freeman Dyson descreveu mais tarde a situação: "A própria equação era a culpada".[8] O que Cartwright e Littlewood descobriram foi que, à medida que a frequência das ondas de rádio aumentava, as equações deixavam de funcionar, e isso significava que pequenas mudanças levavam a resultados erráticos e instáveis. A dupla não encontrou uma solução para o problema, mas a sua descoberta ajudou os engenheiros a encontrar formas de compensar esses erros em vez de procurar um problema no processo de fabricação.

Tal como alguns dos resultados de Rāmānujan, levou algum tempo para que as implicações do trabalho de Cartwright e Littlewood fossem compreendidas. Sem que soubesse, a dupla encontrou uma ideia fundamental que mudaria a face da matemática: a ideia de caos.

Esse estranho fenômeno matemático é talvez mais conhecido pelo efeito borboleta, que sugere que uma borboleta batendo as asas num local pode ser suficiente para desencadear um tornado em outro lado do planeta. Em sua essência está o estudo de sistemas que são sensíveis às condições iniciais. Em tais situações, diferenças minúsculas na forma como algo começa podem ter efeitos enormes e deixar imprevisível o seu curso no longo prazo. O clima é um sistema caótico. Embora possamos fazer sugestões razoáveis sobre o que acontecerá em curto prazo, em longo prazo é impossível fazer previsões específicas. Portanto, mesmo uma pequena diferença, como o bater das asas de uma borboleta, pode exercer um grande impacto. Sabemos agora que existem muitos sistemas caóticos, incluindo o modo de os fluidos fluírem, os sistemas planetários e até o mercado de ações.

Mas o caos não é aleatório; é apenas muito difícil de prever. E esse tipo de imprevisibilidade foi exatamente o que Cartwright e Littlewood descobriram cerca de vinte anos antes do desenvolvimento do caos na década de 1960.

Cartwright teve uma carreira longa e ilustre. Ela fez muitas conquistas inéditas para as mulheres, por exemplo, ser a primeira a servir no Conselho da Royal Society e a ser presidente da Sociedade Matemática de Londres. Ela viveu quase cem anos, então pôde observar o campo incrível cujas bases ajudou a estabelecer para que florescesse.

Teoremas e problemas fundamentais

Littlewood enxergou um princípio seu em ação no trabalho com Cartwright: a tentativa de resolver um problema difícil. Talvez não o resolvesse, mas talvez pudesse provar outra coisa. Ele o descobriu pela primeira vez quando tentou obter a hipótese de Riemann. Apesar de todo o sucesso de Hardy-Littlewood e de seus colaboradores, a hipótese de Riemann foi uma que eles nunca conseguiram decifrar. Esse problema incrivelmente importante é um clássico da teoria dos números. A simples pergunta "com que frequência ocorrem os números primos?" leva a uma queda inevitável num poço de complexidade, confusão e, para alguns, desespero.

Vamos começar com as partes (mais) simples. Uma das coisas maravilhosas sobre os números primos é que eles são os blocos de construção de outros números – um fenômeno formalizado no teorema fundamental da aritmética. Esse teorema afirma que todo número é um produto único de números primos. Vejamos o 15, por exemplo, que é o produto $3 \times 5 = 15$. Tanto 3 quanto 5 são números primos e não há outra combinação de números primos que resulte em 15. Ou tente o 42, que é composto exclusivamente pelos números primos $2 \times 3 \times 7 = 42$. Seja qual for o número escolhido, esse teorema fundamental da aritmética diz que, quando você analisa mais de perto, encontra números primos. Ou, como disse Hardy: "os números primos são a matéria-prima a partir da qual temos de construir a aritmética".[9]

Então, quão comum é essa matéria-prima? Se você explorar um pouco, será bastante fácil descobrir que os números primos ficam mais raros à medida que se anda na reta numérica. Existem 25 números primos entre 0 e 100, mas apenas 21 entre 100 e 200 e apenas 16 entre 200 e 300. Logicamente, será possível pensar que isso parece razoável – para números maiores, há mais números pelos quais dividir. Uma coisa interessante a perguntar seria: existe uma fórmula que descreva essa relação?

Há. É chamada de teorema dos números primos e foi provada de forma independente pelo matemático francês Jacques Hadamard e pelo matemático belga Charles Jean de la Vallée Poussin. Existem diversas variações para o resultado, mas uma delas fornece a fórmula a seguir para informar aproximadamente como os números primos são distribuídos.

$$\pi(x) \sim \int_2^x \frac{dx}{\log x}$$

No lado esquerdo há uma expressão que nos dá o número de primos abaixo de x e no lado direito há uma expressão para calculá-lo. O rabisco no meio significa "é aproximadamente igual a". E, como mostra a tabela a seguir, a aproximação é bastante precisa.

Provar o teorema dos números primos foi um processo árduo. Embora tenha sido conjecturado em 1700, no estilo padrão da teoria dos números, levou mais cem anos para ser provado. A prova se baseou em curiosidades matemáticas conhecidas como funções zeta de Riemann, que foram descobertas pela primeira vez por Bernhard Riemann e que encontramos anteriormente explorando geometrias hiperbólicas e elípticas. Os primos aparecem sem nenhum padrão aparente, mas, assim como o teorema dos números primos nos dá uma ideia do seu comportamento habitual, as funções zeta de Riemann nos dão uma ideia de como os números primos se distribuem ao redor da média. Riemann levantou a hipótese de que certas soluções para as funções zeta de Riemann estão em uma bela linha reta. Isso pode parecer trivial, mas saber como

n	Número de primos menores que n	$\int_2^x \frac{dx}{\log x}$
1000	168	178
10000	1229	1246
50000	5133	5167
100000	9592	9630
500000	41538	41606
1000000	78498	78628
2000000	148933	149055
5000000	348513	348638
10000000	664579	664918
20000000	1270607	1270905
90000000	5216954	5217810
100000000	5761455	5762209
1000000000	50847534	50849235
10000000000	455052511	455055614

os números primos se distribuem é muito importante. Se a hipótese de Riemann for verdadeira, isso significa não só que vários problemas em aberto na teoria dos números seriam imediatamente resolvidos, mas também que a nossa compreensão dos números primos seria reforçada, mostrando que eles se distribuem de forma matematicamente agradável.

Embora a sua hipótese fosse verdadeira para todos os casos testados, ele não conseguiu encontrar uma prova. Littlewood também tentou encontrar uma prova quando era mais jovem, mas sem muito sucesso – assim como muitos outros matemáticos. Formou-se um estranho hábito: muitos matemáticos simplesmente presumiam que ela era verdadeira e partiam daí. Alguns eram céticos em relação a essa abordagem, mas foi exatamente isso que Stanley Skewes teve de fazer para encontrar o seu número.

O número de Skewes

Dê outra olhada na tabela anterior. Se observar atentamente, verá que as aproximações na coluna mais à direita estão todas superestimadas. Na verdade, se continuar observando essa tabela, descobrirá que a fórmula é uma estimativa exagerada. Mas, como acontece com todas as coisas na teoria dos números, o simples pode se tornar complexo, e o que parece verdadeiro pode ser apenas um engano.

Em 1914, Littlewood descobriu que a fórmula, na verdade, muda de superestimada para subestimada com frequência infinita. No entanto, ninguém conhecia o número no qual ocorria essa mudança. Isto é, até surgir Skewes.

Stanley Skewes fez parte da primeira onda de estudantes a ter uma educação universitária totalmente sul-africana quando se formou na Universidade da Cidade do Cabo em engenharia civil, em 1920, e fez um mestrado em 1922. As universidades já existiam no país antes disso, mas eram apenas postos avançados das universidades britânicas. Essa situação começou a mudar no início de 1900, quando teve início um movimento no sentido de estabelecer uma universidade com o propósito de ensinar, em vez de só aplicar exames e atribuir diplomas, o que fez com que a Universidade da Cidade do Cabo se tornasse uma universidade por direito próprio em 1918. Graças a esse movimento, a produção de conhecimento na África do Sul começou a se tornar mais local. Os matemáticos sul-africanos que viajavam para a Inglaterra para estudar retornavam com diplomas e começavam a lecionar em instituições

Stanley Skewes.

superiores na Cidade do Cabo e em Joanesburgo. Essas universidades e faculdades se tornaram o lar de matemáticos talentosos, e o conhecimento científico se espalhou pela população geralmente por meio de vários programas de rádio.

No século XVIII, havia pouca segregação nas escolas da África do Sul. No entanto, isso mudou no século XX. A discriminação em grande escala contra as comunidades indígenas foi intensificada quando o Partido Nacional subiu ao poder em 1948 e o *apartheid* se tornou uma política nacional aplicada pelo governo totalmente branco. A Universidade da Cidade do Cabo era um posto avançado que tentou resistir à política e se tornou famosa pela sua oposição. Ela tinha um pequeno número de estudantes negros matriculados na década de 1920 e continuou a admiti-los durante o *apartheid*, mas os números permaneceram baixos enquanto o sistema vigorou.

Em 1918, a Universidade da Cidade do Cabo ainda estava dando seus primeiros passos. Skewes descobriu isso pessoalmente quando ganhou uma bolsa em 1923 para estudar matemática no King's College, em Cambridge. O nível de conhecimento exigido era tão diferente que ele basicamente teve de recomeçar os estudos no nível da graduação. Embora tenha conseguido terminar o curso no King's College, obteve apenas um diploma de segunda classe, o que considerou profundamente desanimador. Retornou à África do Sul e assumiu um cargo de professor na Universidade da Cidade do Cabo, retornando a Cambridge de tempos em tempos para continuar seus estudos, primeiro fazendo um mestrado e depois um doutorado sob a orientação de Littlewood, que também cresceu na Cidade do Cabo. Skewes se tornou professor associado da Universidade da Cidade do Cabo e inspirou muitos estudantes, entre eles, Dona Strauss.

Strauss ingressou na Universidade da Cidade do Cabo quando tinha apenas quinze anos. Três anos depois, concluiu o bacharelado e, um ano depois, o mestrado. Havia duzentos estudantes de matemática em seu ano, mas apenas quatro eram mulheres. Mais tarde, ela disse que as outras três deixaram de lado a carreira matemática para se tornar donas de casa; no entanto, ela tinha outros planos e por isso se candidatou a Cambridge. E quem era professora da faculdade de Girton quando ela se inscreveu lá? A própria Mary Cartwright da teoria do caos. Girton e

Newnham eram as duas únicas faculdades de Cambridge que as mulheres podiam frequentar naquela época, e mulheres matemáticas eram poucas e raras. Strauss foi direto para o doutorado. Ela sentiu que estava bem preparada com o que aprendera com Skewes, e estava certa. Prosperou em Cambridge e se tornou uma matemática profissional.

Em sua tese de doutorado, Strauss foi a pioneira da topologia sem pontos, que, apesar do nome, é um ramo útil da matemática.* A topologia, em geral, trata do estudo de formas, mas de uma perspectiva diferente daquela da geometria. Por exemplo, em vez de se preocupar com diferenças rígidas entre formas, a topologia se concentra nas maneiras pelas quais os objetos podem ser comprimidos uns nos outros. Desde seus primórdios esotéricos, a topologia foi usada em tudo, desde a biologia até a física teórica. Normalmente as formas topológicas são construídas usando pontos, tal como seriam em outras áreas da matemática. Mas a topologia realmente não se importa com pontos específicos, e por isso é uma estrutura estranha. O que Strauss investigou foi como eliminá-los completamente, tirando, portanto, os pontos da topologia. Ela também demonstrou alguns dos usos que essa versão da topologia tinha na matemática aplicada e na ciência da computação.

Strauss escreveu mais de duzentos artigos, colaborou com muitos matemáticos puros e aplicados e foi coautora de três livros. O seu trabalho foi amplamente reconhecido quando a Universidade de Cambridge organizou uma conferência em homenagem ao seu septuagésimo quinto aniversário em 2009, na qual matemáticos de todo o mundo se reuniram para celebrar a sua produtiva vida como matemática.

Skewes era um professor inspirador, e uma das maneiras pelas quais ele cativava seus alunos era com seu trabalho sobre números primos e o teorema dos números primos. Foi analisando esse teorema, em 1933, que ele chegou ao seu número – aquele extremamente grande do início deste capítulo. Esse número era a arma que todos procuravam: o momento em que a fórmula para a distribuição dos números primos se tornou uma subestimação em vez de uma superestimação. Seu resultado chamou muita

* Em inglês, *pointless topology*, cuja tradução literal é "topologia sem sentido". Os autores fazem uma brincadeira com o nome desse ramo da matemática que não é possível reproduzir em português. [N.E.]

atenção e impressionou Hardy. Mas havia um problema em potencial: para chegar a seu resultado, Skewes teve de partir do princípio de que a hipótese de Riemann era verdadeira. Mais tarde, depois de muitos anos, ele também provou que seu número era válido se a hipótese de Riemann fosse falsa, mas alguns matemáticos tinham dúvidas de que aquela fosse uma abordagem correta. Em matemática, verdadeiro ou falso não são as únicas opções. Existe uma terceira categoria chamada "indecidível", na qual os axiomas matemáticos utilizados não permitem que o resultado seja provado.

Outro aluno de Littlewood, Albert Ingham, escreveu a um jovem matemático promissor e expressou seu desdém por essa abordagem: "Skewes não é a melhor pessoa para espremer a última gota do limão. Estou interessado em *seus* esforços". Esse matemático promissor era um jovem chamado Alan Turing.

Um enigma que nem mesmo Turing conseguiu decifrar

É difícil mencionar Turing sem falar de seu trabalho durante a Segunda Guerra Mundial. Um dia depois de o Reino Unido ter declarado guerra à Alemanha, em setembro de 1939, ele se apresentou para o serviço militar em Bletchley Park, uma casa de campo que se tornou o centro dos esforços de decifração de códigos dos Aliados. À medida que a guerra ganhava maiores proporções, mais importante se tornava interceptar e decodificar informações. De um lado, a Alemanha nazista usava uma das máquinas de criptografia mais sofisticadas já criadas, a Enigma; de outro, Alan Turing, como chefe da Hut 8, e seus colegas estavam tentando quebrá-la.

Quebrar códigos foi uma tarefa exclusiva de matemáticos durante anos. Abū Yūsuf Ya'qub ibn Ishaq al-Kindī, matemático e polímata árabe do século IX, registrou uma das técnicas mais importantes de quebra por volta de 850. Ele percebeu que, ao realizar a análise estatística de um texto criptografado, era possível descobrir quais eram algumas das substituições. Por exemplo, em inglês, "e" é a letra mais comum. Usando a abordagem de al-Kindī, se você tiver um bloco de texto criptografado (no qual as letras do texto original foram substituídas por outras), é possível esperar que a letra criptografada mais comum seja descriptografada como "e". Continuando assim, você poderia descriptografar partes suficientes do texto para poder adivinhar palavras e então descriptografar o texto inteiro.

No entanto, na Segunda Guerra Mundial, essa abordagem só era útil até certo ponto. Os militares alemães alteravam regularmente as configurações da máquina Enigma, o que significava que, para ter alguma esperança de quebrá-la, a Hut 8 precisava ser capaz de trabalhar rápido – mais rápido do que era humanamente possível. Então, eles construíram uma máquina para fazer os cálculos necessários. Conhecida como Bombe, ela era enorme, com dois metros de altura e dois de largura, e pesava cerca de uma tonelada. A construção da primeira Bombe demorou cerca de cinco meses e, nos anos posteriores, foram construídas cerca de duzentas delas.

Turing continuou a construir máquinas de computação após a guerra, mas também retornou à teoria dos números e começou a se corresponder com Skewes, que era treze anos mais velho. Os dois se tornaram bons amigos durante uma visita de Skewes a Cambridge no início da década de 1930. Turing se tornaria um nome conhecido na matemática, mas, quando conheceu Skewes, ainda era um estudante da graduação. Nessa visita, os dois se viram sentados frente a frente durante um treino de remo. Eles começaram a conversar sobre matemática na canoa e, em particular, sobre a hipótese de Riemann.

Turing ficou fascinado pela hipótese de Riemann, e seu primeiro artigo publicado depois da guerra foi sobre esse tema (embora ele tivesse escrito o texto alguns anos antes). Ele se perguntava se conseguiria melhorar a dedução do número de Skewes usando suas habilidades computacionais. Era cético quanto à veracidade da hipótese de Riemann; então, tentou construir uma máquina que pudesse obter soluções para a função zeta de Riemann na esperança de encontrar uma solução que não estivesse na bela linha reta prevista pela hipótese de Riemann e, assim, provar que ela estava errada. Seu projeto consistia em oitenta engrenagens com relações precisas e um contrapeso, mas ele teve de interromper o projeto quando a guerra eclodiu. Após a guerra, voltou a abordar esse problema, mas os computadores digitais já estavam tão avançados que seu projeto se tornou redundante. Em vez disso, encontrou uma maneira de contornar completamente a hipótese de Riemann. Ao fazê-lo, conseguiu se livrar do terreno instável do qual o resultado de Skewes dependia e encontrar um número de Skewes muito melhor. O número original de Skewes era $10^{10^{10^{34}}}$. Turing, fazendo cálculos grandes no computador, sugeriu que $10^{10^{5}}$ funcionaria.

Como na colaboração entre Hardy e Littlewood, Turing escreveu o seu nome e o de Skewes na obra "Sobre um teorema de Littlewood". No entanto, o trabalho nunca foi publicado. Nesse momento, ele morava em Manchester e mantinha um relacionamento com um homem chamado Arnold Murray. A homossexualidade era ilegal na época, mas ele acreditava que as chances de ser processado eram de uma em dez. Infelizmente, no início de 1952, foi preso e acusado de "indecência grosseira" e forçado a se submeter à castração química, recebendo injeções de estrogênio não esteroide para "feminizar" o seu corpo. Como Jeanette Winterson escreveu em sua coleção de ensaios sobre inteligência artificial, *12 Bytes*, "o que Turing queria fazer com o seu corpo – fazer sexo com homens – parecia ser mais importante para a pequena Grã-Bretanha do pós-guerra do que o que ele podia fazer com a mente".

O tratamento o afetou muito, tanto mental quanto fisicamente, mas ele manteve seu trabalho acadêmico e continuou se correspondendo com acadêmicos, editores de revistas científicas e estudantes. Em 9 de abril de 1953, enviou uma carta ao seu velho amigo Skewes, na qual pedia desculpas por invadir seu território.

> Sinto-me um tanto culpado por ter invadido o território do seu número. Poder-se-ia supor que ele poderia continuar sendo um recanto agradável que alguém deveria guardar para si mesmo. No entanto, você cometia o erro de falar comigo sobre ele de vez em quando, quando estava remando e eu na proa, até que finalmente pensei que era melhor descobrir do que se tratava e, tendo feito isso, não pude deixar de brincar sozinho com ele.

No ano seguinte, Turing morreu. Uma investigação determinou que a causa da morte foi suicídio, embora alguns acreditem que possa ter sido envenenamento acidental.

Vários anos depois, Skewes recebeu uma carta de Littlewood, que tinha ouvido falar do manuscrito não publicado com o nome dele e de Turing. Skewes respondeu que visitava Turing com frequência e que continuou com as trocas de cartas; sugeriu que o manuscrito em conjunto fosse publicado postumamente apenas sob o nome de Turing, embora isso nunca tenha acontecido. É tentador pensar o que poderia ter acontecido se Turing e Skewes tivessem colaborado ainda mais, especialmente no tema da hipótese de Riemann, que permanece sem solução. Pelo menos por enquanto.

EPÍLOGO

A matemática e a sua história são assuntos em constante evolução. O que escrevemos nas páginas anteriores reflete a nossa melhor compreensão atual das origens da matemática. Há um entendimento crescente de que a história tradicional contada sobre ela, muitas vezes com um foco muito grande em um pequeno elenco de personagens gregos antigos, é apenas um componente de uma história muito mais rica e internacional.

As ideias matemáticas surgiram em todo o mundo de muitas formas diferentes. Não há dúvida de que os historiadores continuarão a descobrir mais complexidades em cada uma dessas histórias nos próximos anos. Parte disso se dará com o reexame de histórias antigas e a tentativa de se livrar de preconceitos de época ou outros impostos por gerações posteriores. Os erros causados por suposições sexistas ou pela priorização de alguns grupos em detrimento de outros serão expostos, e a verdade – ou o mais perto que possamos chegar dela – será descoberta. Mas também podemos esperar que a descoberta de textos, tábuas e artefatos antigos, bem como a aplicação de técnicas como a datação por carbono e a análise de DNA, nos forneça mais pistas sobre o que realmente aconteceu.

Como autores, temos consciência de que nós também trazemos as nossas próprias ideias e preconceitos. Fizemos o melhor para deixar os fatos falarem por si, mas isso também cria seus próprios desafios. O que incluir e o que não incluir na história da matemática é, até certo ponto, uma decisão ética. Quem recebe o crédito? Quem é apagado por omissão? Nenhum livro de história está completo. Em vez disso, esperamos ter inclinado o arco narrativo da matemática no sentido de uma história mais justa e mais representativa, não por causa de qualquer ideologia, mas porque é o reflexo mais verdadeiro de como a matemática se desenvolveu ao longo de milênios – e como ela continua a se desenvolver. A matemática ainda está cheia de vida e continua sendo um esporte coletivo e internacional, como sempre foi.

Consideremos aquele que é seguramente o maior avanço matemático dos últimos trinta anos: Andrew Wiles decifra o último teorema de Fermat em 1995. Lembre-se de que o último teorema de Fermat diz que não existem números inteiros que satisfaçam a equação $x^n + y^n = z^n$, em que n é maior que 2. Pierre de Fermat escreveu nas margens de um livro, há quase quatrocentos anos, que tinha uma prova disso, mas essa prova nunca foi encontrada. Matemáticos como Sophie Germain, entre muitos outros, tentaram enfrentá-lo, mas foi necessário todo o poder da matemática moderna e todo um conjunto de personagens para realizar esse trabalho.

Wiles usou uma impressionante variedade de ferramentas matemáticas em sua prova da conjectura em 129 páginas; no entanto, foi central para a sua abordagem o trabalho de dois matemáticos japoneses do século XX, Goro Shimura e Yutaka Taniyama. Shimura se baseou no trabalho de Taniyama para perceber uma conexão entre dois conceitos matemáticos aparentemente não relacionados, conhecidos como curvas elípticas e formas modulares. Ele conjecturou que ambos eram a mesma coisa, apenas vistos de duas perspectivas diferentes. O matemático francês André Weil popularizou a conjectura de Taniyama-Shimura no Ocidente antes de os matemáticos, entre eles Gerhard Frey, na Alemanha, e Ken Ribet, nos Estados Unidos, confirmarem que sua prova implicaria que o último teorema de Fermat era também verdadeiro.

Em meados da década de 1990, dizia-se que o último teorema de Fermat era o mais famoso problema não resolvido da matemática. E, com base em todo o trabalho anterior, Wiles provou a conjectura de Taniyama-Shimura e, portanto, também o último teorema de Fermat. Ele vinha trabalhando em segredo havia sete anos e sua prova inicial continha alguns problemas. Seu colega britânico Richard Taylor ajudou a resolvê-los, o que o levou a ser nomeado coautor de um dos artigos que descrevem o resultado.

A matemática é um revezamento

Wiles correu a etapa final da corrida, mas não teria conseguido chegar ao fim sem os muitos matemáticos que carregaram o bastão até a linha de chegada à sua frente. Nesse caso, grande parte da colaboração aconteceu de modo indireto. Uma pessoa avançava lentamente no problema para outra aparecer e usar o que a pessoa anterior tinha feito a fim de avançar um pouco mais. Mas nem sempre acontece assim. A matemática também pode ser uma atividade social.

Paul Erdős era originário da Hungria e saiu de lá durante a ascensão da Alemanha Nazista. Passou a vida viajando pelo mundo, colaborando com diversos matemáticos. Fato notável, ele aparecia na casa de um colega sem avisar e declarava: "Meu cérebro está aberto". Ficava o tempo necessário para colaborar com alguns trabalhos antes de passar para o próximo colega, muitas vezes perguntando ao seu atual anfitrião quem ele deveria visitar em seguida. Ao longo de sua carreira, colaborou com mais de quinhentos matemáticos e publicou cerca de 1.500 artigos – mais do que qualquer outro matemático até hoje.

Erdős foi tão prolífico que alguns matemáticos ainda calculam quão "perto" estiveram de colaborar com ele. Ter um número de Erdős igual a 1 significa que você publicou um trabalho com o próprio homem, um número Erdős de 2 indica que você publicou um trabalho com alguém que publicou um trabalho com Erdős e assim por diante.* Apenas uma pessoa tem um número de Erdős igual a 0, e essa pessoa é o próprio Paul Erdős. Mais de 11 mil pessoas têm um número de Erdős igual a 2, o que mostra como as colaborações podiam ser abrangentes.

É difícil avaliar exatamente quantos matemáticos existem no mundo, mas o projeto Genealogia da Matemática dá algumas indicações. O projeto começou em meados da década de 1990 e, segundo seu *website*, o objetivo é "compilar informações sobre TODOS os matemáticos do

* Timothy tem um número de Erdős 4, e Kate, 5.

mundo". Qualquer declaração de missão usando tão descaradamente letras maiúsculas certamente deve ser levada A SÉRIO.

O número de entradas por ano nos seus registros mostra que os matemáticos cresceram substancialmente como grupo nos últimos anos.

Os números exatos devem ser lidos com grandes ressalvas. É muito mais fácil recolher registros sobre pessoas que terminaram seus doutorados nas últimas décadas do que há cem anos, e leva algum tempo até que os anos mais recentes estejam totalmente atualizados. No entanto, há décadas que os doutorados em matemática registrados no projeto têm estado na casa dos milhares todos os anos, em vez de dezenas e centenas.

Se observarmos além do gráfico, porém, fica claro que a matemática ainda é vista com desdém. Embora as mulheres representem cerca de 50% dos pesquisadores de doutorado em todas as disciplinas[1] nos países da OCDE, em matemática a proporção é muito menor. De acordo com o Departamento de Educação dos Estados Unidos, as mulheres obtiveram apenas 29% dos títulos de doutorado em matemática em 2013-14.[2] O relatório She Figures 2021, do Serviço de Publicações da União Europeia, concluiu que pouco mais de 32% das pessoas com doutorado em matemática e estatística na Europa eram mulheres,[3] em comparação com quase 50% em todas as disciplinas. Em toda a África, as mulheres constituem cerca de 30% dos que fazem pesquisa em ciência, tecnologia e matemática.[4] São apenas alguns dados, mas outros relatórios contam uma história parecida.

Embora esteja acontecendo lentamente, há pequenos sinais de que esse cenário está começando a mudar. Considere dois dos maiores prêmios da matemática: a medalha Fields e o prêmio Abel. Os prêmios são apenas um aspecto do que é importante na ciência e são frequentemente políticos. A história da física não é a mesma que a história dos prêmios Nobel de física, por exemplo. No entanto, são um reflexo daquilo – e talvez, mais importante, de quem – que é incentivado.

Apesar de terem sido concedidas mais de cem medalhas Fields e prêmios Abel, até cerca de uma década atrás todos eles tinham ido para homens. Isso mudou quando Maryam Mirzakhani ganhou a medalha Fields em 2014. As medalhas Fields são entregues uma vez a cada quatro anos durante o Congresso Internacional da União Internacional de Matemática para dois a quatro matemáticos com menos de quarenta anos.

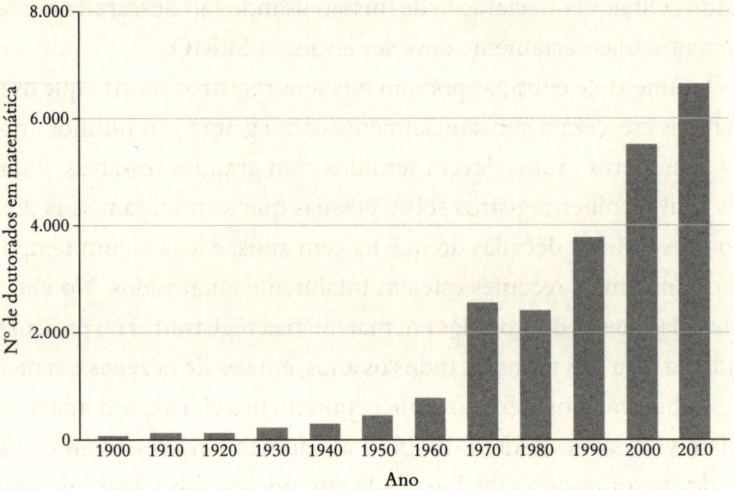

É, sem dúvida, o prêmio mais cobiçado da matemática, e ganhá-lo é um reconhecimento incrível do trabalho de alguém. Desde que foi concedida pela primeira vez, em 1936, noventa pessoas ganharam a medalha Fields, 88 delas homens.

Mirzakhani contrariou a tendência de várias maneiras. Ela nasceu no Irã e desde muito jovem demonstrou imenso talento para a matemática. Quando adolescente, tornou-se a primeira mulher iraniana a ganhar uma medalha de ouro nas Olimpíadas Internacionais de Matemática, uma competição já estabelecida na qual jovens matemáticos testam as suas competências no cenário mundial. Um ano depois, ganhou outra medalha de ouro, com uma pontuação perfeita. Ela se mudou para os Estados Unidos a fim de seguir uma carreira de pesquisa em matemática, ocupando cargos primeiro na Universidade de Princeton e depois em Stanford. Ela logo se especializou em um campo de estudo, concentrando-se em objetos e espaços geométricos estranhos com base no tipo de trabalho feito por Bolyai, Gauss, Lobachevsky e Riemann. Ali, junto com seu coautor Alex Eskin, ela provou um resultado tão magnífico que ficou conhecido como "o teorema da varinha mágica".

Veja como Eskin o explicou em 2019:[5] imagine uma sala de formato estranho, feita de espelhos, com uma vela no meio. A luz refletirá nos espelhos, mas será que ela iluminará todos os pontos ou alguns pontos no espaço permanecerão apagados? O teorema da varinha mágica responde à pergunta. "Não há manchas escuras", disse Eskin. "Todos os pontos da sala estão iluminados." As manchas escuras em uma sala iluminada por velas podem parecer uma situação muito específica, e de fato é, mas o teorema da varinha mágica é muito mais geral. Usando conceitos de álgebra e geometria, ele codifica uma ampla relação entre certas formas e certos caminhos. O resultado é que a varinha mágica pode ser agitada em muitas situações nas quais haja partículas em movimento. Existem muitas dessas situações, especialmente na física teórica, e por isso a plena aplicabilidade do teorema da varinha mágica ainda está para ser descoberta.

Mirzakhani morreu jovem, mas a sua história continua a inspirar moças, especialmente no Irã, a estudar matemática. A Sharif University of Technology deu o nome dela à biblioteca de sua faculdade de matemática, e sua antiga escola, a Farzanegan High School, fez o mesmo com seu anfiteatro e sua biblioteca. O Dia Internacional da Mulher na Matemática é agora comemorado em 12 de maio, aniversário de Mirzakhani.

Em 2022, enquanto fazíamos alguns dos ajustes finais neste livro, os últimos quatro medalhistas Fields foram anunciados. Entre eles estava a matemática ucraniana Maryna Viazovska, pela prova de que "a forma E8 proporciona o empacotamento mais denso de esferas idênticas em oito dimensões". Em outras palavras, ela descobriu uma maneira de agrupar esferas em oito dimensões para deixar o mínimo de espaço vazio. A maneira de empacotar esferas é um problema matemático antigo e surpreendentemente difícil. Em duas dimensões, nas quais as esferas são círculos, Joseph Lagrange provou, na década de 1770, que um padrão hexagonal no qual um único círculo é rodeado por outros seis círculos, como num favo de mel, é a melhor maneira.

Só no fim da década de 1990, mais de duzentos anos depois, é que o resultado seria provado. Foi quando Thomas Hales mostrou que as "estruturas compactas" – um tipo de configuração que ocorre frequente e naturalmente nos cristais – são a forma ótima para empacotar esferas em três dimensões. No entanto, o resultado ainda não era conhecido para dimensões superiores – até que Viazovska o provou para oito dimensões em 2016. Pouco depois, ela se envolveu na elaboração da melhor disposição para 24 dimensões. Agora sabemos a melhor maneira de empacotar esferas em uma, duas, três, oito e 24 dimensões, mas em nenhuma outra. O trabalho de Viazovska pode ser a chave para abrir outras dimensões.

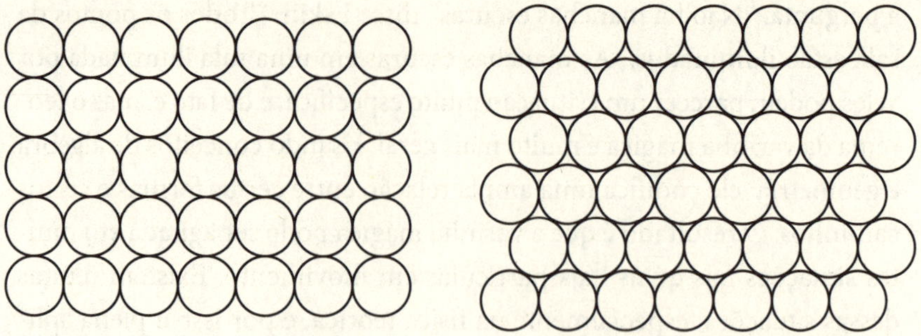

Empacotamento quadrado Empacotamento hexagonal

Você pode encaixar mais círculos em um espaço apertado usando o empacotamento hexagonal.

O prêmio Abel talvez seja mais parecido com um prêmio Nobel de matemática, já que é muitas vezes atribuído a alguém pelo trabalho de uma vida inteira. Andrew Wiles o ganhou, por exemplo, em 2016, pela prova do último teorema de Fermat. O prêmio é atribuído a pelo menos um matemático todos os anos desde 2003, mas foi apenas no vigésimo prêmio que a hegemonia dos homens foi quebrada, quando Karen Uhlenbeck o ganhou em 2019 pelo seu trabalho com a teoria do calibre e a análise geométrica. Esses dois campos matemáticos têm aplicações abrangentes, tais como a sustentação da unificação de duas forças fundamentais da natureza numa única teoria: o eletromagnetismo e a força nuclear fraca.

Mirzakhani, Viazovska e Uhlenbeck podem ser completas exceções. Como vimos neste livro, sempre houve pessoas que nadaram contra a corrente e conseguiram ter um sucesso incrível na matemática. Uhlenbeck foi a primeira mulher a proferir uma palestra plenária no Congresso Internacional de Matemáticos desde que Emmy Noether o fizera em 1932, setenta anos antes. A nossa esperança é que elas sejam apenas a ponta do *iceberg*. Nas últimas décadas, mais mulheres têm se dedicado à matemática. A paridade está muito distante em termos de pós-graduação e mais ainda de cargos acadêmicos, mas a maré está lentamente começando a mudar.

Geograficamente falando, a matemática também está se abrindo, tornando-se uma atividade mais global do que antes. Organizações como o Centro Internacional de Matemática Pura e Aplicada (CIMPA) foram criadas com a intenção de promover a pesquisa em matemática em países de baixo e médio desenvolvimento. Até 2022, o CIMPA criou quase quatrocentos cursos intensivos de curta duração em pesquisa matemática para ajudar nesse desenvolvimento. A fundação do Instituto Africano de Ciências Matemáticas também está dando maior acesso à pós-graduação em matemática por meio de sua rede pan-africana.

Problemas ainda por resolver

A matemática é uma disciplina de ideias. Ao sermos inclusivos e trazermos talentos de diversas origens, haverá mais avanços, e de forma mais rápida. E ainda há muito para os matemáticos fazerem.

Em 2000, o Clay Mathematics Institute reuniu sete problemas matemáticos importantes e chamou a atenção para eles oferecendo 1 milhão de dólares em prêmios em dinheiro para quem conseguisse resolvê-los. A iniciativa foi inspirada pela publicação de 23 dos problemas matematicamente mais importantes por David Hilbert em 1900. Hilbert não ofereceu um prêmio, mas seu anúncio colocou foco na pesquisa matemática durante grande parte do século XX. Cerca de metade dos problemas já foi resolvida, mas apenas um dos chamados prêmios do milênio o foi.

Na lista de prêmios do milênio há problemas importantes – as soluções para eles seriam monumentais. Uma solução para o problema P *v.* NP, por exemplo, mudaria a nossa compreensão do que os computadores podem fazer, e uma solução para a equação de Navier-Stokes, uma equação central para a mecânica dos fluidos, nos tornaria maestros a reger as substâncias que compõem o nosso mundo. A que já foi resolvida é a conjectura de Poincaré, comprovada em 2002 por Grigoriy Perelman, da Rússia. Uma forma de enxergar essa conjectura é que ela nos diz algo sobre as possíveis formas do universo. Se o espaço-tempo é finito e tem a propriedade simples de que qualquer laço que se faça pode ser contraído sem ficar preso, então ele deve ser uma hiperesfera – uma versão da esfera em dimensão mais alta.

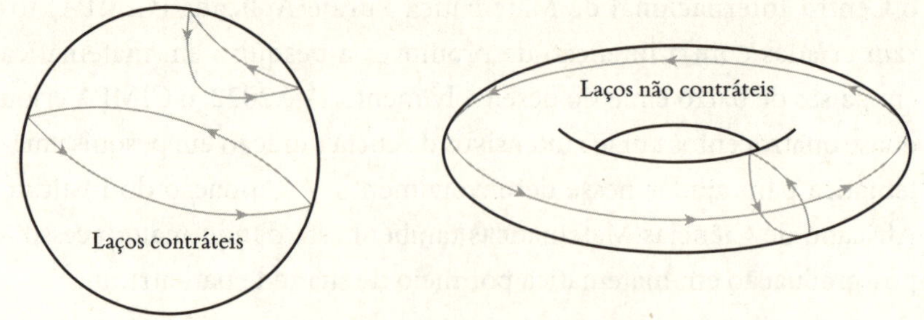

Todos os laços em uma esfera podem ser apertados sem ficar presos, mas nem todos em um toro.

Foi oferecido a Perelman o prêmio de 1 milhão de dólares por sua prova, mas ele o recusou, alegando que sua contribuição era igual à de outro matemático: Richard Hamilton. Embora Perelman tenha colocado os pregos no caixão da conjectura, ele desenvolveu o trabalho de Hamilton a tal ponto que acreditava que Hamilton deveria ser igualmente reconhecido.

Outros problemas matemáticos importantes e antigos parecem sedutoramente próximos de soluções, mas precisam de mais auxílio para ultrapassar limites. Tomemos a conjectura dos primos gêmeos. Lembre-se: ela diz que existem infinitos números primos que se distanciam por apenas dois, conhecidos como primos gêmeos. Por exemplo, 3 e 5 são primos gêmeos. O mesmo ocorre com 5 e 7; e com 11 e 13. A conjectura de que existem infinitos números primos tem pelo menos 150 anos e é um problema muito conhecido na teoria dos números. Durante anos pareceu impenetrável, até que, em 2013, Yitang Zhang, da China, fez um avanço importante. Ele mostrou que existem infinitos números primos que diferem em 70 milhões ou menos. Essa diferença de 70 milhões é claramente muito maior do que a diferença de dois que procuramos, mas até Zhang aparecer não havia limite algum para a diferença. Um projeto colaborativo baseado na internet, o Polymath8, surgiu para ajudar a aprimorar o trabalho de Zhang. No momento em que este livro era escrito, os membros do projeto haviam conseguido reduzir a diferença para apenas 246, ou 6, se alguns outros resultados forem verdadeiros.

O futuro da matemática dependerá de matemáticos de todo o mundo usando como base ricas tradições matemáticas globais. Serão necessárias pessoas de diversas origens para trazer uma gama diversificada de ideias e de abordagens. Algumas ideias surgirão apenas para serem redescobertas num contexto diferente, enquanto outras poderão permanecer adormecidas durante séculos. O progresso da matemática nunca é uma linha reta.

A história da matemática muitas vezes andou de mãos dadas com o desenvolvimento da astronomia. Em todo o mundo, os matemáticos olhavam para o céu em busca de inspiração. Tentar compreender como e por que os corpos celestes se moviam ajudou a impulsionar o desenvolvimento de novas técnicas e formas de compreender o mundo. Isso persistirá ao longo do século XXI. A tecnologia está nos permitindo enxergar mais longe nas profundezas do universo. Os telescópios enviados ao espaço descobrirão cada vez mais detalhes e darão aos matemáticos ainda mais trabalho. O telescópio espacial James Webb, que recentemente começou a operar, por exemplo, será capaz de enxergar a primeira luz do universo e detectar água em planetas fora do nosso sistema solar. O telescópio Xuntian, com lançamento previsto para 2023 [2024] no momento em que este livro foi escrito, pretende catalogar quase 1 bilhão de galáxias.*

Problemas de longa data ainda precisam ser resolvidos, assim como os demais problemas do milênio, mas também haverá novos problemas. Tudo, desde inteligência artificial e viagens espaciais a cuidados com a saúde e muito mais, exigirá uma enorme quantidade de engenhosidade humana para ser aperfeiçoado e melhorado. O mundo está inundado de dados. Assim como as computadoras enfrentaram o desafio de compreender uma explosão de novas informações, a mesma coisa acontecerá com os cientistas de dados em nossa sociedade cada vez mais cheia deles. Precisamos de novos métodos e técnicas para entender tudo isso. Talvez precisemos também de novos computadores. Computadores quânticos que executam tarefas que um computador clássico levaria milhares de anos para resolver poderão em breve se tornar uma realidade.

A matemática percorreu um longo caminho desde que a humanidade começou a rabiscar pensamentos matemáticos em ossos, argila e

---

* No momento da publicação deste livro, o lançamento do telescópio havia sido adiado para o ano de 2025. [N.E.]

papel. No mundo de hoje, o conhecimento está mais acessível do que nunca a muito mais pessoas. E, à medida que a matemática e as pessoas que a praticam se tornam mais diversificadas em todos os sentidos possíveis, a mesma coisa acontece com os nossos meios para resolver problemas. Estamos na superfície de um pequeno esferoide oblato olhando para o cosmos matemático, e teoremas cintilantes estão esperando para serem descobertos. O progresso não será linear – nunca foi e nunca deveria ser. A diversidade de ideias e abordagens é o que torna a busca humana pelo conhecimento tão bem-sucedida. Ao adotar essa abordagem, os próximos capítulos da matemática poderão ser os melhores.

AGRADECIMENTOS

Kate

Jamais esquecerei aquela tarde, tomando chá em uma livraria em Charing Cross, em Londres. Meu sonho, de longa data, de escrever uma história global da matemática nunca teria sido realizado se meu agente, Max Edwards, e o de Tim, Toby Mundy, não tivessem nos apresentado um ao outro naquele dia. Obrigada, Max e Toby, por esta oportunidade de escrever um livro com Tim. Obrigada, Tim, por assumir este projeto e desenvolvê-lo comigo. É um grande privilégio poder trabalhar com você, e os anos que passamos juntos escrevendo são uma parte preciosa da minha vida. E obrigada aos nossos editores, Connor Brown, Greg Clowes, Nick Amphlett e Sarah Day, por lerem os rascunhos muitas vezes e nos ajudarem a aperfeiçoar este trabalho em tão pouco tempo.

Eu tive sorte. As pessoas dizem que a sorte aparece quando a preparação encontra a oportunidade, e foram meus amigos e colegas que abriram caminho para que eu aproveitasse essa oportunidade. Tive a sorte de ter trabalhado com matemáticos e historiadores maravilhosos de todo o mundo. Tenho uma dívida enorme para com Jeremy Gray, Keith Hannabuss, Chris Hollings e Bernie Lightman por me ajudarem a desenvolver minhas habilidades como pesquisadora. Eles são meus amigos próximos, e aprendi muito com eles ao longo dos anos. Conversar com eles, trabalhar com eles e receber o incentivo deles me permitiu crescer profissionalmente como historiadora da matemática. Finalmente, sou verdadeiramente grata ao meu professor de matemática, Bill Casselman, pela sua orientação e longa amizade desde que eu era uma estudante de graduação na UBC.

Decidi ingressar na agência espacial japonesa enquanto escrevia este livro. Essa mudança de carreira afetou o livro de diversas maneiras, e agradeço aos meus novos colegas e amigos por me darem uma nova perspectiva.

Com este livro, voltarei a viajar. Vou ligar para meus amigos de todo o mundo. Direi a eles como esta jornada foi fantástica. Daí, o próximo capítulo da minha vida começará. Meus pais, minha família e meus bons amigos, antigos e novos, estão a bordo. E depois?

Timothy

Um livro precisa de uma aldeia toda para ser escrito, e este não foi diferente. No entanto, "agradecimentos" parece uma palavra demasiado fraca para realmente captar quão importantes foram muitas pessoas para este projeto. "Gratidão imensa" seria mais adequado.

Sou imensamente grato ao meu agente, Toby Mundy, e ao de Kate, Max Edwards. Vocês dois nos incentivaram desde o início e nos guiaram de maneira brilhante durante todo o processo. Suas sábias palavras ajudaram a tornar o livro o que ele é e a experiência o que ela foi.

Sou imensamente grato às equipes da Penguin Random House e da HarperCollins. Connor Brown, você entendeu o que estávamos tentando fazer assim que viu a proposta, defendeu nossa ideia e deu um retorno valioso que nos ajudou a definir nosso rumo. Greg Clowes e Nick Amphlett, vocês editaram o primeiro rascunho e os subsequentes com habilidade e delicadeza, ajudando a elaborar melhor o que pretendíamos dizer. Sarah Day, suas edições foram inestimáveis. Muitos outros também contribuíram nos bastidores.

Sou imensamente grato à minha coautora e querida amiga Kate Kitagawa. Seu entusiasmo, humor e experiência sem fim tornaram o trabalho em conjunto um prazer. Ver o que alcançamos me deixa extremamente orgulhoso.

Sou imensamente grato aos meus amigos e familiares por me oferecerem amor e apoio constantes, especialmente à minha mãe, ao meu pai e à minha irmã, Big Dave e Drubs, e à minha família dinamarquesa. *Tusind tak til jer alle* – mil agradecimentos a todos vocês.

E sou imensamente grato à minha parceira, Emilie Steinmark. Sem você, nada disso teria sido possível. Emilie, *du er den eneste ene*.

NOTAS

Prelúdio

1 Artigo de jornal citado em Karen D. Rappaport, S. Kovalevsky: a mathematical lesson, *American Mathematical Monthly*, v. 88, n. 8, p. 564-574, 1981.

2 Sónya Kovalévsky, *Her Recollections of Childhood*, traduzido para o inglês por Isabel F. Hapgood. New York: Century, 1895. p. 316.

1. No início

1 Papiro Rhind, v. 1, Museu Britânico; https://upload.wikimedia. org/wikipedia/commons/7/7b/The_Rhind_Mathematical_Papyrus,_Volume_I.pdf

2. A tartaruga e o imperador

1 Jane Qiu, Ancient times table hidden in Chinese bamboo strips, *Nature*, 7 jan. 2014; doi: 10.1038/nature.2014.14482

2 https:// leibniz-bouvet.swarthmore.edu/letters/ letter-j-18-may-1703-leibniz-to-bouvet/

3. Uma cidade chamada Alex

1 Platão, *A República*, Livro VII.

2 http://classics.mit.edu/Aristotle/physics.4.iv.html

3 Leonard C. Bruno e Lawrence W. Baker, *Math and Mathematicians*: The History of Math Discoveries around the World. Detroit: UXL, 1999. v. 1, p. 125-126.

4 Pappus, Coleção 3. 1: 1-8.

5 K. Wider, Women philosophers in the ancient Greek world: donning the mantle, *Hypatia*, v. 1, n. 1, p. 21-62, 1986; doi: 10.1111/j.1527-2001.1986. tb00521.x

6 Benjamin Wardhaugh, *The Book of Wonders*: The Many Lives of Euclid's Elements. London: William Collins, 2020. p. 34.

7 Edward Watts, *Hypatia*: The Life and Legend of an Ancient Philosopher. Oxford: Oxford University Press, 2017. p. 29.

8 Michael A. B. Deakin, Hypatia and her mathematics, *American Mathematical Monthly*, v. 101, n. 3, p. 234-243, 1994.

9 Michael A. B. Deakin, *Hypatia of Alexandria*: Mathematician and Martyr. Amherst, NY: Prometheus Books, 2007. p. 92-93, 97.

10 Ibid., p. 97

11 The Letters of Synesius of Cyrene, citado em Michael Bradley, *The Birth of Mathematics*: Ancient Times to 1300. New York: Chelsea House, 2007. p. 63.

12 João de Niciu, Chronicle 84: 88, citado em Watts, *Hypatia*, n. 4. p. 157.

13 João de Niciu, Chronicle, 84, 87-88, 100-103.

14 Watts, *Hypatia*, p. 116.

15 Watts, *Hypatia*, p. 105-106.

16 Maria Dzielska, *Hypatia of Alexandria*, traduzido por F. Lyra. Cambridge, MA: Harvard University Press, 1996. p. 102.

17 Watts, *Hypatia*, p. 5.

18 M. Von Seggem, Notable mathematicians: from ancient times to the present, *Gale Academic Onefile*, v. 38, n. 2, p. 257, 1988.

4. O alvorecer do tempo

1 Eberhard Zangger e Rita Gautschy, Celestial aspects of Hittite religion: an investigation of the rock sanctuary Yazılıkaya, *Journal of Skyscape Archaeology*, v. 5, n. 1, p. 5-38, 2019; https://doi.org/10.1558/jsa.37641; https:// www.newscientist.com/article/mg24232353-600-yazilikaya--a-3000-year-old-hittite-mystery-may-finally-be-solved/

5. Sobre a(s) origem(ns) do zero

1 D. J. Merritt e E. M. Brannon, Nothing to it: precursors to a zero concept in preschoolers, *Behavioural Processes*, v. 93, p. 91-97, 2013; doi: 10.1016/j. beproc.2012.11.001

2 Citação da abertura de George Gheverghese Joseph, *The Crest of the Peacock*. Princeton: Princeton University Press, 2000.

3 D. S. Hooda e J. N. Kapur, *Āryabhata*: Life and Contributions. Nova Delhi: New Age International Publishers, 1996. p. 78.

4 Kim Plofker et al., The Bakhshālī manuscript: a response to the Bodleian Library's radiocarbon dating, *History of Science in South Asia*, v. 5, n. 1, p. 134-150, 2017; doi: 10.18732/H2XT07

5 Dirk Huylebrouch, Mathematics in (central) Africa before colonization, *Anthropologica et Praehistorica*, n. 117, p. 135-162, 2006.

6. A Casa da Sabedoria

1 Jim al-Khalili, *The House of Wisdom*: How Arabic Science Saved Ancient Knowledge and Gave Us the Renaissance. New York: Penguin Press, 2011, p. 132

7. O sonho impossível

1 Carta de 16 de maio de 1643, em Lisa Shapiro, Princess Elizabeth and Descartes: the union of soul and body and the practice of philosophy,

British Journal for the History of Philosophy, v. 7, n. 3, p. 503-520, 1999. p. 505.

2 Descartes em carta para Pollot de 21 de outubro de 1643, em Carol Pal, *Republic of Women*: Rethinking the Republic of Cartas in the Seventeenth Century. Cambridge: Cambridge University Press, 2012, p. 46.

8. Os (primeiros) pioneiros do cálculo

1 Traduzido por David Pingree, em Pingree, The logic of non-Western science: mathematical discoveries in medieval India, *Daedalus*, v. 132, n. 4, p. 45-53, 2003. p. 49.

2 Citado em Steven Strogatz, *Infinite Powers*: How Calculus Reveals the Secrets of the Universe. New York: Mariner Books, 2020. p. 200.

3 Ibid., p. 201

4 Todos citados em Brian E. Blank, Book review: The Calculus Wars, *Notices of the American Mathematical Society*, v. 56, n. 5, p. 602-610, esp. 607, 2009.

5 Citado em ibid., 607

6 Essa reunião foi anotada por Lady Cowper e está citada em D. Bertoloni Meli, Caroline, Leibniz, and Clarke, *Journal of the History of Ideas*, v. 60, n. 3, p. 469-486, esp. 474, 1999.

7 Carta de Caroline para Leibniz, 24 abr. 1716.

8 Carta de Isaac Newton para Robert Hooke, 1675; https://discover.hsp.org/Record/dc-9792/Description#tabnav

9. Newtonianismo para senhoras

1 https://sourcebooks.fordham.edu/mod/newton-princ.asp

2 https://www1.grc.nasa.gov/beginners-guide-to-aeronautics/newtons-laws-of-motion/

3 Tradução por Simon Singh, em Singh, Math's hidden Woman; https://www.pbs.org/wgbh/nova/article/sophie-germain/

10. Uma grande síntese

1 Christopher Cullen e Catherine Jami, Christmas 1668 and after: how Jesuit astronomy was restored to power in Beijing, *Journal for the History of Astronomy*, v. 51, n. 1, p. 3-50, 2020. p. 18.

2 Qi Han, Emperor, prince and literati: role of the princes in the organization of scientific activities in early Qing period, em Yung Sik Kim e Francesca Bray (eds.), *Current Perspectives in the History of Science in East Asia*. Seul: Seoul National University, 1999, p. 209-216. p. 210.

3 Mei Wending. *Fangcheng lung* (Sobre equações lineares simultâneas), 1672. Citado e traduzido para o inglês em Joseph W. Dauben e Christopher Scriba, *Writing the History of Mathematics*: Its Historical Development. Basel: Birkhäuser Verlag, 2002. p. 299.

4 Qi Han, Astronomy, Chinese and Western: the influence of Xu Guanga's views in the early and mid-Quing, em Catherine Jami, Peter Engelfriet e Gregory Blue (eds.). *Statecraft and Intellectual Renewal in Late Ming China. The Cross-cultural Synthesis of Xu Euangki* (1562-1633). Leicten: Brill, 2001. p. 365.

5 Traduzido por Barbara Bennet Peterson, em Peterson (ed.). *Notable Women of China*. New York: An East Gate Book, 2000. p. 344.

6 Ibid.

7 Ibid., p. 345

11. A sereia matemática

1 Michèle Audin, *Remembering Sofya Kovalevskaya*. New York: Springer, 2011. p. 167.

2 Traduzido por Leigh Whaley, em Whaley, Networks, patronage and women of science during the Italian Enlightenment, *Early Modern Women*, v. 11, n. 1, p. 188, 2016.

3 Traduzido por Beatrice Stillman, em Sofya Kovalevskaya, *A Russian Childhood*. New York: Springer-Verlag, 2013. p. 122.

4 Ibid., p. 215.

5 Ibid., p. 218.

6 Traduzido por Simon Singh, em Singh, *Fermat's Enigma*: The Epic Quest to Solve the World's Greatest Mathematical Problem. Toronto: Penguin, 1998. p. 62.
7 Ibid., p. 107.
8 Ibid., p. 107.
9 Traduzido por Stillman, em Kovalevskaya, *A Russian Childhood*, p. 241.
10 https://mathshistory.st-andrews.ac.uk/Projects/Ellison/chapter-17/
11 Sofia para Aleksander, carta datada de dezembro de 1883, em Ann Hibner Koblitz, *A Convergence of Lives*: Sofia Kovalevskaia: Scientist, Writer, Revolutionary. New York: Dover, 1993. p. 179.
12 Roger Cooke, *The Mathematics of Sonya Kovalevskaya*. New York: Springer-Verlag, 1984. p. 103.
13 https://mathshistory.st-andrews.ac.uk/Projects/Ellison/chapter-17/
14 Steven G. Krantz, *Mathematical Apocrypha*: Stories and Anecdotes of Mathematicians and the Mathematical. Washington DC: Mathematical Association of America, 2002. p. 124-125. O nome Sonja é usado para Sophie.
15 Carta de Weierstrass para Kovalevskaya, 21 set. 1874, em Eva Kaufholz-Soldat. "[...] the first handsome mathematical lady I've ever seen!": On the role of beauty in portrayals of Sofia Kovalevskaya, *Journal of the British Society for the History of Mathematics*, v. 32, n. 3, p. 198-213, esp. 209, 2017.
16 E. T. Bell. *Men of Mathematics*, v. 2. London: Penguin, 1953. p. 468.
17 Kaufholz-Soldat, "[...] the first handsome mathematical lady I've ever seen!", p. 209, p. 211.
18 Sónya Kovalévsky, *Her Recollections of Childhood*, traduzido por Isabel F. Hapgood. New York: The Century Co., 1859. p. 316.

12. Revoluções

1 W. K. Bühler, *Gauss*: A Biographical Study. Berlim: Springer-Verlag, 1981. p. 106.
2 Carl B. Boyer, *A History of Mathematics*. Princeton: Princeton University Press, 1985. p. 587.

3 June Barrow-Green, Jeremy Gray e Robin Wilson, *The History of Mathematics*: A Source-Based Approach, v. 2. Providence: MAA Press, 2022. p. 394.

4 Ibid., p. 395.

5 https://mathshistory.st-andrews.ac.uk/OfTheDay/oftheday-11-08/

6 https://www.nytimes.com/2012/03/27/science/emmy-noether-the--most-significant-mathematician-youve-never-heard-of.html

7 *Dokumente zu Emmy Noether* (s. d.). Compilados por Peter J. Raquette, 1.2, 9, de Helmut Hasse para o curador da Universidade de Göttingen, https://www.mathi.uni-heidelberg.de/.quette/Translenptioner/DOKNOE_070228.pdf

8 Louise S. Grinstein e Paul J. Campbell, Anna Johnson Pell Wheeler: her life and work, *Historia Mathematica*, v. 9, n. 1, p. 37-53, esp. 42, 1982.

9 Escrito em 3 de maio de 1935 e publicado em 5 de maio de 1935.

13. =

1 https://www.whitehousehistory.org/benjamin-bannaker

2 Ibid.

3 *Washington Post*, 2 dez. 1969.

4 Susan E. Kelly, Carly Shinners e Katherine Zoroufy, Euphemia Lofton Haynes: bringing education closer to the "goal of perfection", *Notices of the MAS*, v. 64, n. 9, p. 995-1.002, esp. 997, 2017.

5 Ibid., 1000.

6 Donald J. Albers e G. L. Alexanderson, *Mathematical People*: Profiles and Interviews. 2. ed. Wellesley, MA: A. K. Peters, 2008. p. 20.

7 Ibid. p. 19

8 https://stat.illinois.edu/news/2020-07-17/david-h-blackwell-profile--inspiration-and-perseverance

9 Morris H. DeGroot, A conversation with David Blackwell, *Statistical Science*, v. 1. n. 1, p. 40-53, esp. 41, 1986.

14. Mapeando as estrelas

1 https://vcencyclopedia.vassar.edu/distinguished-alumni/antonia--maury/

2 https://makerswomen.tumblr.com/post/171799965773/they-were--going-to-the-moon-i-computed-the-path

15. Moendo números

1 G. H. Hardy, The Indian mathematician Ramanujan, *American Mathematical Monthly*, v. 44, n. 3, p. 137-155, esp. 152, 1937.

2 Harald August Bohr, *Collected Mathematical Works*. Copenhagen: Dansk matematisk forening, 1952. p. xxvii.

3 Carta de Ramanujan, 16 jan. 1913.

4 G. H. Hardy, Obituary of S. Ramanujan, *Nature*, v. 105, p. 494-495, 1920; https://doi.org/10.1038/105494a0

5 Robert Kanigel, *The Man Who Knew Infinity*: A Life of the Genius Ramanujan. New York: Washington Square Press, 1991. p. 167.

6 Shawnee L. McMurran e James J. Tattersall, The mathematical collaboration of M. L. Cartwright e J. E. Littlewood, *American Mathematical Monthly*, v. 103, n. 10, p. 833-845, esp. 836, 1996.

7 W. K. Hayman. Dame Mary (Lucy) Cartwright, D. B. E., 17 December 1900-3 April 1998, *Biographical Memoirs of Fellows of the Royal Society*, v. 46, p. 19-35, esp. 31, 2000; https://doi.org/10.1098/rsbm.1999.0070

8 https://www.bbc.com/news/magazine-21713163

9 G. H. Hardy. *A Mathematician's Apology*. Cambridge: Cambridge University Press, 1940.

Epílogo

1 https://link.springer.com/article/10.1007/s43545-021-00098-6

2 https://math.mit.edu/wim/2019/03/10/national-mathematics-survey/

3 https://op.europa.eu/en/web/eu-law-and-publications/publication--detail/-/publication/67d5a207-4da1-11ec-91ac-01aa75ed71a1
4 https://journals.plos.org/plosone/article?id=10.1371/journal.pone.0241915
5 https://www.livescience.com/breakthrough-prize-mathematics--2019-winners.html

SUGESTÕES DE LEITURA

1. No início

BARROW-GREEN, June; GRAY, Jeremy; WILSON, Robin. *The History of Mathematics*: A Source-Based Approach. Providence: The Mathematical Association of America, 2019, 2022. v. 1 e 2.

BRADLEY, Michael. *The Birth of Mathematics*: Ancient Times to 1300. New York: Chelsea House, 2007.

BRUNO, Leonard C.; BAKER, Lawrence W. *Math and Mathematicians*: The History of Math Discoveries around the World. Detroit: UXL, 1999.

2. A tartaruga e o imperador

CULLEN, Christopher. *Astronomy and Mathematics in Ancient China*: The Zou bi suan jing. Cambridge: Cambridge University Press, 1996.

CULLEN, Christopher. *Heavenly Numbers*: Astronomy and Authority in Early Imperial China. Oxford: Oxford University Press, 2017.

DAUBEN, Joseph W. Suan Shu Shu: a book on numbers and computations. *Archive for History of Exact Sciences*, v. 62, p. 91-178, 2008.

LAM Lay Yong; ANG Tian Se. *Fleeting Footsteps*: Tracing the Conception of Arithmetic and Algebra in Ancient China. Ed. Revisada. River Edge, NJ: World Scientific, 2004.

MARTZLOFF, Jean-Claude. *A History of Chinese Mathematics*. Berlin: Springer, 1987.

SWANN, Nancy Lee. *Pan Chao, Foremost Woman Scholar of China, First Century ad. Background, Ancestry, Life, and Writings of the Most Celebrated Chinese Woman of Letters*. New York: Century Co., c1932.

3. Uma cidade chamada Alex

DEAKIN, Michael A. B. Hypatia and her mathematics. *American Mathematical Monthly*, v. 101, n. 3, p. 234-243, 1994.

DEAKIN, Michael A. B. *Hypatia of Alexandria*: Mathematician and Martyr. Amherst, NY: Prometheus Books, 2007.

DZIELSKA, Maria. *Hypatia of Alexandria*. Tradução para o inglês de F. Lyra. Cambridge, MA: Harvard University Press, 1996.

KNORR, Wilbur Richard. *Textual Studies in Ancient and Medieval Geometry*. Boston: Birkhäuser, 1989.

LAWRENCE, Snezana; MCCARTNEY, Mark (eds.). *Mathematicians and Their Gods*: Interactions between Mathematics and Religious Beliefs. Oxford: Oxford University Press, 2015.

MCLAUGHLIN, Gráinne. The logistics of gender from classical philosophy, em *Women's Influence on Classical Civilization*, editado por Fiona McHardy e Eireann Marshall. London: Routledge, 2004. p. 7-25.

WARDHAUGH, Benjamin. *The Book of Wonders*: The Many Lives of Euclid's Elements. London: William Collins, 2020.

WATTS, Edward. *Hypatia*: The Life and Legend of an Ancient Philosopher. Oxford: Oxford University Press, 2017.

4. O alvorecer do tempo

DENNY, Mark. *Ingenium*: Five Machines that Changed the World. Baltimore: Johns Hopkins University Press, 2007.

GLEICK, James. *Time Travel*: A History. London: HarperCollins, 2016.

HAWKING, Stephen. *A Brief History of Time*. London: Bantam Press, 1988.

LEBRUN, David. *Cracking the Maya Code*. Documentário de História. Disponível em: pbs.org/wgbh/nova/mayacode. Acesso em: 10 jan. 2024.

NORTH, John. *God's Clockmaker*: Richard of Wallingford and the Invention of Time. London: Continuum, 2005.

OGLE, Vanessa. *The Global Transformation of Time, 1870-1950*. Cambridge, MA: Harvard University Press, 2015.

ROBSON, Eleanor. The tablet house: a scribal school in old Babylonian Nippur. *Revue d'Assyriologie et d'Archéologie Orientale*, v. 93, p. 39-66, 2001.

ROVELLI, Carlo. *The Order of Time*. London: Penguin, 2018.

5. Sobre a(s) origem(ns) do zero

BROWN, Nancy Marie. *The Abacus and the Cross*: The Story of the Pope Who Brought the Light of Science to the Dark Ages. New York: Basic Books, 2010.

BURNETT, Charles. *Numerals and Arithmetic in the Middle Ages*. Farnham: Ashgate Variorum, 2010.

CLARK, Walter Eugene (trad. e ed.). *The Āryabhaṭiya of Āryabhaṭa*: An Ancient Indian Work on Mathematics and Astronomy. Chicago: University of Chicago Press, 1930.

COOKE, Roger. *The History of Mathematics*: A Brief Course. New York: Wiley, 1997.

DUTTA, Amartya Kumar. Āryabhaṭa and axial rotation of Earth: 3. a brief history. *Resonance*, p. 58-72, 2006.

ERALY, Abraham. *The First Spring*: The Golden Age of India. New Delhi: India Viking, 2011.

HAMMER, Joshua. *The Bad-Ass Librarians of Timbuktu*: And Their Race to Save the World's Most Precious Manuscripts. New York: Simon and Schuster, 2016.

JOSEPH, George Gheverghese. *The Crest of the Peacock*: Non-European Roots of Mathemetics. Princeton: Princeton University Press, 2000.

PADMANABHAN, Thanu (ed.). *Astronomy in India*: A Historical Perspective. New Delhi: Indian National Science Academy and Springer India, 2014.

SAAD, Elias N. *Social History of Timbuktu*: The Role of Muslim Scholars and Notables 1400-1900. Cambridge: Cambridge University Press, 1983.

6. A Casa da Sabedoria

AL-KHALILI, Jim. *The House of Wisdom*: How Arabic Science Saved Ancient Knowledge and Gave Us the Renaissance. New York: Penguin Press, 2011.

BROOKS, Michael. Mathematics in Africa has been written out of history books – it's time we reminded the world of its rich past, *Independent*, 24 out. 2021. Disponível em: https://www.independent.co.uk/voices/african-mathematics-black-history-b1944288.html. Acesso em: 10 jan. 2024.

BURNETT, Charles. *The Introduction of Arabic Learning into England*. London: British Library, 1997.

KNUTH, Donald E. Algorithms in modern mathematics and computer Science, em *Algorithms in Modern Mathematics and Computer Science*, editado por A. P. Ershov e D. E. Knuth. Berlin: Springer, 1981. p. 82-99.

LOOP, Jan; ALASTAIR Hamilton; BURNETT, Charles (eds.). *The Teaching and Learning of Arabic in Early Modern Europe*. Leiden: Brill, 2017.

LYONS, Jonathan. *The House of Wisdom*: How the Arabs Transformed Western Civilization. New York: Bloomsbury, 2009.

ROBERTS, Victor. The planetary theory of Ibn al-Shāt·ir: latitudes of the planets. *Isis*, v. 57, n. 2, p. 208-219, 1996.

SALIBA, George. *Islamic Science and the Making of the European Renaissance*. Cambridge MA: MIT Press, 2007.

ZEMANEK, Heinz. Al-Khorezmi: his background, his personality, his work, and his influence, em *Algorithms in Modern Mathematics and*

Computer Science, editado por A. P. Ershov e D. E. Knuth. Berlin: Springer-Verlag, 1981. p. 1-81.

7. O sonho impossível

THE CORRESPONDENCE between Princess Elisabeth of Bohemia and René Descartes, editado e traduzido para o inglês por Lisa Shapiro. Chicago: University of Chicago Press, 2007.

DEVLIN, Keith J. *The Unfinished Game*: Pascal, Fermat, and the Seventeenth-Century Carta that Made the World Modern. New York: Basic Books, 2008.

GORROOCHURN, Prakash. Thirteen correct solutions to the "Problem of Points" and their histories. *Mathematical Intelligencer*, v. 36, p. 56-64, 2014. doi: 10.1007/s00283-014-9461-5

KITAGAWA, Tomoko L. Passionate souls: Elisabeth of Bohemia and René Descartes. *Mathematical Gazette*, v. 105, n. 563, p. 193-200, 2021.

PAL, Carol. *Republic of Women*: Rethinking the Republic of Letters in the Seventeenth Century. Cambridge: Cambridge University Press, 2012.

RAJ, Kapil. *Relocating Modern Science*: Circulation and the Construction of Knowledge in South Asia and Europe, 1650-1900. New York: Palgrave Macmillan, 2007.

REMMERT, Volker R. Inventing tradition in 16th- and 17th-century mathematical sciences: Abraham as teacher of arithmetic and astronomy. *Mathematical Intelligences*, v. 37, n. 3, p. 55-59, 2015.

RISKIN, Jessica. Machines in the Garden. *Republics of Letters*: A Journal for the Study of Knowledge, Politics, and the Arts, v. 1, n. 2, p. 16-43, 2010.

SCHIEBINGER, Londa. *The Mind Has No Sex?*: Women in the Origins of Modern Science. Cambridge, MA: Harvard University Press, 1989.

SHAPIRO, Lisa. Princess Elizabeth and Descartes: The union of soul and body and the practice of philosophy. *British Journal for the History of Philosophy*, v. 7, n. 3, p. 503-520, 1999.

8. Os (primeiros) pioneiros do cálculo

BERTOLONI MELI, D. Caroline, Leibniz, and Clarke. *Journal of the History of Ideas*, v. 60, n. 3, p. 469-486, 1999.

THE BIRTH of Calculus. Direção: Glânffrwd P. Thomas. Reino Unido: BBC TV, 1986. Filme (25 min).

BLANK, Brian E. Book review: The Calculus Wars. *Notices of the American Mathematical Society*, v. 56, n. 5, p. 602-610, 2009.

FARA, Patricia. *Life after Gravity*: Isaac Newton's London Career. Oxford: Oxford University Press, 2021.

HELLMAN, Hal. *Great Feuds in Mathematics*: Ten of the Liveliest Disputes Ever. Hoboken, NJ: John Wiley and Sons, 2006.

JOSEPH, George Gheverghese. *A Passage to Infinity*: Medieval Indian Mathematics from Kerala and Its Impact. New Delhi: Sage, 2009.

KATZ, Victor J. Ideas of calculus in Islam and India. *Mathematics Magazine*, v. 68, n. 3, p. 163-174, 1995.

PINGREE, David. The logic of non-Western science: mathematical discoveries in medieval India. *Daedalus*, v. 132, n. 4, p. 45-53, 2003.

RAJAGOPAL, C. T.; RANGACHARI, M., S. On an untapped source of medieval Keralese mathematics. *Archive for History of Exact Sciences*, v. 18, n. 2, p. 89-102, 1978.

RAJAGOPAL, C. T.; VENKATARAMAN, A. The sine and cosine power--series in Hindu mathematics. *Journal of the Royal Asiatic Society of Bengal – Science*, v. 15, n. 1-13, 1949.

SARMA, K. V. *A History of the Kerala School of Hindu Astronomy (in Perspective)*. Hoshiarpur: Vishveshvaranand Institute, 1972.

STILLWELL, John. *Mathematics and Its History*. New York: Springer, 2010.

STROGATZ, Steven. *Infinite Powers*: How Calculus Reveals the Secrets of the Universe. New York: Mariner Books, 2020.

9. Newtonianismo para senhoras

ARIANRHOD, Robyn. *Seduced by Logic*: Émilie du Châtelet, Mary Somerville and the Newtonian Revolution. New York: Oxford University Press, 2012.

BORAN, Elizabethanne; FEINGOLD, Mordechai (eds.). *Reading Newton in Early Modern Europe*. Leiden: Brill, 2017.

BRASCH, Frederick E. The Newtonian epoch in the American colonies (1680-1783). *Proceedings of the American Antiquarian Society*, v. 49, n. 2, p. 314-332, 1939.

CIFARELLI, Luisa; RAFFAELLA Simili (eds.). *Laura Bassi*: The World's First Woman Professor in Natural Philosophy: An Iconic Physicist in Enlightenment Italy. Cham: Springer Nature, 2020.

FERREIRO, Larrie D. *Measure of the Earth*: The Enlightenment Expedition that Reshaped Our World. New York: Basic Books, 2013.

FINDLEN, Paula. Calculations of faith: mathematics, philosophy, and sanctity in 18th-century Italy (new work on Maria Gaetana Agnesi). *Historia Mathematica*, v. 38, n. 2, p. 248-291, 2011.

MATYTSIN, Anton M. *The Specter of Skepticism in the Age of Enlightenment*. Baltimore: Johns Hopkins University Press, 2016;

MAZZOTTI, Massimo. *The World of Maria Gaetana Agnesi, Mathematician of God*. Baltimore: Johns Hopkins University Press, 2018.

MAZZOTTI, Massimo. Newton for ladies: gentility, gender, and radical culture. *British Journal for the History of Science*, v. 37, n. 2, p. 119-146, 2004.

TERRALL, Mary. *The Man Who Flattened the Earth*: Maupertuis and the Sciences in the Enlightenment. Chicago: Chicago University Press, 2002.

ZINSSER, Judith P. *Emilie du Châtelet*: Daring Genius of the Enlightenment. New York: Penguin, 2007.

10. Uma grande síntese

CULLEN, Christopher; JAMI, Catherine. Christmas 1668 and after: how Jesuit astronomy was restored to power in Beijing. *Journal for the History of Astronomy*, v. 51, n. 1, p. 3-50, 2020.

DAUBEN, Joseph W.; SCRIBA, Christopher (ed.). *Writing the History of Mathematics: Its Historical Development.* Basel: Birkhäuser Verlag, 2002.

ELMAN, Benjamin. *On Their Own Terms*: Science in China, 1550-1900. Cambridge, MA: Harvard University Press, 2005.

ENGELFRIET, Peter M. *Euclid in China*: The Genesis of the First Chinese Translation of Euclid's Elements Books I–VI (Jihe Yuanben; Beijing, 1607) and Its Reception up to 1723. Leiden: Brill, 1998.

GERRITSEN, Anne; RIELLO, Giorgio (eds.). *The Global Lives of Things*: The Material Culture of Connections in the Early Modern World. Abingdon: Routledge, 2016.

HAN Qi. Emperor, prince and literati: role of the princes in the organization of scientific activities in early Qing period, em *Current Perspectives in the History of Science in East Asia*, editado por Yung Sik Kim e Francesca Bray. Seoul: Seoul National University, 1999. p. 209-216.

HO, Clara Wing-chung (ed.). *Biographical Dictionary of Chinese Women*: The Qing Period, 1644-1911. Armark, New York: M. E. Sharpe, 1998.

JAMI, Catherine. *The Emperor's New Mathematics*: Western Learning and Imperial Authority during the Kangxi Reign (1662-1722). Oxford: Oxford University Press, 2012.

JAMI, Catherine. Revisiting the Calendar Case (1664-1669): science, religion, and politics in early Qing Beijing. *Korean Journal for the History of Science*, v. 37, n. 2, p. 459-477, 2015.

LAM Lay Yong; SHEN Kangshen. Methods of solving linear equations in traditional China. *Historia Mathematica*, v. 16, n. 2, p. 107-122, 1989.

LÜ Lingfeng. Eclipses and the victory of European astronomy in China. *East Asian Science, Technology, and Medicine*, v. 27, p. 127-145, 2007.

MUNGELLO, D. E. *The Great Encounter of China and the West, 1500-1800*, 4. ed. Lanham, MD: Rowman & Littlefield, 2012.

PETERSON, Barbara Bennett (ed.). *Notable Women of China*: Shang Dynasty to the Early Twentieth Century Armonk. New York: M. E. Sharpe, 2000.

SUBRAHMANYAM, Sanjay. *Europe's India*: Words, People, Empires, 1500-1800. Cambridge, MA: Harvard University Press, 2017.

LĬ Yan; DÙ Shírán. *Chinese Mathematics*: A Concise History, traduzido para o inglês por John N. Crossley e Anthony W. C. Lun. Oxford: Clarendon Press, 1987.

11. A sereia matemática

AUDIN, Michèle. *Remembering Sofya Kovalevskaya*. London: Springer, 2011.

COOKE, Roger. *The Mathematics of Sonya Kovalevskaya*. New York: Springer-Verlag, 1984.

KAUFHOLZ-SOLDAT, Eva. "[…] the first handsome mathematical lady I've ever seen!": on the role of beauty in portrayals of Sofia Kovalevskaya. *Journal of the British Society for the History of Mathematics*, v. 32, n. 3, p. 198-213, 2017.

KOBLITZ, Ann Hibner. *A Convergence of Lives*: Sofia Kovalevskaia: Scientist, Writer, Revolutionary. New Brunswick, NJ. Rutgers University Press, 1993.

KOVALEVSKAYA, Sofya. *A Russian Childhood*, traduzido para o inglês por Beatrice Stillman. New York: Springer, 2013.

LAUBENBACHER, Reinhard; PENGELLEY, David. "Voici ce que j'ai trouvé": Sophie Germain's grand plan to prove Fermat's Last Theorem. *Historica Mathematica*, v. 37, n. 4, p. 641-692, 2010.

MUNRO, Alice. *Too Much Happiness*. Toronto: McClelland & Stewart, 2009.

MUSIELAK, Dora. *Sophie Germain*: Revolutionary Mathematician. 2. ed. Cham: Springer, 2020.

VAN TIGGELEN, Brigitte. Emilie du Châtelet and the nature of fire: Dissertation sur la nature et la propagation du feu, em Annette Lykknes and Brigitte Van Tiggelen (eds.), *Women in Their Element*: Selected

Women's Contributions to the Periodic System. Hackersack, NJ: World Scientific, 2019. p. 70-84.

SINGH, Simon. *Fermat's Enigma*: The Quest to Solve the World's Greatest Mathematical Problem. Toronto: Penguin, 1998.

12. Revoluções

BOYER, C. B. *A History of Mathematics*. Princeton: Princeton University Press, 1985.

BRADING, Katherine. A note on general relativity, energy conservation, and Noether's theorems, em *The Universe of General Relativity*, editado por A. J. Kox e Jean Eisenstaedt. Boston: Birkhäuser, 2005. p. 125-135.

BRYLEVSKAYA, Larisa I. Lobachevsky's geometry and research of geometry of the universe. *Publications of the Astronomical Observatory of Belgrade*, v. 85, p. 129-134, 2008.

GRAY, Jeremy. Gauss and non-Euclidean geometry, em *Mathematics and Its Applications*: Janús Bolyai, Memorial Volume, v. 581, editado por András Prékopa e Emil Molnár. New York: Springer, 2006. p. 61-80.

KITAGAWA, Tomoko L. Moscow, Oxford, or Princeton: Emmy Noether's move from Göttingen (1933), em *The Philosophy and Physics of Noether's Theorems*: A Centenary Volume, editado por James Read e Nicholas J. Teh. Cambridge: Cambridge University Press, 2022. p. 52-65.

TOBIES, Renate. *Felix Klein*: Visions for Mathematics, Applications, and Education, traduzido para o inglês por Valentine A. Pakis. Cham: Birkhäuser, 2021.

ROSELLÓ, Joan. *Hilbert, Göttingen and the Development of Modern Mathematics*. Newcastle upon Tyne: Cambridge Scholars Publishing, 2019.

ROWE, David E.; KOREUBER; Mechthild. *Proving It Her Way*: Emmy Noether, a Life in Mathematics. Cham: Springer, 2020.

HISTORY WORKING GROUP [do Instituto de Estudos Avançados]. Emmy Noether's paradise: how IAS helped support the first female

professor in Germany when she became a displaced refugee. *The Institute Carta Spring*, 2017.
INSIDE Einstein's Mind: The Enigma of Space and Time. Direção: Jamie E. Lochhead. Reino Unido: BBC TV, 2015. Filme (53 min).

13. =

BLACK, Robert, *David Blackwell and the Deadliest Duel*. Unionville, NY: Royal Fireworks Press, 2019.
BLACKWELL, David; BREIMAN, Leo; THOMASIAN, A. J. Proof of Shannon's transmission theorem for finite-state indecomposable channels. *Annals of Mathematical Statistics*, v. 29, n. 4, p. 1209-1220, 1958.
CERAMI, Charles. *Benjamin Bannaker*: Surveyor, Astronomer, Publisher, Patriot. New York: J. Wiley & Sons, 2002.
COX, Elbert. On a class of interpolation functions for system of grading. *Journal of Experimental Education*, v. 15, n. 4, p. 331-341, 1947.
DEGROOT, Morris H. A conversation with David Blackwell. *Statistical Science*, v. 1, n. 1, p. 40-53, 1986.
DONALDSON, James A.; FLEMING, Richard J. Elbert F. Cox: an early Pioneer. *American Mathematical Monthly*, v. 107, n. 2, p. 105-128, 2000.
DAVID Blackwell: Working at Howard University. Entrevista. Vídeo (8 min). Disponível em: https://www.youtube.com/watch?v=sMzntPFemmM&t=367s. Acesso em: 10 jan. 2024.
KELLY, Susan E.; SHINNERS, Carly; ZOROUFY; Katherine. Euphemia Lofton Haynes: bringing education closer to the "goal of perfection". *Notices of MAS*, p. 995-1003, 2017.
SHANNON, C. E. A mathematical theory of communication. *Bell System Technical Journal*, v. 27, p. 379-423; 623-656, 1948.
SLATER, Robert Bruce. The blacks who first entered the world of white higher education. *Journal of Blacks in Higher Education*. v. 4, p. 47-56, 1994.

14. Mapeando as estrelas

ABBATE, Janet. *Recoding Gender*: Women's Changing Participation in Computing. Cambridge, MA: MIT Press, 2012.

DICK, Steven J. (ed.). *Remembering the Space Age*. Washington DC: National Aeronautics and Space Administration Office of External Relations History Division, 2008.

GEILING, Natasha. The women who mapped the universe and still couldn't get any respect. *Smithsonian Magazine*, 18 set. 2013. Disponível em: https://www.smithsonianmag.com/history/the-women-who-mapped-the-universe-and-still-couldnt-get-any-respect-9287444/. Acesso em: 10 jan. 2024.

GLASS, I. S. *The Royal Observatory at the Cape of Good Hope*: History and Heritage. Cape Town: Mons Mensa Publishing, 2015.

HALEY, Paul A. Entente céleste: David Gill, Ernest Mouchez, and the Cape and Paris Observatories, 1878-92. *Antiquarian Astronomer*, v. 10, p. 13-37, 2016.

HEARNSHAW, J. B. *The Measurement of Starlight*: Two Centuries of Astronomical Photometry. Cambridge: Cambridge University Press, 1996.

JOHNSON, George. *Miss Leavitt's Stars*: The Untold Story of the Woman Who Discovered How to Measure the Universe. New York: W. W. Norton, 2005.

JONES, Derek. The scientific value of the Carte du Ciel. *Astronomy & Geophysics*, v. 41, n. 5, p. 5.16-5.20, 2000.

NAKAMURA, Tsuko; ORCHISTON, Wayne (eds.). *The Emergence of Astrophysics in Asia*: Opening a New Window on the Universe. Cham: Springer, 2017.

SCHUSTER, William J.; MORENO-CORRAL, Marco Arturo. Astronomy in Mexico during the first years of the IAU, em *Under One Sky*: The IAU Centenary Symposium, editado por Christiaan Sterken, John Hearnshaw e David Valls-Gabaud. Cambridge: Cambridge University Press, 2019.

SOBEL, Dava. *The Glass Universe*: How the Ladies of the Harvard Observatory Took the Measure of the Stars. New York: Viking, 2016.

SPANGENBURG, Ray; MOSER, Kit. *African Americans in Science, Math, and Invention*. New York: Facts On File, 2003.

TURNER, H. H. *The Great Star Map*: Being a Brief General Account of the International Project Known as the Astrographic Chart. New York: E. P. Dutton and Company, 1912.

15. Moendo números

CARTWRIGHT, M. L. Mathematics and thinking mathematically. *American Mathematical Monthly*, v. 77, n. 1, p. 20-28, 1970.

GRATTAN-GUINNESS, I. Russell and G. H. Hardy: a study of their relationship. *Journal of the Bertrand Russell Archives*, v. 11, p. 165-179, 1991-1992.

HARDY, G. H. *A Mathematician's Apology*. Cambridge: Cambridge University Press, 1940.

HODGES, Andrew. *The Enigma*. London: Vintage, 2012.

KANIGEL, Robert. *The Man Who Knew Infinity*: A Life of the Genius Ramanujan. New York: Washington Square Press, 1991.

KITAGAWA, Tomoko L.; KIKIANTY, Eder. A history of mathematics in South Africa: modern milestones. *Mathematical Intelligencer*, v. 43, n. 4, p. 33-47, 2021.

LITTLEWOOD, J. E. *A Mathematician's Miscellany*. London: Methuen, 1953.

MCMURRAN, Shawnee L.; TATTERSALL, James J., The mathematical collaboration of M. L. Cartwright and J. E. Littlewood, *American Mathematical Monthly*, v. 103, n. 10, p. 833-845, 1996.

ONO, Ken; SCHNEIDER, Robert. We're still untangling Ramanujan's mathematics 100 years after he died. *New Scientist*, 22 abr. 2020, Disponível em: https://www.newscientist.com/article/mg-24632792-600-were-still-untangling-ramanujans-mathematics-100-years-after-he-died/. Acesso em: 10 jan. 2024.

WILLIAMS, H. Paul. Stanley Skewes and the Skewes number. *Journal of the Royal Institution of Cornwall*, p. 70-75, 2007; http://eprints.lse.ac.uk/31662/

WINTERSON, Jeanette. *12 Bytes*: How We Got Here, Where We Might Go Next. London: Jonathan Cape, 2021.

Epílogo

GREEN, Judy. How many women mathematicians can you name? *Math Horizons*, v. 9, n. 2, p. 9-14, 2001.

SELIN, Helaine (ed.). *Mathematics across Cultures*: The History of Non--Western Mathematics. Dordrecht: Springer Science + Business Media, 2000.

WILSON, Robin. *Number Theory*: A Very Short Introduction. Oxford: Oxford University Press, 2020.